石油和化工行业"十四五"规划教材

高等学校人工智能系列教材

U0739139

数字信号处理

张凤元
袁洪芳
张 帆
周勇胜

等 编著

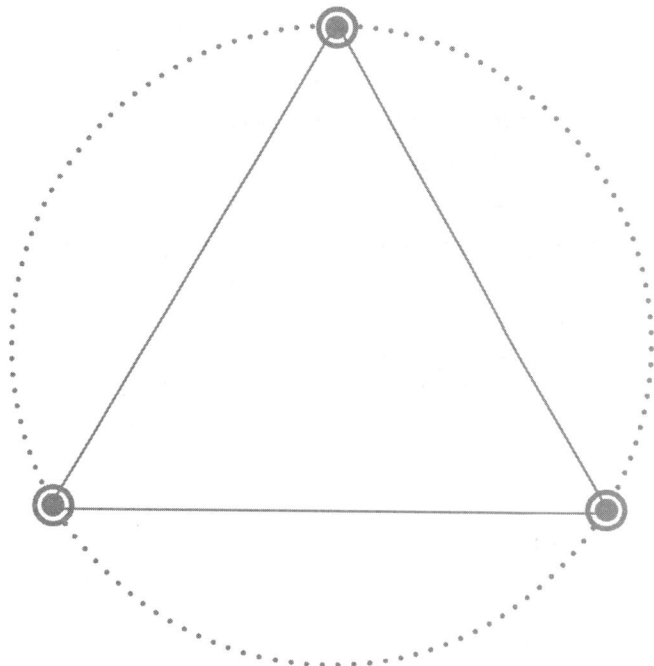

化学工业出版社

·北京·

内容简介

本教材共分 12 章，主要内容包括确定性离散时间信号的时域、频域及复频域分析；离散时间系统的时域、频域及复频域分析；两种类型数字滤波器的结构和设计方法；抽样频率的转换。全书强调离散信号与系统分析的基本理论、基本概念和基本方法的阐述和离散时间系统的设计方法，注重课程难点和重点的诠释与分析，各章配有大量的例题和习题，并给出了参考答案（读者可扫描每章末二维码获取），便于学生学习与自测练习。

本教材可作为普通高等院校电子信息工程、通信工程、人工智能、自动化、电子科学与技术、计算机科学与技术、生物医学工程等本科专业的教材使用，也可供信息类科技工作者参考。

图书在版编目（CIP）数据

数字信号处理 / 张凤元等编著. — 北京：化学工业出版社，2025.5. —（石油和化工行业"十四五"规划教材）（高等学校人工智能系列教材）. — ISBN 978 -7-122-47828-3

Ⅰ. TN911.72

中国国家版本馆 CIP 数据核字第 2025TP8130 号

责任编辑：郝英华　　文字编辑：刘建平　李亚楠　温潇潇
责任校对：宋　夏　　装帧设计：史利平

出版发行：化学工业出版社
　　　　　（北京市东城区青年湖南街 13 号　邮政编码 100011）
印　　装：北京云浩印刷有限责任公司
787mm×1092mm　1/16　印张 13　字数 316 千字
2025 年 10 月北京第 1 版第 1 次印刷

购书咨询：010-64518888　　　售后服务：010-64518899
网　　址：http://www.cip.com.cn
凡购买本书，如有缺损质量问题，本社销售中心负责调换。

定　　价：49.00 元

"数字信号处理"是电子信息类专业的必修基础课程，特别是电子信息工程、通信工程、人工智能等专业把它作为专业核心课程，不但理论性强，而且实践应用性更强，是信息数字化的理论基础，课程的重要性十分显著，广泛应用于通信、音频和视频处理、医疗成像、语音识别、雷达信号处理、地震信号分析、生物信号分析、人工智能等领域。 本课程的主要任务是研究离散时间信号（序列）与离散时间系统的基本理论、基本概念和基本分析方法，重点是研究离散时间信号和离散时间系统的时域分析方法、频域及复频域分析方法，两种类型的数字滤波器结构分析及数字滤波器的设计方法，为学生将来在各个领域做信号数字化分析和处理等工作打下坚实的理论基础，提供解决实际问题的方法。

本教材的研究对象是确定性离散时间信号和离散时间系统，主要包括离散时间信号分析、离散时间系统的分析和设计。离散时间信号分析的主要内容包括：离散时间信号的运算、典型离散时间信号、离散时间信号的 z 变换、离散时间信号的傅里叶变换（DTFT）、有限长序列的傅里叶变换（DFT）、快速傅里叶变换（FFT）、用傅里叶变换（DFT）分析模拟信号、信号的抽样与重建等内容；离散时间系统的分析与设计的主要内容包括：离散系统的描述——差分方程模型及其求解、系统的分类（线性、移不变、因果、稳定的系统）、系统的单位冲激响应 $h(n)$、系统函数 $H(z)$、频率响应 $H(e^{j\omega})$、两种滤波器的基本结构、IIR 滤波器的设计方法、FIR 滤波器的设计方法、抽样频率的转换等内容。

学习本课程需要有一定的数学分析基础，需要学习的前续课程包括电路原理、高等数学、复变函数与积分变换、信号与系统等课程。

全书共包括 12 章。 第 1、2 章是离散时间信号与系统的时域分析，第 3 章是离散时间信号的复频域分析——z 变换，第 4 章是离散时间信号的频域分析——DTFT，第 5 章是离散傅里叶变换（DFT），第 6 章是快速傅里叶变换（FFT），第 7 章是离散时间系统的频域分析，第 8 章是信号的抽样与重建，第 9 章是数字滤波器的基本结构，第 10 章是无限长冲激响应（IIR）滤波器设计，第 11 章是有限长冲激响应（FIR）滤波器设计，第 12 章是抽样频率的转换。

选用本教材时，建议理论学时为 40 或 48 学时，上机实验 8 学时。

为了加强对基本概念、基本理论和方法的理解和掌握，本书在每章后都配有适量的习题，并配有参考答案，可供读者适当选做。

本书由袁洪芳教授编写第 1、2 章，张凤元教授编写第 3～5 章，张帆教授编写第 6、7 章，周勇胜教授编写第 8、9 章，尹嬿副教授编写第 10 章及各章的习题，马飞副教授编写第 11、12 章。

课程组的其他老师对本书的编写也提供了宝贵意见，在此一并感谢。

限于水平，书中内容难免有疏漏之处，恳请广大读者批评指正。

作者
二零二五年五月

目 录

89 | 第 6 章 ▶ 快速傅里叶变换（FFT）

156　第 10 章 ▶ 无限长冲激响应（IIR）滤波器设计

172　第 11 章 ▶ 有限长冲激响应（FIR）滤波器设计

188 第 12 章 ▶ 抽样频率的转换

绪　论

数字信号处理（digital signal processing，DSP）是 20 世纪中叶发展起来的工程和科学技术，是在连续时间信号处理基础上发展起来的，以微积分、差分方程、线性表示等数学知识为基础，用离散序列的方式表征离散时间信号，采用数字系统处理信号（滤波、变换、压缩、增强、估计、识别等），以便提取信号中携带的有用信息的学科。近年来，随着集成电路、计算机、人工智能等数字技术的飞速发展，数字信号处理得到了广泛的应用，数字化技术得到了前所未有的发展和应用。

在实际应用中需要传递信息，信息一般包含在消息当中。为了传输信息，要把消息加载到信号上去。信号类型多种多样，常见的信号有声音信号、光信号、电信号、磁信号等。随着电子信息技术的发展，一般将非电信号转换为电信号进行传输、分析和处理。信号通常表现为某物理量的变化，如电压、电流等，可用图形法、表格法、函数法描述信号。用函数描述信号时，可以用一个自变量描述的信号是一维信号，需要多个独立自变量描述的信号是多维信号。一维信号的自变量多数表示时间，时间连续取值的信号是连续时间信号，时间取离散值的信号就是离散时间信号，离散时间信号一般称为序列，幅度量化后的离散时间信号就是数字信号。

数字信号处理技术起源很早。16 世纪发展起来的经典数值分析技术，17 世纪牛顿提出的有限差分法，18 世纪欧拉、伯努利、拉格朗日等人建立的数值积分和内插法等数值分析技术及由拉普拉斯（拉氏）变换发展的 z 变换奠定了离散时间信号处理的数学基础。1805年，高斯给出了快速傅里叶变换（FFT）的基本原理，为快速离散时间信号计算提供了基本思想。20 世纪 50 年代，采样的概念及其频谱效应已经被人们充分了解，z 变换理论已经普及到电子工程领域，人们开始探讨用数字元器件构成数字滤波器的问题。

数字信号处理的重大进展之一是 1965 年 Cooley 和 Tukey 发表的 FFT 算法，它使数字信号处理从理论概念到应用实现了重大转折。FFT 算法的出现使得数字信号处理的计算量缩小了多个量级，从而使数字信号处理技术得到了广泛的应用。随后出现了一些新的算法，如利用数论变换进行卷积运算的方法、WFTA 算法（素因子算法）、沃尔什变换（WT）及其快速算法（FWT）。数字信号处理发展过程中的另一个重大进展是有限长冲激响应（FIR）滤波器和无限长冲激响应（IIR）滤波器地位的相对变化，FIR 数字滤波器越来越得到重视。

20 世纪 70 年代以来，许多科学工作者对数字信号处理中的有限字长效应进行了研究，解释了数字信号处理中出现的许多现象，使数字信号处理的基本理论进入了成熟阶段。从数字信号处理技术的实现上看，大规模集成电路技术是推动数字信号处理发展的重要因素。

在数字信号处理的应用中，最常用的是利用数字系统实现模拟信号的处理功能。将连续时间信号转化为数字信号，进而进行数字信号的处理，最后再将处理后的数字信号转化为连续时间信号输出。数字信号处理实现的方式比较灵活，可通过下列三种方式实现。

① 软件实现。通过编程在通用计算机上实现各种信号处理功能。软件实现的优点是功能灵活、开发周期短、成本较低，缺点是处理速度较慢，一般用于对处理速度要求不高的任务中。

② 专用硬件实现。采用由加法器、乘法器和延迟器构成的数字电路来实现某种专用的功能。专用硬件的优点是处理速度快，但功能不灵活，开发周期较长，适用于要求高速处理的应用中。

③ 软硬件结合实现。采用通用单片机、可编程 DSP（数字信号处理器）或 FPGA（现场可编程门阵列）等可编程逻辑器件，并开发相应程序实现。这种信号处理方式不仅处理速度快，而且可通过改变程序来改变系统的功能，因此又具有功能灵活的优点，是目前众多数字信号处理任务的主要处理方式。

数字信号处理由数字系统完成，与传统的模拟系统信号处理方法相比，数字系统具有以下优点：精度高、稳定性好、可靠性高、便于大规模集成、具有信号存储和编程能力、灵活性好、抗干扰能力强、可时分复用、能达到高性能指标、可实现多维信号处理。随着数字信号处理的发展与完善，数字信号处理已经广泛应用到语音、图像、通信、雷达、声呐、导航、控制、地震预报、生物医学、遥感遥测、地质勘探、航空航天、故障检测、工业自动化、人工智能、消费电子等领域，对社会经济发展、科技进步发挥了巨大的推动作用。

数字信号处理的主要内容包括：离散时间信号的时域表示和运算、离散时间系统的表示和分类、离散时间信号的复频域和频域分析、离散时间系统的复频域和频域分析、时域/频域采样定理、有限长序列的离散傅里叶变换、FFT、IIR 和 FIR 数字滤波器设计等。

第1章

离散时间信号的时域分析

离散时间信号与离散时间系统是数字信号处理的基础。无论什么形式的信号最终都要转换成数字信号，再进行信号的分析与处理。本章主要内容是离散时间信号的时域分析，包括离散时间信号的表示和分类，常用的典型序列，序列的运算，序列的卷积和相关运算，最后讨论序列的周期性等。重点内容是序列的运算，难点是序列的卷积运算和相关运算。

1.1 ➲ 离散时间信号——序列

离散时间信号是时间变量取离散值的信号，时间间隔一般是均匀的，记为 $x(nT)$，n 为整数，$-\infty < n < +\infty$，$T > 0$，T 为实常数。一般离散时间信号 $x(nT)$ 简记为 $x(n)$，简称为序列。序列 $x(n)$ 可以是从模拟信号抽样来的，也可以是从其他方式得到的。

1.1.1 序列的表示方法

序列的表示方法一般有三种：列举法、图示法和公式法。

列举法：适合非零值有限的情况，对于序列 $x(n) = \begin{cases} x(n) = x_n, & n_1 \leqslant n \leqslant n_2 \\ 0, & \text{其他} \end{cases}$，一般可表示为 $x(n) = \{x_{n_1}, x_{n_1+1}, \cdots, \underline{x_0}, x_1, \cdots, x_{n_2}\}$。序列中，有下划线的元素表示序列中值 $x(0)$。例如，有限长序列 $x(n)(-2 \leqslant n \leqslant 2)$ 中，$x(-2) = 1, x(-1) = -2, x(0) = 1, x(1) = 3, x(2) = -1$，可以表示为 $x(n) = \{1, -2, \underline{1}, 3, -1\}$。

图示法：将序列 $x(n)$ 的值在二维平面上画出来，横轴取值为整数，纵轴坐标表示序列的值，各点的值用平行于纵轴的线段表示。序列 $x(n) = \{1, -2, \underline{1}, 3, -1\}$ 的图示法如图 1-1 所示。

公式法：也就是序列的解析表达方式，一般给出序列一般项 $x(n)$ 的解析表达式。例如，正弦型序列 $x(n) = A\sin(\omega n + \phi)$ $(-\infty < n < +\infty)$，其中 A、ω、ϕ 均为实常数。

在序列 $x(n)$ 的三种表示法中，公式法比较常用，图示法比较直观，实际中用哪一种表示法根据实际需要

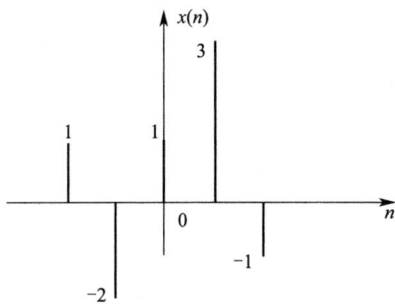

图 1-1　序列 $x(n)$ 的图示法

而定。

1.1.2 序列的分类

可以从不同角度对序列进行分类。

（1）有限长序列和无限长序列

有限长序列是序列值只有有限个不为零的序列，$x(n)=\begin{cases}x(n)=x_n, & n_1\leqslant n\leqslant n_2 \\ 0, & \text{其他}\end{cases}$。序列值为无限个非零的序列，称为无限长序列，$x(n)(-\infty<n<+\infty)$。

一般把序列 $x(n)(n_1\leqslant n<+\infty)$ 称为右边序列，$x(n)(-\infty<n\leqslant n_2)$ 称为左边序列，$x(n)(-\infty<n<+\infty)$ 称为双边序列。把右边序列 $x(n)=\begin{cases}x(n), & 0\leqslant n<+\infty \\ 0, & \text{其他}\end{cases}$ 称为因果序列，把左边序列 $x(n)=\begin{cases}x(n), & -\infty<n\leqslant 0 \\ 0, & \text{其他}\end{cases}$ 称为逆因果序列。

（2）周期序列和非周期序列

对于序列 $x(n)$，如果存在最小正整数 N，满足 $x(n+N)=x(n)(-\infty<n<+\infty)$，则序列 $x(n)$ 是周期序列，否则为非周期序列。

对于正弦型序列 $x(n)=A\sin(\omega n)(-\infty<n<+\infty)$，其中，$A$ 为常数，$\omega>0$ 为实常数，它是否为周期序列与数字角频率 ω 的取值有关。

当 $\dfrac{2\pi}{\omega}=N$，N 为正整数时，正弦型序列 $x(n)=A\sin(\omega n)$ 是以 N 为周期的周期序列。

当 $\dfrac{2\pi}{\omega}=r$，r 是有理数时，正弦型序列 $x(n)=A\sin(\omega n)$ 是周期序列，若 $r=\dfrac{N}{M}$，M、N 为正整数，则序列的周期为 N。

事实上，此时：

$$x(n+N)=A\sin[\omega(n+N)]=A\sin\left[\frac{2M\pi}{N}(n+N)\right]$$
$$=A\sin(\omega n+2\pi M)=A\sin(\omega n)=x(n)$$

当 $\dfrac{2\pi}{\omega}=c$，c 是无理数时，正弦型序列 $x(n)=A\sin(\omega n)$ 是非周期序列。

（3）实数序列和复数序列

如果序列 $x(n)$ 的值为实数，则序列 $x(n)$ 为实数序列。如果序列 $x(n)$ 的值为复数，则序列 $x(n)$ 为复数序列。复数序列也可以表示为 $x(n)=\text{Re}[x(n)]+j\text{Im}[x(n)]$，其中 $\text{Re}[x(n)]$、$\text{Im}[x(n)]$ 分别为复数序列 $x(n)$ 的实部序列和虚部序列。

（4）有界序列和无界序列

对于序列 $x(n)$，如果存在正数 M，满足 $|x(n)|\leqslant M(-\infty<n<+\infty)$，则称序列 $x(n)$ 为有界序列，否则为无界序列。实际中讨论的序列均为有界序列。

（5）能量型序列和功率型序列

对于序列 $x(n)(-\infty<n<+\infty)$，级数 $\displaystyle\sum_{n=-\infty}^{\infty}|x(n)|^2$ 收敛时，则称序列 $x(n)$ 是能

量有限序列，或能量型序列，其能量记为 $E=\sum\limits_{n=-\infty}^{\infty}|x(n)|^2$。级数 $\sum\limits_{n=-\infty}^{\infty}|x(n)|^2$ 不收敛时，则序列 $x(n)$ 为能量无限序列，如果 $\lim\limits_{N\to\infty}\dfrac{1}{2N+1}\sum\limits_{n=-N}^{N}|x(n)|^2$ 为有限值，则称序列 $x(n)$ 为功率型序列，其平均功率记为 $P=\lim\limits_{N\to\infty}\dfrac{1}{2N+1}\sum\limits_{n=-N}^{N}|x(n)|^2$，在实际应用中，我们讨论的无限长序列多为功率型序列。

例 1-1 一个由新型传感器采集到的离散时间信号 $x(n)$，$x(n)$ 表示在时间为 n 时传感器测量到的物理量值。假设 $x(n)$ 的表达式为 $x(n)=\sin(\pi n/10)+0.5\cos(\pi n/5)+0.2n$，对于 $0\leqslant n\leqslant 50$，

① 使用 MATLAB 画出 $x(n)$ 的时域波形图。

② 分析信号中是否存在趋势项（即随时间线性增大或减小的部分）。

解：

① 波形图如图 1-2 所示。

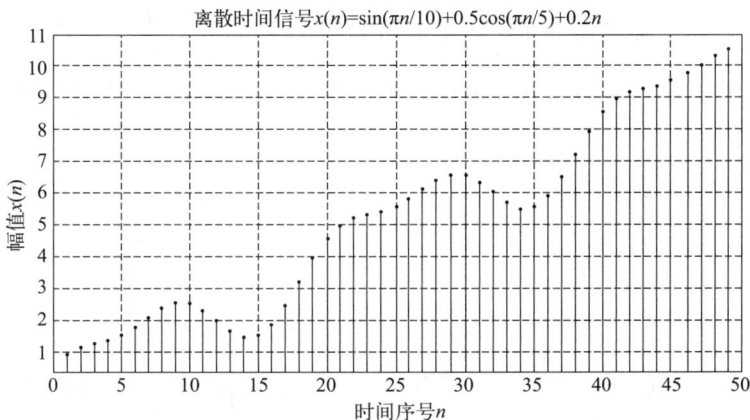

图 1-2 波形图

② 观察 $x(n)$ 的表达式，我们可以看到其中有一个线性项 $0.2n$，它表示信号随时间有一个固定的增长趋势。在实际应用中，趋势项可能会对信号的其他特征（如周期性、随机性等）产生影响，因此我们需要对其进行适当的处理或分离。

1.2 ⊙ 序列的运算

序列 $x(n)$ 的运算，包括序列自身的变换和两个或两个以上序列间的运算。

1.2.1 序列 x（n）的变换运算

（1）序列的翻转

序列 $x(n)$ 的翻转序列为 $x(-n)$，满足 $x(-n)|_{n=k}=x(n)|_{n=-k}$，$k$ 为整数。例如，序列 $x(n)=\{1,-2,\underline{1},3,-1\}$，它的翻转序列 $x(-n)=\{-1,3,\underline{1},-2,1\}$，如图 1-3（a）

所示。

（2）序列的移位

序列 $x(n)$ 的移位序列是 $x(n-m)$，这里 m 为整数，当 $m>0$ 时，$x(n-m)$ 的波形是 $x(n)$ 的波形向右移动 m 位的结果；当 $m<0$ 时，$x(n-m)$ 的波形是 $x(n)$ 的波形向左移动 $-m$ 的结果。例如，$x(n)=\{1,-2,\underline{1},3,-1\}$，则 $x(n-1)=\{1,\underline{-2},1,3,-1\}$，如图 1-3（b）所示。

（3）序列的尺度变换

序列的尺度变换包括序列的抽取和插值，序列 $x(n)$ 的 m 倍抽取序列记为 $x(mn)$，序列 $x(n)$ 的 m 倍插值序列记为 $x\left(\dfrac{n}{m}\right)$。例如，序列 $x(n)=\{1,-2,\underline{1},3,-1\}$ 的 2 倍抽取序列为 $x(2n)=\{\underline{1},1,-1\}$，它的 2 倍插值序列为 $x\left(\dfrac{n}{2}\right)=\{1,*,-2,*,\underline{1},*,3,*,-1\}$，其中，$*$ 表示对应点的插值。如果序列 $x(n)$ 是对模拟信号 $x_a(t)$ 以 T 为抽样间隔进行抽样得到的抽样序列，则 m 倍抽取序列 $x(mn)$ 是对模拟信号 $x_a(t)$ 以 mT 为抽样间隔进行抽样得到的抽样序列，m 倍插值序列 $x\left(\dfrac{n}{m}\right)$ 是对模拟信号 $x_a(t)$ 以 $\dfrac{T}{m}$ 为抽样间隔进行抽样得到的抽样序列。显然，序列的抽取或插值序列可以看作对模拟信号改变抽样频率后进行抽样得到的抽样序列。

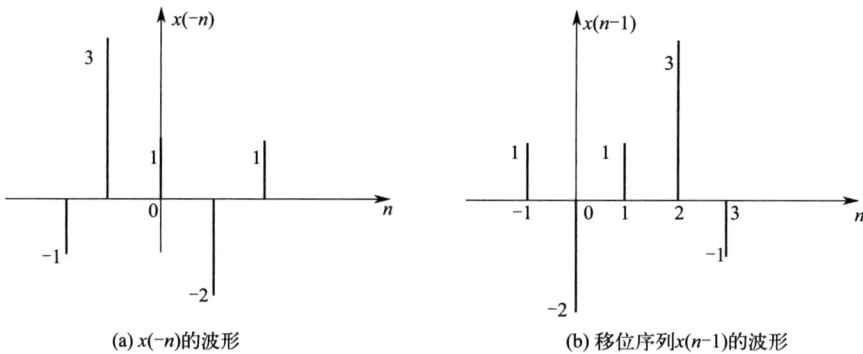

(a) x(-n)的波形　　(b) 移位序列x(n-1)的波形

图 1-3　序列的翻转和序列的移位

（4）序列的累加

序列 $x(n)$ 的累加序列为 $y(n)=\displaystyle\sum_{m=-\infty}^{n} x(m)$，类似于连续时间信号的积分信号。例如，序列 $x(n)=\{1,-2,\underline{1},3,-1\}$ 的累加序列 $y(n)=\{1,-1,\underline{0},3,2,2,2,\cdots\}$，如图 1-4 所示。

（5）序列的差分

序列 $x(n)$ 的差分序列，即一阶差分，分为前向差分和后向差分。序列 $x(n)$ 的前向差分 $\Delta x(n)=x(n+1)-x(n)$，后向差分 $\nabla x(n)=x(n)-x(n-1)$，显然有 $\Delta x(n-1)=\nabla x(n)$，序列差分类似于连续时间信号的微分。例如，序列 $x(n)=\{1,-2,\underline{1},3,-1\}$ 的后向差分 $\nabla x(n)=\{1,-3,\underline{3},2,-4,1\}$，如图 1-5 所示。

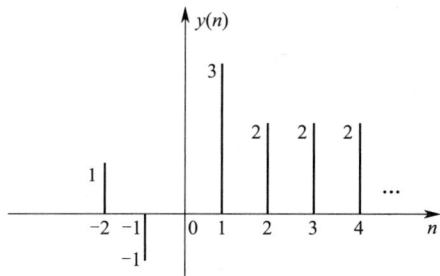

图 1-4　序列 $x(n)$ 的累加序列 $y(n)$　　　　图 1-5　序列 $x(n)$ 的后向差分 $\nabla x(n)$

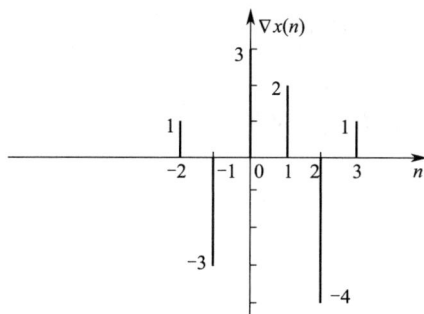

序列 $x(n)$ 的二阶差分定义为一阶差分的差分,即有:

$$\nabla^{(2)}x(n)=\nabla[\nabla x(n)]=[x(n)-x(n-1)]-[x(n-1)-x(n-2)]$$
$$=x(n)-2x(n-1)+x(n-2) \tag{1-1}$$

同理,三阶差分为:

$$\nabla^{(3)}x(n)=\nabla[\nabla^{(2)}x(n)]=x(n)-3x(n-1)+3x(n-2)-x(n-3) \tag{1-2}$$

(6) 序列的数乘运算

一个序列 $x(n)$ 和一个常数 k 的乘积 $kx(n)$ 仍是一个序列,序列中的值等于原来的序列值乘以 k。例如,序列 $x(n)=\{1,-2,\underline{1},3,-1\}$,则 $kx(n)=\{k,-2k,\underline{k},3k,-k\}$。

1.2.2　两个序列 x(n) 之间的运算

两个序列之间的运算包括和、乘积、线性卷积和线性相关。

(1) 序列的和

序列 $x_1(n)$ 与 $x_2(n)$ 的和为 $x(n)=x_1(n)+x_2(n)$,和的值等于 $x_1(n)$ 与 $x_2(n)$ 对应点值的和。这里要注意,$x_1(n)$ 与 $x_2(n)$ 中 n 对应的时间点相同。

(2) 序列的乘积

序列 $x_1(n)$ 与 $x_2(n)$ 的乘积为 $x(n)=x_1(n)x_2(n)$,乘积在各点的值等于 $x_1(n)$ 与 $x_2(n)$ 对应点值的乘积。同样要求,$x_1(n)$ 与 $x_2(n)$ 中 n 对应的时间点相同。

(3) 两个序列的线性卷积

序列 $x_1(n)$ 与 $x_2(n)$ 的线性卷积(也称为卷积和)记为 $y_1(n)=y(n)=x_1(n)*x_2(n)$,或者记为 $y(n)=x_1(n)\otimes x_2(n)$。线性卷积的定义如下:

$$y(n)=x_1(n)*x_2(n)=\sum_{m=-\infty}^{\infty}x_1(m)x_2(n-m) \tag{1-3}$$

从卷积的定义可以看出,卷积序列的变量 n,是式(1-3)中 $x_2(-m)$ 的移位量。

序列 $x_1(n)$ 与 $x_2(n)$ 的线性卷积的计算可以用以下四个步骤完成:

(a) 将序列 $x_1(n)$ 与 $x_2(n)$ 的变量 n 换成 m;

(b) 将序列 $x_2(m)$ 翻转并移位,移位量为 n;

(c) 将 $x_1(m)$ 与 $x_2(n-m)$ 对应相乘;

(d) 对所有 m 求和，$y(n)=x_1(n)*x_2(n)=\sum\limits_{m=-\infty}^{\infty}x_1(m)x_2(n-m)$。

例 1-2 已知序列 $x(n)=\begin{cases}\dfrac{1}{2}n, & 1\leqslant n<3 \\ 0, & 其他\end{cases}$，$h(n)=\begin{cases}1, & 0\leqslant n<2 \\ 0, & 其他\end{cases}$，试计算线性卷积 $y(n)=x(n)*h(n)$。

解： $y(n)=x(n)*h(n)=\sum\limits_{m=1}^{3}x(m)h(n-m)$。

① 将序列 $x(n)$ 与 $h(n)$ 的变量 n 换成 m；

② 以 $m=0$ 为对称轴，翻转 $h(m)$ 得到 $h(-m)$ 与 $x(m)$ 对应序号相乘、相加得 $y(0)$；

③ 将 $h(-m)$ 向右移位 1 个单位得 $h(1-m)$，与 $x(m)$ 对应序号相乘、相加得 $y(1)$，若是向左移位 1 个单位，则得 $h(-1-m)$，与 $x(m)$ 对应序号相乘、相加得 $y(-1)$；

④ 重复步骤③，得 $y(2)$，$y(3)$，$y(4)$，$y(5)$。

$y(0)=0$

$y(1)=\dfrac{1}{2}\times 1=\dfrac{1}{2}$

$y(2)=\dfrac{1}{2}\times 1+1\times 1=\dfrac{3}{2}$

$y(3)=\dfrac{1}{2}\times 1+1\times 1+\dfrac{3}{2}\times 1=3$

$y(4)=\dfrac{1}{2}\times 0+1\times 1+\dfrac{3}{2}\times 1+0\times 1=\dfrac{5}{2}$

$y(5)=\dfrac{3}{2}\times 1=\dfrac{3}{2}$

$y(1)$、$y(2)$ 如图 1-6 所示。

容易验证，卷积和运算满足下列性质：

（a）满足交换律：

$$y(n)=x_1(n)*x_2(n)=x_2(n)*x_1(n)$$

（b）满足结合律：

$$[x_1(n)*x_2(n)]*x_3(n)=x_1(n)*[x_2(n)*x_3(n)]$$

（c）满足分配律：

$$x_1(n)*[x_2(n)+x_3(n)]=x_1(n)*x_2(n)+x_1(n)*x_3(n)$$

（4）两个序列的线性相关

序列 $x_1(n)$ 与 $x_2(n)$ 的线性相关序列记为 $R_{x_1x_2}(n)$。线性相关的定义如下：

$$R_{x_1x_2}(n)=\sum\limits_{m=-\infty}^{\infty}x_1(m)x_2^*(m+n) \qquad (1-4)$$

式中，$x_2^*(m+n)$ 是 $x_2(m+n)$ 的共轭序列。从线性相关的定义可以看出，线性相关序列的变量 n，是式（1-4）中 $x_2^*(m)$ 的移位量。对于实数序列，线性相关序列的计算表达

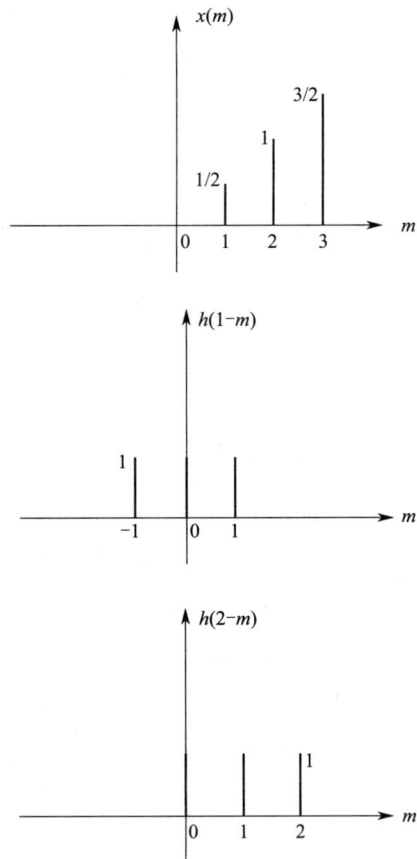

图 1-6 线性卷积 $y(n)=x(n)*h(n)$ 的计算

式为：

$$R_{x_1 x_2}(n) = \sum_{m=-\infty}^{\infty} x_1(m) x_2(m+n) \tag{1-5}$$

例 1-3 环境科学家正在研究一条河流中某种化学物质的扩散模式。选择了两个监测点，分别记录了这两个点上化学物质浓度随时间的变化情况。连续记录了 12 个小时的浓度值（单位：mg/kg），每小时记录一次。数据如下。

监测点 A 的浓度数据（上游）：
$$\{2,4,3,0,1,0,0,0,0,0,0,0\}$$
监测点 B 的浓度数据（下游）：
$$\{0,0,0,1,2,3,2,0,0,0,0,0\}$$

现在需要通过序列卷积来分析化学物质从监测点 A 到监测点 B 的扩散过程。

① 使用序列卷积计算监测点 A 和监测点 B 之间的化学物质扩散模式。

② 确定化学物质从监测点 A 到监测点 B 的扩散时间。

解： ① 序列卷积定义为一个序列的翻转和一个序列的滑动乘积的累加和。设序列 X 为监测点 A 的浓度数据，序列 Y 为监测点 B 的浓度数据，序列 Z 为它们的卷积，那么：$Z(k) = \sum[X(i)Y(k-i)]$。其中，$\sum$ 表示求和，i 从 0 到 k 取值。

$Z(0) = X(0)Y(0) = 2 \times 0 = 0$

$Z(1) = X(0)Y(1) + X(1)Y(0) = 2 \times 0 + 4 \times 0 = 0$

$Z(2) = X(0)Y(2) + X(1)Y(1) + X(2)Y(0) = 2 \times 0 + 4 \times 0 + 3 \times 0 = 0$

$Z(3) = X(0)Y(3) + X(1)Y(2) + X(2)Y(1) + X(3)Y(0) = 2 \times 1 + 4 \times 0 + 3 \times 0 + 0 \times 0 = 2$

$Z(4) = X(0)Y(4) + X(1)Y(3) + X(2)Y(2) + X(3)Y(1) + X(4)Y(0) = 2 \times 2 + 4 \times 1 + 3 \times 0 + 0 \times 0 + 0 \times 0 = 8$

$Z(5) = X(0)Y(5) + X(1)Y(4) + X(2)Y(3) + X(3)Y(2) + X(4)Y(1) + X(5)Y(0) = 2 \times 3 + 4 \times 2 + 3 \times 1 + 0 \times 0 + 0 \times 0 + 0 \times 0 = 17$

$Z(6) = X(0)Y(6) + X(1)Y(5) + X(2)Y(4) + X(3)Y(3) + X(4)Y(2) + X(5)Y(1) + X(6)Y(0) = 2 \times 0 + 4 \times 2 + 3 \times 3 + 0 \times 1 + 1 \times 0 + 0 \times 0 + 0 \times 0 = 8 + 9 = 17$

$Z(7) = X(0)Y(7) + X(1)Y(6) + X(2)Y(5) + X(3)Y(4) + X(4)Y(3) + X(5)Y(2) + X(6)Y(1) + X(7)Y(0) = 2 \times 0 + 4 \times 0 + 3 \times 2 + 0 \times 3 + 1 \times 2 + 0 \times 0 + 0 \times 0 + 0 \times 0 = 0 + 0 + 6 + 0 + 2 = 8$

$Z(8) = X(0)Y(8) + X(1)Y(7) + X(2)Y(6) + X(3)Y(5) + X(4)Y(4) + X(5)Y(3) + X(6)Y(2) + X(7)Y(1) + X(8)Y(0) = 2 \times 0 + 4 \times 0 + 3 \times 0 + 0 \times 2 + 1 \times 3 + 0 \times 2 + 0 \times 0 + 0 \times 0 + 0 \times 0 = 0 + 0 + 0 + 0 + 3 + 0 + 0 + 0 + 0 = 3$

$Z(9) = X(0)Y(9) + X(1)Y(8) + X(2)Y(7) + X(3)Y(6) + X(4)Y(5) + X(5)Y(4) + X(6)Y(3) + X(7)Y(2) + X(8)Y(1) + X(9)Y(0) = 2 \times 0 + 4 \times 0 + 3 \times 0 + 0 \times 0 + 1 \times 2 + 0 \times 3 + 0 \times 2 + 0 \times 0 + 0 \times 0 + 0 \times 0 = 0 + 0 + 0 + 0 + 2 + 0 + 0 + 0 + 0 + 0 = 2$

$Z(10) = X(0)Y(10) + X(1)Y(9) + X(2)Y(8) + X(3)Y(7) + X(4)Y(6) + X(5)Y(5) + X(6)Y(4) + X(7)Y(3) + X(8)Y(2) + X(9)Y(1) + X(10)Y(0) = 2 \times 0 + 4 \times 0 + 3 \times 0 + 0 \times 0 + 1 \times 0 + 0 \times 2 + 0 \times 3 + 0 \times 2 + 0 \times 0 + 0 \times 0 + 0 \times 0 = 0$

$Z(11) = X(0)Y(11) + X(1)Y(10) + X(2)Y(9) + X(3)Y(8) + X(4)Y(7) + X(5)Y(6) + X(6)Y(5) + X(7)Y(4) + X(8)Y(3) + X(9)Y(2) + X(10)Y(1) + X(11)Y(0) = 2 \times 0 + 4 \times$

$0+3\times0+0\times0+1\times0+0\times0+0\times2+0\times3+0\times2+0\times0+0\times0+0\times0=0$

$Z(12)=X(0)Y(12)+X(1)Y(11)+X(2)Y(10)+X(3)Y(9)+X(4)Y(8)+X(5)Y(7)$
$+X(6)Y(6)+X(7)Y(5)+X(8)Y(4)+X(9)Y(3)+X(10)Y(2)+X(11)Y(1)+X(12)Y(0)=$
$2\times0+4\times0+3\times0+0\times0+1\times0+0\times0+0\times2+0\times3+0\times2+0\times0+0\times0+0\times0=0$

完整的卷积序列 Z 为 $\{0,0,0,2,8,17,17,8,3,2,0,0,0\}$，这表示化学物质从监测点 A 到监测点 B 的扩散模式

② 扩散时间可以通过观察卷积序列 Z 中第一个非零值出现的位置来估计。$Z(3)$ 是第一个非零值，这意味着化学物质从监测点 A 到监测点 B 的扩散时间大约是 3 小时。

1.3 ◑ 常用的典型序列

对于离散时间信号，即序列 $x(n)$，有一些非常有用且简单的序列，称为典型序列。

（1）实指数序列

实指数序列 $x(n)$ 的表达式为 $x(n)=Aa^n$，其中，a 为实常数，A 为实数或复数。

（2）复指数序列

复指数序列 $x(n)$ 的表达式为 $x(n)=Az^n$，其中，$z=re^{j\omega}$ 为复数，A 为实数或复数，r、ω 为实常数。复数序列也可以表示为：

$$x(n)=Az^n=A(re^{j\omega})^n=Ar^ne^{jn\omega}=Ar^n[\cos(n\omega)+j\sin(n\omega)] \tag{1-6}$$

当复数 $A=r_Ae^{j\phi}$ 时，$x(n)=r_Ae^{j\phi}r^ne^{jn\omega}=r_Ar^n[\cos(n\omega+\phi)+j\sin(n\omega+\phi)]$，其中，$r_Ar^n\geqslant0$ 是复指数序列的模，ω、ϕ 分别是序列的数字角频率和初始相位。

特别地，有 $(e^{j\omega})^n=e^{jn\omega}=\cos(n\omega)+j\sin(n\omega)$，$(e^{-j\omega})^n=e^{-jn\omega}=\cos(n\omega)-j\sin(n\omega)$。由欧拉公式有：

$$\begin{cases}\cos(n\omega)=\dfrac{e^{jn\omega}+e^{-jn\omega}}{2} \\[2mm] \sin(n\omega)=\dfrac{e^{jn\omega}-e^{-jn\omega}}{2j}\end{cases} \tag{1-7}$$

（3）正弦型序列

正弦型序列的一般形式为 $x(n)=A\sin(\omega_0n+\phi)(-\infty<n<+\infty)$，其中，$A$ 为常数，ω_0、ϕ 为实常数。A 为正弦型序列的幅度，ω_0、ϕ 分别是正弦序列的数字角频率和初始相位。前面已经讨论过，当 $\dfrac{2\pi}{\omega_0}$ 为有理数 $p=\dfrac{N}{M}$ 时，序列周期为 N，否则为非周期序列。显然，对于复指数序列 $x(n)=Ar^ne^{jn\omega_0}=Ar^n[\cos(n\omega_0)+j\sin(n\omega_0)]$，当 $\dfrac{2\pi}{\omega_0}$ 为有理数 $p=\dfrac{N}{M}$ 时，序列周期为 N。

（4）单位冲激序列

单位冲激序列记为 $\delta(n)$，单位冲激序列的定义为：

$$\delta(n)=\begin{cases}1, & n=0 \\ 0, & n\neq0\end{cases} \tag{1-8}$$

单位冲激序列 $\delta(n)$ 的波形如图 1-7 所示。

当 m 为正整数时，$\delta(n-m)$ 是单位冲激序列 $\delta(n)$ 右移 m 位的序列，$\delta(n+m)$ 是单位冲激序列 $\delta(n)$ 左移 m 位的序列。任意序列 $x(n)$ 均可以表示成单位冲激序列 $\delta(n)$ 的移位序列的线性组合：

$$x(n)=\sum_{m=-\infty}^{\infty}x(m)\delta(n-m) \qquad (1\text{-}9)$$

例如，$x(n)=\{1,-2,\underline{1},3,-1\}=\delta(n+2)-2\delta(n+1)+\delta(n)+3\delta(n-1)-\delta(n-2)$。

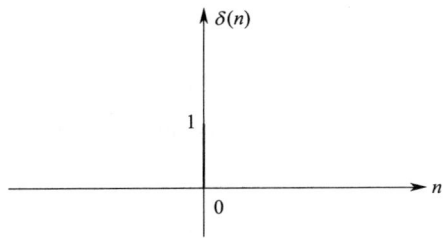

图 1-7　单位冲激序列 $\delta(n)$

事实上，对于任意序列 $x(n)$，$x(n)=\sum\limits_{m=-\infty}^{\infty}x(m)\delta(n-m)=x(n)*\delta(n)$，这体现了单位冲激序列 $\delta(n)$ 的单位性质。对于单位冲激序列 $\delta(n)$ 具有以下性质：

(a) $x(n)*\delta(n)=\delta(n)*x(n)=x(n)$；

(b) $x(n)*\delta(n-m)=x(n-m)$。

（5）单位阶跃序列

单位阶跃序列记为 $u(n)$，单位阶跃序列的定义为：

$$u(n)=\begin{cases}1, & n\geqslant 0 \\ 0, & n<0\end{cases} \qquad (1\text{-}10)$$

单位阶跃序列 $u(n)$ 的波形如图 1-8 所示。

显然，由式(1-9) 有 $u(n)=\delta(n)+\delta(n-1)+\delta(n-2)+\cdots=\sum\limits_{m=0}^{\infty}\delta(n-m)$，而单位阶跃序列

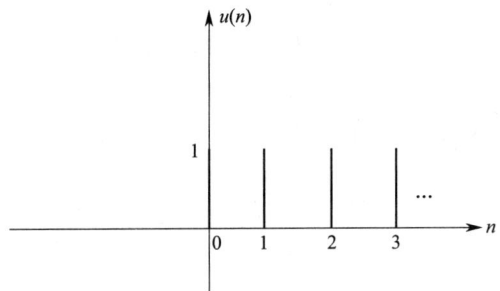

图 1-8　单位阶跃序列 $u(n)$

$u(n)$ 的后向差分为 $\delta(n)$，即有 $\delta(n)=\nabla u(n)=u(n)-u(n-1)$。单位冲激序列 $\delta(n)$ 的累加序列恰好为单位阶跃序列，即满足 $u(n)=\sum\limits_{m=-\infty}^{n}\delta(m)$。

序列 $x(n)$ 的累加序列为 $y(n)=\sum\limits_{m=-\infty}^{n}x(m)$，可以证明，$y(n)=\sum\limits_{m=-\infty}^{n}x(m)=x(n)*u(n)$。

证明如下：

$$y(n)=x(n)*u(n)=\sum_{m=-\infty}^{\infty}x(m)u(n-m)$$

$$=\sum_{m=-\infty}^{n}x(m)u(n-m)+\sum_{m=n+1}^{\infty}x(m)u(n-m)$$

$$=\sum_{m=-\infty}^{n}x(m)u(n-m)$$

$$=\sum_{m=-\infty}^{n}x(m)$$

所以，序列 $x(n)$ 的累加序列 $y(n)=\sum\limits_{m=-\infty}^{n}x(m)$ 为序列 $x(n)$ 与单位阶跃序列 $u(n)$ 的线性卷积：

$$y(n) = \sum_{m=-\infty}^{n} x(m) = x(n) * u(n) \qquad (1\text{-}11)$$

（6）矩形脉冲序列

点数为 N 的标准矩形脉冲序列记为 $R_N(n)$，它的定义如下：

$$R_N(n) = \begin{cases} 1, & 0 \leqslant n \leqslant N-1 \\ 0, & \text{其他} \end{cases} \qquad (1\text{-}12)$$

显然，点数为 N 的标准矩形脉冲序列 $R_N(n)$ 也可以用单位阶跃序列或单位冲激序列表示，即有：

$$R_N(n) = u(n) - u(n-N) \qquad (1\text{-}13)$$

$$R_N(n) = \delta(n) + \delta(n-1) + \delta(n-2) + \cdots + \delta(n-N+1) \qquad (1\text{-}14)$$

矩形脉冲序列 $R_N(n)$ 也称为矩形窗函数序列。

1.4 ➲ 关于序列的其他讨论

一般来说，不同序列具有不同的性质。我们讨论以下序列。

1.4.1 共轭序列

对于一般的复数序列 $x(n)$ $(-\infty < n < \infty)$，它的共轭序列记为 $x^*(n)$。如果复数序列 $x(n) = \mathrm{Re}[x(n)] + j\mathrm{Im}[x(n)]$，则有 $x^*(n) = \mathrm{Re}[x(n)] - j\mathrm{Im}[x(n)]$。

（1）共轭对称序列

对于复数序列 $x(n)$，如果满足条件 $x(n) = x^*(-n)$，则称序列 $x(n)$ 是共轭对称序列。共轭对称序列的实部序列是偶对称的，即满足 $\mathrm{Re}[x(n)] = \mathrm{Re}[x(-n)]$，共轭对称序列的虚部序列是奇对称的，即满足 $\mathrm{Im}[x(n)] = -\mathrm{Im}[x(-n)]$。

（2）共轭反对称序列

对于复数序列 $x(n)$，如果满足条件 $x(n) = -x^*(-n)$，则称序列 $x(n)$ 是共轭反对称序列。共轭反对称序列的实部序列是奇对称的，即满足 $\mathrm{Re}[x(n)] = -\mathrm{Re}[x(-n)]$，共轭反对称序列的虚部序列是偶对称的，即满足 $\mathrm{Im}[x(n)] = \mathrm{Im}[x(-n)]$。

（3）任意复数序列的分解

任意复数序列 $x(n)$ 都有两种表示形式：

$$x(n) = \mathrm{Re}[x(n)] + j\mathrm{Im}[x(n)] \qquad (1\text{-}15)$$

$$x(n) = x_e(n) + x_o(n) \qquad (1\text{-}16)$$

式中，$x_e(n)$ 是序列 $x(n)$ 的共轭对称分量；$x_o(n)$ 是序列 $x(n)$ 的共轭反对称分量，并且有：

$$x_e(n) = \frac{x(n) + x^*(-n)}{2} \qquad (1\text{-}17)$$

$$x_o(n) = \frac{x(n) - x^*(-n)}{2} \qquad (1\text{-}18)$$

显然有，$x_e^*(-n) = \left[\dfrac{x(-n)+x^*(n)}{2}\right]^* = \dfrac{x^*(-n)+x(n)}{2} = x_e(n)$，说明 $x_e(n)$ 是共轭对称序列，同理可证 $x_o(n)$ 是共轭反对称序列。

1.4.2 有限长序列与周期序列

下面讨论有限长序列与周期序列之间的关系。

① 对于一个周期为 N 的序列 $x(n)(-\infty < n < \infty)$，也可以记成 $\tilde{x}_N(n)$，简记为 $\tilde{x}(n)$。对于周期为 N 的周期序列 $\tilde{x}(n)$，一般把序列在 $0 \leqslant n \leqslant N-1$ 的值，称为序列的主周期值，简称主周期。从周期序列中取主周期，可以得到一个长度为 N 的有限长序列，记为 $x(n) = x_N(n)$，即有：

$$x(n) = \begin{cases} \tilde{x}(n), & 0 \leqslant n \leqslant N-1 \\ 0, & \text{其他} \end{cases} \tag{1-19}$$

显然，$x(n) = \tilde{x}(n)R_N(n)$。

② 由一个长度为 N 的有限长序列 $x(n)(0 \leqslant n \leqslant N-1)$，可以得到一个周期为 N 的周期序列 $\tilde{x}(n)$：

$$\tilde{x}(n) = \sum_{k=-\infty}^{\infty} x(n+kN) \tag{1-20}$$

把 $\tilde{x}(n)$ 称为由序列 $x(n)$ 做 N 周期延拓得到的周期序列，简称为序列 $x(n)$ 的 N 周期延拓序列，显然满足 $x(n) = \tilde{x}(n)R_N(n)$。

我们也可以对长度为 N 的有限长序列 $x(n)$，做 L 周期延拓，将得到周期为 L 的周期序列：

$$\tilde{x}_L(n) = \sum_{k=-\infty}^{\infty} x(n+kL) \tag{1-21}$$

当 $L \geqslant N$ 时，满足 $x(n) = \tilde{x}_L(n)R_L(n)$，而当 $L < N$ 时，$x(n) \neq \tilde{x}_L(n)R_L(n)$。

例如，对 4 点序列 $x(n) = \{\underline{1},3,-1,2\}$ 做 5 周期延拓，将得到周期为 5 的周期序列 $\tilde{x}(n) = \{\cdots,1,3,-1,2,0,\underline{1},3,-1,2,0,1,3,-1,2,0,\cdots\}$，显然满足 $x(n) = \tilde{x}_5(n)R_5(n)$。对 4 点序列 $x(n) = \{\underline{1},3,-1,2\}$ 做 3 周期延拓，将得到周期为 3 的周期序列：

$$\tilde{x}_3(n) = \{\cdots,3,3,-1,\underline{3},3,-1,3,3,-1,\cdots\}$$

显然，$\tilde{x}_3(n)R_3(n) = \{3,3,-1\} \neq \{\underline{1},3,-1,2\} = x(n)$。

给定正整数 N，对于任意一个整数 n，如果 $n = kN+r$，k、r 均为整数，且 $0 \leqslant r \leqslant N-1$，称 r 为整数 n 模 N 的剩余，一般记为 $r = n \bmod(N)$。为了后续使用方便，简记 $r = (n)_N$。

N 点序列 $x(n)(0 \leqslant n \leqslant N-1)$，做 N 周期延拓得到周期序列 $\tilde{x}(n)$，显然序列 $\tilde{x}(n)$ 在 n 处的值，满足 $\tilde{x}(n) = x(n \bmod(N)) = x((n)_N)$，简记为 $\tilde{x}(n) = x((n))_N$，显然有：

$$\begin{cases} x((n))_N = \displaystyle\sum_{k=-\infty}^{\infty} x(n+kN) \\ x(n) = x((n))_N R_N(n) \end{cases} \tag{1-22}$$

式(1-22) 给出了有限长序列和由它做周期延拓得到的周期序列之间的关系。

本章小结

本章的主要内容包含离散时间信号——序列的表示、分类和运算，典型序列的定义和特性，最后简述了有限长序列与周期序列之间的关系。重点和难点内容包括以下部分。

（1）序列分类

① 周期序列 $x(n)(-\infty < n < +\infty)$ 满足 $x(n+N) = x(n)$；

② 功率型序列 $x(n)$，平均功率记为 $P = \lim_{N \to \infty} \dfrac{1}{2N+1} \sum_{n=-N}^{N} |x(n)|^2 < \infty$。

（2）序列的运算

① 序列 $x(n)$ 的累加序列为 $y(n) = \sum_{m=-\infty}^{n} x(m)$；

② 序列 $x(n)$ 的后向差分 $\nabla x(n) = x(n) - x(n-1)$；

③ 序列 $x_1(n)$ 与 $x_2(n)$ 的线性卷积记为 $y_1(n) = y(n) = x_1(n) * x_2(n)$，$y(n) = x_1(n) * x_2(n) = \sum_{m=-\infty}^{\infty} x_1(m) x_2(n-m)$；

④ 序列 $x_1(n)$ 与 $x_2(n)$ 的线性相关序列 $R_{x_1 x_2}(n) = \sum_{m=-\infty}^{\infty} x_1(m) x_2^*(m+n)$。

（3）典型序列

① 复数序列 $x(n) = Az^n = Ar^n \mathrm{e}^{\mathrm{j}n\omega} = Ar^n[\cos(n\omega) + \mathrm{j}\sin(n\omega)]$

由欧拉公式有：

$$\begin{cases} \cos(n\omega) = \dfrac{\mathrm{e}^{\mathrm{j}n\omega} + \mathrm{e}^{-\mathrm{j}n\omega}}{2} \\ \sin(n\omega) = \dfrac{\mathrm{e}^{\mathrm{j}n\omega} - \mathrm{e}^{-\mathrm{j}n\omega}}{2\mathrm{j}} \end{cases}$$

② 正弦型序列 $x(n) = A\sin(\omega_0 n + \phi)$，其中，$A$ 为常数，ω_0、ϕ 为实常数。

③ 单位冲激序列 $\delta(n) = \begin{cases} 1, & n = 0 \\ 0, & n \neq 0 \end{cases}$。

④ 单位阶跃序列 $u(n) = \begin{cases} 1, & n \geq 0 \\ 0, & n < 0 \end{cases}$。

$$\delta(n) = \nabla u(n) = u(n) - u(n-1)$$

$$u(n) = \sum_{m=-\infty}^{n} \delta(m)$$

⑤ 点数为 N 的矩形脉冲序列 $R_N(n) = u(n) - u(n-N) = \begin{cases} 1, & 0 \leq n \leq N-1 \\ 0, & \text{其他} \end{cases}$。

（4）有限长序列与周期序列

由 N 点序列 $x(n)(0 \leq n \leq N-1)$ 做 N 周期延拓得到的周期序列 $\tilde{x}(n) = x((n))_N$：

$$\begin{cases} x((n))_N = \sum_{k=-\infty}^{\infty} x(n+kN) \\ x(n) = x((n))_N R_N(n) \end{cases}$$

1.1 已知序列 $x(n)=\{-4,5,1,\underline{-2},-3,0,2\}$，$y(n)=\{6,\underline{-3},-1,0,8,7,-2\}$，在给定区间以外的值都为零，试计算以下序列：

(1) $z(n)=x(-n+2)$；   (2) $z(n)=x(-n-3)$；

(3) $z(n)=x(n)+y(n-2)$；   (4) $z(n)=x(n)y(n+3)$。

1.2 给定下列三个序列：

(1) $x(n)=u(n+1)-u(n-2)$；   (2) $y(n)=\delta(n+1)+\delta(n)+\delta(n-1)+\delta(n-2)$；

(3) $z(n)=\sum_{k=-1}^{1}\delta(n-k)$。

试问：哪两个序列是相同的序列？

1.3 试判断下列序列的周期性，并求出周期序列的周期。

(1) $x(n)=8\cos\left(\dfrac{13}{17}\pi n+\dfrac{3}{8}\pi\right)$；   (2) $x(n)=\dfrac{\sin\left(\dfrac{\pi}{5}n\right)}{\pi n}$；

(3) $x(n)=\mathrm{e}^{\mathrm{j}\left(\frac{\pi}{6}n\right)}$；   (4) $x(n)=\cos\left(\dfrac{\pi}{2}n\right)+1$。

1.4 试判断下列序列是否是有界序列。

(1) $x(n)=Aa^n u(n)$，其中 A，a 是常数，且 $|a|<1$；

(2) $x(n)=Aa^n$，其中 A，a 是常数，且 $|a|<1$；

(3) $x(n)=Aa^n u(n)$，其中 A，a 是常数，且 $|a|>1$；

(4) $x(n)=\left(1-\dfrac{1}{n^2}\right)u(n-1)$。

1.5 如果序列 $x(n)$ 是在 $-3\leqslant n\leqslant 4$ 有非零值的有限长序列，序列 $h(n)$ 是在 $1\leqslant n\leqslant 8$ 有非零值的有限长序列，$y(n)=x(n)*h(n)$，那么变量 n 在哪个范围内序列 $y(n)$ 的值非零，序列 $y(n)$ 的长度是多少？

1.6 画出下列序列的示意图：

(1) $x(n)=\begin{cases} 2^n, & n\geqslant 0 \\ n+1, & n<0 \end{cases}$；

(2) $x(n)=3\delta(n+2)-0.5\delta(n)+\delta(n-1)+1.5\delta(n-2)$；

(3) $x(n)=R_5(n)$。

1.7 已知线性移不变系统的输入为 $x(n)$，系统的单位冲激响应为 $h(n)$，试求系统的输出 $y(n)=x(n)*h(n)$，并画图。

(1) $x(n)=\delta(n)$， $h(n)=R_5(n)$；

(2) $x(n)=R_3(n)$， $h(n)=R_4(n)$；

(3) $x(n)=\delta(n-2)$, $\qquad\qquad h(n)=0.5^{n}R_{3}(n)$;

(4) $x(n)=2^{n}u(-n-1)$, $\qquad\quad h(n)=0.5^{n}u(n)$;

(5) $x(n)=\delta(n)-\delta(n-3)$, $\qquad h(n)=0.8u(n-1)$。

1.8 设 $x_{1}(n)$ 及 $x_{2}(n)$ 都是从 $n=0$ 开始的有限长序列，$x_{1}(n)$ 长度为 N_{1} 点，$x_{2}(n)$ 长度为 N_{2} 点，设 $N_{2}>N_{1}$，求：

(1) $x_{1}(n)+x_{2}(n)$ 的长度点数；

(2) $x_{1}(n)*x_{2}(n)$ 的长度点数；

(3) $x_{1}(n)x_{2}(n)$ 的长度点数。

1.9 若有两个有限长序列 $x_{1}(n)$，$N_{1}\leqslant n\leqslant N_{2}$；$x_{2}(n)$，$N_{3}\leqslant n\leqslant N_{4}$。试求互相关函数 $r_{x_{2}x_{1}}(m)=\sum\limits_{n=-\infty}^{\infty}x_{2}(n)x_{1}(n-m)$ 的有值区间，并与 $r_{x_{1}x_{2}}(m)$ 的有值区间相比较。

1.10 已知 $x(n)=\{\underline{5},4,3,2,1\}$，$y(n)=\{\underline{2},4,6\}$。

(1) 试用列表法及卷积法求互相关函数 $r_{xy}(m)=\sum\limits_{n=-\infty}^{\infty}x(n)y(n-m)$；

(2) 求 $x(n)$ 的自相关函数 $r_{xx}(m)=\sum\limits_{n=-\infty}^{\infty}x(n)x(n-m)$。

1.11 已知 $x(n)=\{\underline{1},2,4,3,6\}$，$h(n)=\{2,1,\underline{5},7\}$。试求 $y(n)=x(n)*h(n)$。采用对位相乘相加法、列表法以及 Matlab 求解。

1.12 判断下列每个序列是否是周期性的，若是周期性的，试确定其周期 N。

(1) $x(n)=A\cos\left(\dfrac{3\pi}{7}n-\dfrac{\pi}{8}\right)$; $\qquad$ (2) $x(n)=A\sin\left(\dfrac{13}{3}\pi n\right)$;

(3) $x(n)=\mathrm{e}^{\mathrm{j}\left(\frac{n}{6}-\pi\right)}$; $\qquad$ (4) $x(n)=\mathrm{e}^{\mathrm{j}8\pi n/\sqrt{3}}$;

(5) $x(n)=\sin(\pi n/7)/(\pi n)$; $\qquad$ (6) $x(n)=\sin(24n-\pi)$;

(7) $x(n)=\sin(3\pi n)+\cos(15n)$; $\qquad$ (8) $x(n)=\mathrm{e}^{\mathrm{j}3\pi n/4}+\mathrm{e}^{\mathrm{j}5\pi n/7}$;

(9) $x(n)=\mathrm{e}^{\mathrm{j}4\pi n/7}$; $\qquad$ (10) $x(n)=2\cos\left(\dfrac{n}{5}+\dfrac{\pi}{3}\right)$;

(11) $x(n)=2\cos\left(\dfrac{2n\pi}{5}+\dfrac{\pi}{3}\right)$; $\qquad$ (12) $x(n)=2\cos\left(\dfrac{2n\pi}{5}+\dfrac{\pi}{3}\right)+\sin\left(\dfrac{3\pi}{4}n\right)$;

(13) $x(n)=\dfrac{1}{2}\mathrm{e}^{\mathrm{j}\frac{\pi}{4}n}\cos\left(\dfrac{2n\pi}{5}\right)$。

1.13 令 $x(n)=\cos(\omega_{1}n)$，$y(n)=\cos(\omega_{2}n)$，且有 $\omega_{1}=\dfrac{2\pi}{N_{1}}$，$\omega_{2}=\dfrac{2\pi}{N_{2}}$，$N_{1}$，$N_{2}$ 为互素的正整数。试求这两个周期序列的互相关函数 $r_{yx}(m)$。

参考答案

第2章

离散时间系统的时域分析

离散时间系统是处理离散时间信号的系统，对于单输入、单输出的离散时间系统，它的输入信号和输出信号都是离散时间信号，即输入和输出信号都是序列。系统的输入序列也可以称为激励输入，系统的输出序列也可以称为离散时间系统的响应输出，或者称为系统的完全响应。对于输入序列 $x(n)$，输出序列为 $y(n)$ 的离散时间系统框图可用图 2-1 来描述。

图 2-1　离散时间系统框图

描述线性时不变离散时间系统的数学模型，一般是 N 阶常系数差分方程：

$$a_0 y(n) + a_1 y(n-1) + a_2 y(n-2) + \cdots + a_N y(n-N)$$
$$= b_0 x(n) + b_1 x(n-1) + \cdots + b_M x(n-M)$$
$$\sum_{k=0}^{N} a_k y(n-k) = \sum_{m=0}^{M} b_m x(n-m) \tag{2-1}$$

式中，$a_k(k=0,1,2,\cdots,N)$，$b_m(m=0,1,2,\cdots,M)$ 都是常数；N 是差分方程的阶数，也就是离散时间系统的阶数。

2.1 ⊙ 离散时间系统的分类

离散时间系统按照特性进行分类，可以分为线性系统与非线性系统、时不变系统与时变系统、因果系统与非因果系统、稳定系统与非稳定系统。其中，满足线性、时不变、因果、稳定的系统是最重要的实用系统，是我们重点研究的对象。

2.1.1　线性系统

对于离散时间系统，当激励输入为 $x(n)$ 时，系统的响应输出为 $y(n)$，可用 $y(n) = T[x(n)]$ 表示。如果系统同时满足下列两个条件：

① 当输入为 $kx(n)$ 时，输出为 $ky(n)$，即满足 $ky(n) = T[kx(n)]$，称为满足均匀特性，也称为满足齐次特性；

② 当输入为 $x_1(n) + x_2(n)$ 时，输出为 $y_1(n) + y_2(n)$，即满足

$$T[x_1(n) + x_2(n)] = T[x_1(n)] + T[x_2(n)] = y_1(n) + y_2(n), T[x_i] = y_i(n), i=1,2$$

称为满足叠加特性。

则称系统满足线性特性，称系统为线性系统，否则称为非线性系统。即上述条件①和②只要

有一条不满足，则系统就是非线性系统。其中，k 为常数，$x(n)$、$x_1(n)$、$x_2(n)$ 是任意的激励输入。

对于离散的线性系统，容易证明两个信号的线性组合 $k_1 x_1(n) + k_2 x_2(n)$ 输入系统后，响应输出为各自响应输出的线性组合，组合系数相同，即满足：

$$T[k_1 x_1(n) + k_2 x_2(n)] = k_1 y_1(n) + k_2 y_2(n), \quad T[x_i] = y_i(n), \quad i = 1, 2 \qquad (2\text{-}2)$$

例 2-1 已知描述离散时间系统的方程模型如下，试判断离散时间系统的线性特性。

① $y(n) = 3x(n) + 4$ ② $y(n) = x(2n)$

解： ① $T[k_1 x_1(n) + k_2 x_2(n)] = 3[k_1 x_1(n) + k_2 x_2(n)] + 4 = 3k_1 x_1(n) + 3k_2 x_2(n) + 4$

而

$$k_1 y_1(n) + k_2 y_2(n) = 3k_1 x_1(n) + 4 + 3k_2 x_2(n) + 4$$
$$T[k_1 x_1(n) + k_2 x_2(n)] \neq k_1 y_1(n) + k_2 y_2(n)$$

所以该系统是非线性系统。

② 该系统实质上是对一个输入序列进行 2 倍抽取变换。

$$T[k_1 x_1(n) + k_2 x_2(n)] = k_1 x_1(2n) + k_2 x_2(2n)$$

而

$$k_1 y_1(n) + k_2 y_2(n) = k_1 x_1(2n) + k_2 x_2(2n) = T[k_1 x_1(n) + k_2 x_2(n)]$$

所以该系统是线性系统。

2.1.2 时不变系统

一个离散时间系统，如果系统参数不随时间的变化而变化，则这样的系统一般满足时不变特性。时不变系统的定义可以用下述方式描述。

设激励输入为 $x(n)$，系统响应输出为 $y(n) = T[x(n)]$，序列 $x(n)$ 的移位序列为 $x(n-m)$，如果移位序列输入系统的响应输出满足下式条件：

$$T[x(n-m)] = y(n-m) \qquad (2\text{-}3)$$

则称这样的系统为时不变系统，或移不变系统，否则称为时变系统。

例 2-2 已知描述离散时间系统的方程模型如下，试判断离散时间系统的时不变特性。

① $y(n) = 3x(n) + 4$ ② $y(n) = x(2n)$

解： ① 因为

$$T[x(n)] = y(n) = 3x(n) + 4$$

所以

$$T[x(n-m)] = 3x(n-m) + 4$$

而

$$y(n-m) = 3x(n-m) + 4$$
$$T[x(n-m)] = y(n-m)$$

所以该系统是时不变系统。

② 该系统实质上是对一个输入序列进行 2 倍抽取变换。

因为

$$T[x(n)] = y(n) = x(2n)$$

所以

$$T[x(n-m)]=x(2n-m)$$

而

$$y(n-m)=x(2(n-m))=x(2n-2m)\neq T[x(x-m)]$$

所以该系统是时变系统。

2.1.3 因果系统与稳定系统

对于一个离散时间系统，如果系统当前时刻的输出仅依赖于当前及之前时刻系统的输入，则这样的系统称为因果系统，否则称为非因果系统。

如果对于任何有界序列，输入离散时间系统后的响应输出必是有界序列，则这样的系统称为稳定系统，否则称为非稳定系统。

例 2-3 已知离散时间系统的方程模型如下，试分别判断离散时间系统的因果、稳定特性。

① $y(n)=3x(n)+4$ ② $y(n)=x(2n)$

解：① 容易看出系统是因果系统、稳定系统。

② 该系统实质上是对一个输入序列进行 2 倍抽取变换。

系统在 $n=1$ 时的输出 $y(1)=x(2\times1)=x(2)$，由 $x(n)$ 在 $n=2$ 的值确定，所以该系统是非因果系统。

如果序列 $x(n)$ 是有界序列，显然 $x(2n)$ 也是有界序列，所以系统是稳定系统。

例 2-4 已知离散时间系统的差分方程模型为 $y(n)=\dfrac{1}{5}[x(n-1)+x(n)+x(n+1)]+3$，试判断该离散时间系统的线性、时不变、因果、稳定特性。

解：① 当系统输入为 $kx(n)$ 时，输出为

$$y_1(n)=\frac{1}{5}[kx(n-1)+kx(n)+kx(n+1)]+3$$

$$\frac{1}{5}[kx(n-1)+kx(n)+kx(n+1)]+3\neq ky(n)$$

系统是非线性的。

② 当系统输入为 $x(n-m)$ 时，输出为

$$y_1(n)=\frac{1}{5}[x(n-m-1)+x(n-m)+x(n-m+1)]+3=y(n-m)$$

系统是时不变的。

③ $y(0)=\dfrac{1}{5}[x(-1)+x(0)+x(1)]+3$，与 $x(1)$ 的值有关，系统是非因果的。

④ 当 $x(n)$ 有界时，$y(n)=\dfrac{1}{5}[x(n-1)+x(n)+x(n+1)]+3$ 有界，系统是稳定的。

例 2-5 研究某地区的动物种群数量变化时，使用一个一阶常系数线性差分方程来模拟种群数量的变化。已知种群数量的增长率为 r，并且种群数量的变化受到前一年种群数量的影响。

① 建立模型：给定初始时间 $n=0$ 时的种群数量为 $x(0)$，使用差分方程建立种群数量随时间变化的模型。

② 求解模型：确定并求解差分方程，找到 n 年后种群数量的表达式 $x(n)$。

③ 分析模型：讨论模型在不同增长率 r 下的长期行为，并解释其生态学意义。

解： ① 假设种群数量每年的变化仅依赖于前一年的种群数量，可以建立以下差分方程：$x(n+1)=rx(n)$。其中，r 是种群数量的增长率，$x(n)$ 是第 n 年的种群数量。

② 这是一个一阶线性常系数差分方程，可以通过迭代方法求解：$x(n)=r^n x(0)$。这表明，从初始条件 $x(0)$ 开始，种群数量将以指数形式增长或减少，具体取决于 r。

③ 当 $r<1$ 时，种群数量将逐年减少，最终趋向于零。这可能表示环境承载力不足或生存条件恶化。

当 $r=1$ 时，种群数量保持稳定，每年都相同。这表示种群数量与环境承载力达到了平衡状态。

当 $r>1$ 时，种群数量将呈指数增长，这可能导致资源耗尽和生态失衡，除非有外部因素干预。

2.2 ➡ 离散时间系统的单位冲激响应与单位阶跃响应

2.2.1 离散时间系统的单位冲激响应

对于线性时不变离散时间系统，描述系统输出和输入关系的数学模型是 N 阶常系数线性差分方程：

$$\sum_{k=0}^{N} a_k y(n-k) = \sum_{m=0}^{M} b_m x(n-m) \tag{2-4}$$

式中，$a_k(k=0,1,2,\cdots,N)$，$b_m(m=0,1,2,\cdots,M)$ 都是常数。这样的系统也称为 N 阶系统。当系统的输入序列为 $x(n)$ 时，可以通过差分方程求解系统的响应输出 $y(n)$。

对于由 N 阶常系数线性差分方程式(2-4) 描述的 N 阶系统，$y(-N),y(-N+1),\cdots,$ $y(-1)$ 一般称为系统的起始状态或起始条件。$y(0),y(1),y(2),\cdots,y(N-1)$ 称为系统的初始状态或初始条件。例如，对于二阶离散系统，值 $y(-2),y(-1)$ 是系统的起始状态，值 $y(0),y(1)$ 是系统的初始状态。当 $y(-N)=y(-N+1)=\cdots=y(-2)=y(-1)=0$ 时，称系统的起始状态为零，或称为零状态。在系统零状态下，激励输入为 $x(n)$ 时的系统响应输出 $y(n)$，称为零状态响应，也可以记为 $y_{zs}(n)$。

对于一个线性时不变离散时间系统，激励输入为单位冲激序列 $\delta(n)$ 时的零状态响应称为系统的单位冲激响应，记为 $h(n)$。

如果系统的差分方程模型为：

$$\sum_{k=0}^{N} a_k y(n-N) = \sum_{m=0}^{M} b_m x(n-M)$$

则系统的单位冲激响应 $h(n)$ 满足差分方程：

$$\sum_{k=0}^{N} a_k h(n-N) = \sum_{m=0}^{M} b_m \delta(n-M) \tag{2-5}$$

且起始条件为 0，即满足条件 $h(-N)=h(-N+1)=\cdots=h(-2)=h(-1)=0$。

对于一个给定的离散时间系统的差分方程模型，可以用差分方程的经典解法求解系统的单位冲激响应 $h(n)$。

例 2-6 已知离散时间系统的差分方程模型如下：

$$6y(n)-5y(n-1)+y(n-2)=x(n)$$

求该离散时间系统的单位冲激响应 $h(n)$。

解：由单位冲激响应的定义知，满足下列条件：

$$6h(n)-5h(n-1)+h(n-2)=\delta(n)$$

起始条件 $h(-2)=h(-1)=0$，这是一个二阶常系数线性差分方程。

方法 1：

用迭代法求解单位冲激响应 $h(n)$，由差分方程可得：

$n=0$ 时，$6h(0)-5h(-1)+h(-2)=\delta(0)$，$h(0)=\dfrac{1}{6}$；

$n=1$ 时，$6h(1)-5h(0)+h(-1)=\delta(1)$，$h(1)=\dfrac{5}{36}$；

$n=2$ 时，$6h(2)-5h(1)+h(0)=\delta(2)$，$h(2)=\dfrac{19}{216}$；

$n=3$ 时，$6h(3)-5h(2)+h(1)=\delta(3)$，$h(3)=\dfrac{65}{1296}$；

…

可依次计算下去，但不容易形成公式解。

方法 2：

用经典法求解差分方程，进而求解单位冲激响应 $h(n)$。

由迭代法知，初始条件为 $h(0)=\dfrac{1}{6}$，$h(1)=\dfrac{5}{36}$。

由于 $n>0$ 时，输入序列 $\delta(n)=0$，所以差分方程的齐次通解就是完全响应通解。

特征方程为 $6\lambda^2-5\lambda+1=(2\lambda-1)(3\lambda-1)=0$，特征根为 $\lambda_1=\dfrac{1}{2}$，$\lambda_2=\dfrac{1}{3}$。

完全响应的通解 $h(n)=C_1\left(\dfrac{1}{2}\right)^n+C_2\left(\dfrac{1}{3}\right)^n (n\geqslant0)$。

将初始条件 $h(0)=\dfrac{1}{6}$，$h(1)=\dfrac{5}{36}$ 代入通解得：

$$\begin{cases} C_1+C_2=\dfrac{1}{6} \\ C_1\left(\dfrac{1}{2}\right)+C_2\left(\dfrac{1}{3}\right)=\dfrac{5}{36} \end{cases}，所以 \begin{cases} C_1=\dfrac{1}{2} \\ C_2=-\dfrac{1}{3} \end{cases}。$$

所以该系统的单位冲激响应 $h(n)=\dfrac{1}{2}\left(\dfrac{1}{2}\right)^n-\dfrac{1}{3}\left(\dfrac{1}{3}\right)^n=\left(\dfrac{1}{2}\right)^{n+1}-\left(\dfrac{1}{3}\right)^{n+1} (n\geqslant0)$。

2.2.2 离散时间系统的单位阶跃响应

对于一个线性时不变离散时间系统，激励输入为单位阶跃序列 $u(n)$ 时的零状态响应称为系统的单位阶跃响应，记为 $g(n)$，即 $g(n)=T[u(n)]$。

如果系统的差分方程模型为：

$$\sum_{k=0}^{N}a_ky(n-N)=\sum_{m=0}^{M}b_mx(n-M)$$

则系统的单位阶跃响应 $g(n)$ 满足差分方程：

$$\sum_{k=0}^{N} a_k g(n-N) = \sum_{m=0}^{M} b_m u(n-M) \tag{2-6}$$

且起始条件为零，即满足条件 $g(-N)=g(-N+1)=\cdots=g(-2)=g(-1)=0$。

由于单位冲激序列 $\delta(n)$ 的累加序列恰好是单位阶跃序列，即满足 $u(n)=\sum_{m=-\infty}^{n}\delta(m)$，

由式(1-11) 有 $u(n)=\sum_{m=-\infty}^{n}\delta(m)=u(n)*\delta(n)=\sum_{m=-\infty}^{\infty}u(m)\delta(n-m)$，依据系统的线性时不变特性有：

$$g(n)=T[u(n)]=T\left[\sum_{m=-\infty}^{\infty}u(m)\delta(n-m)\right]=\sum_{m=-\infty}^{\infty}u(m)T[\delta(n-m)]$$

$$=\sum_{m=-\infty}^{\infty}u(m)h(n-m)=u(n)*h(n)=\sum_{m=-\infty}^{n}h(m)$$

$$g(n)=\sum_{m=-\infty}^{n}h(m) \tag{2-7}$$

说明线性时不变离散时间系统的单位冲激响应 $h(n)$ 的累加序列恰好是系统的单位阶跃响应 $g(n)$。

2.3 ◆ 离散时间系统的完全响应

对于一个线性时不变离散时间系统，激励输入为 $x(n)$ 时的响应输出称为系统的完全响应，一般记为 $y(n)$。求解离散时间系统完全响应 $y(n)$ 的方法主要有以下几种：

① 求解常系数线性差分方程的经典方法；

② 卷积积分方法；

③ 变换域方法。

求解常系数线性差分方程的经典方法步骤：

① 求解对应齐次差分方程的通解 $y_h(n)$；

② 求解非齐次差分方程的特解 $y_p(n)$；

③ 得到完全响应的通解 $y(n)=y_h(n)+y_p(n)$；

④ 确定初始条件，进而求出完全响应 $y(n)$。

例 2-7 已知线性时不变离散时间系统的差分方程模型如下：

$$y(n)-5y(n-1)+6y(n-2)=x(n)$$

起始状态 $y(-1)=3,y(-2)=-2$，激励输入 $x(n)=u(n)$。试求该离散时间系统的完全响应 $y(n)$。

解：① 求齐次通解。二阶常系数线性差分方程对应的齐次方程为：

$$y(n)-5y(n-1)+6y(n-2)=0$$

特征方程为 $\lambda^2-5\lambda+6=(\lambda-2)(\lambda-3)=0$，特征根为 $\lambda_1=2$，$\lambda_2=3$。

齐次通解为 $y_h(n)=C_1\times 2^n+C_2\times 3^n$。

② 求特解和通解。由于激励输入是 $x(n)=u(n)$，所以设非齐次方程的特解为 $y_p(n)=$

$Cu(n)$。将其代入差分方程有：

$Cu(n)-5Cu(n-1)+6Cu(n-2)=u(n)$，由于 $1-5+6=2\neq0$，所以 $C=\dfrac{1}{2}$。

差分方程的通解为：

$$y(n)=y_\mathrm{h}(n)+y_\mathrm{p}(n)=C_1\times2^n+C_2\times3^n+\dfrac{1}{2}$$

③ 初始条件。起始状态 $y(-1)=3$，$y(-2)=-2$，由差分方程得：

$$y(0)-5y(-1)+6y(-2)=u(0),y(0)=5\times3-6\times(-2)+1=28$$
$$y(1)-5y(0)+6y(-1)=u(1)=1,y(1)=5\times28-6\times3+1=123$$

将初始条件代入通解得：

$$\begin{cases} C_1+C_2+\dfrac{1}{2}=28 \\ C_1\times2+C_2\times3+\dfrac{1}{2}=123 \end{cases},\begin{cases} C_1=-40 \\ C_2=\dfrac{135}{2} \end{cases}$$

系统的完全响应为：

$$y(n)=y_\mathrm{h}(n)+y_\mathrm{p}(n)=-40\times2^n+\dfrac{135}{2}\times3^n+\dfrac{1}{2}$$

卷积积分方法和变换域方法是求解离散时间系统完全响应的主要方法。

离散时间系统的零输入响应定义为：假定在零时刻没有外加激励输入（即 $n\geqslant0$ 时输入为零）的情况下，仅由系统的起始条件决定的响应输出，记为 $y_\mathrm{zi}(n)$。显然，如果起始条件均为零，零输入响应为零。离散时间系统的零输入响应通解就是系统的齐次通解。

离散时间系统的零状态响应定义为：假定在起始条件为零的情况下，由激励输入 $x(n)$（$n\geqslant0$）产生的系统响应输出，记为 $y_\mathrm{zs}(n)$。

离散时间系统的完全响应 $y(n)$ 等于系统的零输入响应＋系统的零状态响应：

$$y(n)=y_\mathrm{zi}(n)+y_\mathrm{zs}(n) \tag{2-8}$$

一个单位冲激响应为 $h(n)$ 的线性时不变离散时间系统，假定起始状态为零（即起始条件为零），在零时刻输入信号序列 $x(n)$，则系统的输出响应 $y(n)=y_\mathrm{zs}(n)$ 满足：

$$x(n)=\sum_{m=-\infty}^{\infty}x(m)\delta(n-m)$$

$$y(n)=T[x(n)]=y_\mathrm{zs}(n)=T\Big[\sum_{m=-\infty}^{\infty}x(m)\delta(n-m)\Big]$$

$$=\sum_{m=-\infty}^{\infty}x(m)T[\delta(n-m)]$$

$$=\sum_{m=-\infty}^{\infty}x(m)h(n-m)$$

$$=x(n)*h(n)$$

$$y_\mathrm{zs}(n)=x(n)*h(n) \tag{2-9}$$

所以，系统的零状态响应 $y_\mathrm{zs}(n)$ 等于激励输入 $x(n)$ 与系统单位冲激响应 $h(n)$ 的线性卷积。对于离散时间系统，如果系统的起始状态为零状态，则系统的完全响应可以用卷积方法计算，而卷积计算还可以在频域中进行。

对于离散时间系统，如果不做特殊说明，一般默认离散时间系统的起始状态为零，系统的完全响应等于系统的零状态响应 $y(n)=y_{zs}(n)=x(n)*h(n)$。

例 2-8 已知线性时不变离散时间系统的差分方程模型如下：

$$y(n)-5y(n-1)+6y(n-2)=x(n)$$

已知起始状态 $y(-1)=3$，$y(-2)=-2$，激励输入 $x(n)=u(n)$。试求该离散时间系统的零输入响应 $y_{zi}(n)$，单位冲激响应 $h(n)$，零状态响应 $y_{zs}(n)$，完全响应 $y(n)$。

解： ① 求零输入响应 $y_{zi}(n)$。假定零时刻之后的输入信号为零，起始状态 $y(-1)=y_{zi}(-1)=3$，$y(-2)=y_{zi}(-2)=-2$，方程变成齐次方程。

$$y_{zi}(n)-5y_{zi}(n-1)+6y_{zi}(n-2)=0$$

特征方程为 $\lambda^2-5\lambda+6=(\lambda-2)(\lambda-3)=0$。

特征根为 $\lambda_1=2$，$\lambda_2=3$。

零输入响应的通解为 $y_{zi}(n)=C_1\times2^n+C_2\times3^n$（$n\geqslant0$）。

用迭代法计算初始条件：

$$y_{zi}(0)-5y_{zi}(-1)+6y_{zi}(-2)=0,y_{zi}(0)=27$$
$$y_{zi}(1)-5y_{zi}(0)+6y_{zi}(-1)=0,y_{zi}(1)=117$$

将初始条件代入通解 $y_{zi}(n)=C_1\times2^n+C_2\times3^n$，得：

$$\begin{cases} C_1+C_2=27 \\ 2C_1+3C_2=117 \end{cases},\begin{cases} C_1=-36 \\ C_2=63 \end{cases}$$

所以，零输入响应为 $y_{zi}(n)=-36\times2^n+63\times3^n$（$n\geqslant0$）。

② 求单位冲激响应 $h(n)$。由单位冲激响应 $h(n)$ 的定义得 $h(n)$ 满足如下条件：

$$h(n)-5h(n-1)+6h(n-2)=\delta(n)$$

起始状态 $h(-1)=h(-2)=0$。

当 $n>0$ 时输入为零，对应的方程是齐次方程。所以方程的齐次通解就是单位冲激响应的通解，即 $h(n)=C_1\times2^n+C_2\times3^n$。

用迭代法，计算初始条件：

$$h(0)-5h(-1)+6h(-2)=\delta(0),h(0)=1$$
$$h(1)-5h(0)+6h(-1)=\delta(1),h(1)=5$$

将初始条件代入通解 $h(n)=C_1\times2^n+C_2\times3^n$，得：

$$\begin{cases} C_1+C_2=1 \\ 2C_1+3C_2=5 \end{cases},\begin{cases} C_1=-2 \\ C_2=3 \end{cases}$$

所以，系统的单位冲激响应为 $h(n)=-2\times2^n+3\times3^n$（$n\geqslant0$），即有：

$$h(n)=(3^{n+1}-2^{n+1})u(n)$$

③ 求零状态响应 $y_{zs}(n)$。系统的零状态响应 $y_{zs}(n)$ 等于激励输入 $x(n)$ 与系统单位冲激响应 $h(n)$ 的线性卷积。

$$y_{zs}(n)=x(n)*h(n)=u(n)*[(3^{n+1}-2^{n+1})u(n)]$$

$$=\begin{cases} \sum_{k=0}^{n}(3^{k+1}-2^{k+1}), & n\geqslant0 \\ 0, & n<0 \end{cases}$$

$$= \begin{cases} \sum_{k=0}^{n} 3^{k+1} - \sum_{k=0}^{n} 2^{k+1}, & n \geqslant 0 \\ 0, & n < 0 \end{cases}$$

$$- \sum_{k=0}^{n} 2^{k+1} = -(2 + 2^2 + 2^3 + \cdots + 2^{n+1})$$

$$= -2^{n+1} \left(\frac{1}{2^n} + \frac{1}{2^{n-1}} + \frac{1}{2^{n-2}} + \cdots + \frac{1}{2} + 1 \right)$$

$$= -2^{n+1} \frac{1 - \left(\frac{1}{2}\right)^{n+1}}{1 - \frac{1}{2}} = 2 - 4 \times 2^n$$

同理 $\sum_{k=0}^{n} 3^{k+1} = -(3 + 3^2 + 3^3 + \cdots + 3^{n+1}) = \frac{9}{2} \times 3^n - \frac{3}{2}$。

所以零状态响应 $y_{\mathrm{zs}}(n) = \frac{9}{2} \times 3^n - \frac{3}{2} + 2 - 2 \times 2^n = \frac{9}{2} \times 3^n - 4 \times 2^n + \frac{1}{2} (n \geqslant 0)$。

④ 求完全响应 $y(n)$。

$$y(n) = y_{\mathrm{zi}}(n) + y_{\mathrm{zs}}(n) = -36 \times 2^n + 63 \times 3^n + \frac{9}{2} \times 3^n - 4 \times 2^n + \frac{1}{2}$$

$$= \frac{135}{2} \times 3^n - 40 \times 2^n + \frac{1}{2}, n \geqslant 0$$

例 2-9 一名电子工程师准备研究一个离散时间系统的信号处理能力。该系统由以下差分方程描述：$y(n) = ay(n-1) + z(n)$。其中，a 是一个常数，$z(n)$ 是输入信号。边界条件为 $y(-1) = A$，输入信号 $z(n) = B\delta(n)$，B 是一个常数。

① 求解输出响应；
② 判断该系统是否是因果系统；
③ 判断该系统是否是时不变系统；
④ 判断该系统是否是线性系统。

解： ① 由于 $z(n) = B\delta(n)$，代入差分方程得到：

$$y(n) = ay(n-1) + B\delta(n)$$

使用递推方法，我们可以求得：当 $n \geqslant 0$ 时，$y(0) = ay(-1) + B = aA + B$，$y(1) = ay(0) + 0 = a^2 A + aB$，$\cdots$，$y(n) = ay(n-1) + 0 = a^{n+1}A + a^n B$；当 $n < 0$ 时，可将原方程改为 $y(n-1) = [y(n) - z(n)]/a$。因此，$y(-2) = [y(-1) - z(-1)]/a = Aa^{-1}$；$y(-3) = [y(-2) - z(-2)]/a = Aa^{-2}, \cdots, y(n) = Aa^{n+1}$。

因此对全部 n 可得：$y(n) = Aa^{n+1} + Ba^n u(n)$。

② 当 $B = 1$ 时，$z(n) = \delta(n)$，则 $y(n)$ 为该系统的单位冲激响应。可以看出，此系统一定不是因果系统。

③ 令输入为 $z_1(n) = z(n-1) = B\delta(n-1)$，可递推求解 $y_1(n) = ay_1(n-1) + z_1(n)$。求解得 $y_1(n) = Aa^{n+1} + a^{n-1}Bu(n-1)$。

当输入为 $z_1(n) = z(n-1)$ 时，而输出为 $y_1(n) \neq y(n-1)$，因此系统不是时不变系统。

④ 令输入为 $z_2(n) = Dz(n) + Ez_1(n) = DB\delta(n) + EB\delta(n-1)$，$D$、$E$ 为任意常数，可递推求解 $y_2(n) = ay_2(n-1) + z_2(n)$。求解得 $y_2(n) = Aa^{n+1} + a^n DBu(n) + a^{n-1}EBu(n-1)$。又 $Dy(n) + Ey_1(n) = (AD + AE)a^{n+1} + BDa^n u(n) + BEa^{n-1}u(n-1)$。

所以 $y_2(n) = T[Dz(n) + Ez_1(n)] \neq Dy(n) + Ey_1(n)$，因此系统不是线性系统。

2.4 ○ 因果系统与稳定系统的时域判别

利用系统的单位冲激响应 $h(n)$，可以给出系统的因果性和稳定性的判别条件。

① 离散系统是因果系统的充分必要条件是：

$$h(n) = 0, n < 0 \tag{2-10}$$

② 离散系统是稳定系统的充分必要条件是单位冲激响应 $h(n)$ 满足绝对可和条件：

$$\sum_{n=-\infty}^{\infty} |h(n)| < \infty \tag{2-11}$$

证明：① 因果性条件的证明。

（a）充分性。如果系统的单位冲激响应满足 $h(n) = 0$（$n < 0$），激励输入为 $x(n)$，则响应输出满足：

$$y(n) = x(n) * h(n)$$
$$= \sum_{m=-\infty}^{\infty} x(m)h(n-m) = \sum_{m=-\infty}^{n} x(m)h(n-m) + \sum_{m=n+1}^{\infty} x(m)h(n-m)$$
$$= \sum_{m=-\infty}^{n} x(m)h(n-m)$$

可见，输出响应在当前时刻 n 的值 $y(n)$ 值依赖输入序列在当前时刻 n 及之前时刻的值，所以系统是因果系统。

（b）必要性。如果系统是因果系统，当系统输入为 $\delta(n)$ 时，对于响应输出 $h(n)$，当 $n < 0$ 时，由于此时 $\delta(n) = 0$，所以 $h(n) = 0$。

② 稳定性条件的证明。

（a）充分性。若单位冲激响应 $h(n)$ 满足绝对可和条件，则存在常数 $M = \sum_{n=-\infty}^{\infty} |h(n)|$。如果系统的激励输入 $x(n)$ 是有界序列，即存在正数 K，使得 $|x(n)| \leqslant K(-\infty < n < \infty)$ 成立，此时系统的响应输出 $y(n)$ 满足：

$$|y(n)| = |x(n) * h(n)| = |h(n) * x(n)|$$
$$= \sum_{m=-\infty}^{\infty} |h(m)x(n-m)| = \sum_{m=-\infty}^{\infty} |h(m)||x(n-m)|$$
$$\leqslant \sum_{m=-\infty}^{\infty} |h(m)|K = K\sum_{m=-\infty}^{\infty} |h(m)| = KM$$

可见系统的输出序列 $y(n)$ 也是有界的，所以系统是稳定系统。

（b）必要性。设系统是稳定系统，则对于任意的有界输入序列 $x(n)$，响应输出 $y(n)$ 也是有界的。

如果系统的单位冲激响应为 $h(n)$，设计一个有界序列 $x(n)$，定义如下：

$$x(n) = \begin{cases} -1, & h(-n) < 0 \\ 1, & h(n) \geqslant 0 \end{cases}$$

显然序列 $x(n)$ 是有界序列，所以输入系统后的输出序列 $y(n)$ 是有界的，即存在正数 M，使得 $|y(n)| \leqslant M (-\infty < n < \infty)$。所以有：

$$y(0) = \sum_{m=-\infty}^{\infty} x(m)h(0-m) = \sum_{m=-\infty}^{\infty} x(m)h(-m)$$

$$x(m)h(-m) = \begin{cases} -h(-m), & h(-m) < 0 \\ h(-m), & h(-m) \geqslant 0 \end{cases} = |h(-m)|$$

$$y(0) = \sum_{m=-\infty}^{\infty} x(m)h(-m) = \sum_{m=-\infty}^{\infty} |h(-m)| = \sum_{m=-\infty}^{\infty} |h(m)| \leqslant M < \infty$$

所以系统的单位冲激响应 $h(n)$ 满足绝对可和条件 $\displaystyle\sum_{m=-\infty}^{\infty} |h(m)| \leqslant M < \infty$。

2.5 ❯ 离散时间系统的子系统连接

与连续时间系统类似，一个复杂的离散时间系统是由若干个简单子系统连接而成的，子系统的连接方式有三种：级联、并联和反馈连接。下面分析系统的单位冲激响应与子系统单位冲激响应之间的关系。两个离散时间子系统的连接方式主要有以下三种。

设子系统 1 的单位冲激响应为序列 $h_1(n)$，子系统 2 的单位冲激响应为序列 $h_2(n)$。

① 子系统 1 和子系统 2 的级联如图 2-2 所示。

图 2-2　离散时间子系统的级联

如果输入为序列 $x(n)$，则级联系统的输出为 $y(n) = [x(n) * h_1(n)] * h_2(n)$，由卷积的结合律有：

$$y(n) = [x(n) * h_1(n)] * h_2(n) = x(n) * [h_1(n) * h_2(n)] = x(n) * h(n)$$

上式说明，级联系统的单位冲激响应 $h(n) = h_1(n) * h_2(n)$，是两个子系统的单位冲激响应的卷积。由于卷积满足交换律，说明子系统的级联是可以交换级联次序的。

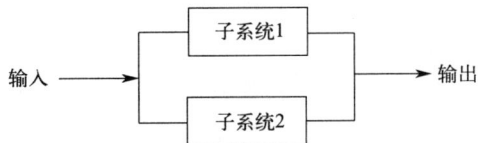

图 2-3　离散时间子系统的并联

② 子系统 1 和子系统 2 的并联如图 2-3 所示。

如果输入序列为 $x(n)$，则并联系统的输出为 $y(n) = x(n) * h_1(n) + x(n) * h_2(n)$，由卷积的分配律有：

$$y(n) = x(n) * h_1(n) + x(n) * h_2(n) = x(n) * [h_1(n) + h_2(n)] = x(n) * h(n)$$

上式说明，并联系统的单位冲激响应 $h(n) = h_1(n) + h_2(n)$，是两个子系统的单位冲激响应的和。

③ 子系统 1 和子系统 2 的反馈连接如图 2-4 所示。

反馈连接系统的单位冲激响应与子系统的单位冲激响应之间的关系在时域表达不方便，将来可以在频域用系统函数加以描述。

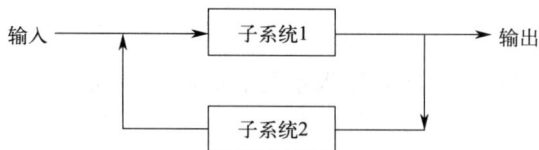

图 2-4　离散子系统的反馈连接

将复杂系统分解成若干个子系统的连接，通过分析各个子系统的方法，再利用连接方式之间的关系，进而可以分析整个系统的性能。

本章小结

本章讨论的内容是离散时间系统的时域分析，内容包括系统分类和系统响应。重点和难点内容总结如下。

（1）系统分类

① 线性系统满足条件：$k_1 y_1(n) + k_2 y_2(n) = T[k_1 x_1(n) + k_2 x_2(n)]$。

② 时不变系统满足条件：$y(n-m) = T[x(n-m)]$。

③ 因果系统满足条件：$h(n) = 0 \ (n < 0)$。

④ 稳定系统满足条件：$\sum\limits_{n=-\infty}^{\infty} |h(n)| < \infty$。

（2）系统响应

① 单位冲激响应：$h(n) = T[\delta(n)]$。

系统的零状态响应 $y_{zs}(n)$ 等于激励输入 $x(n)$ 与系统单位冲激响应 $h(n)$ 的线性卷积，$y_{zs}(n) = x(n) * h(n)$。

离散时间系统的完全响应 $y(n)$ 等于系统的零输入响应＋系统的零状态响应：

$$y(n) = y_{zi}(n) + y_{zs}(n)$$

② 单位阶跃响应：$g(n) = T[u(n)]$。

离散时间系统的单位冲激响应 $h(n)$ 的累加序列恰好是单位阶跃响应 $g(n) = \sum\limits_{m=-\infty}^{n} h(m)$。

（3）子系统的连接

两个子系统级联的系统的单位冲激响应 $h(n) = h_1(n) * h_2(n)$。

两个子系统并联的系统的单位冲激响应 $h(n) = h_1(n) + h_2(n)$。

习题 2

2.1 试判断下列系统是否为线性的，是否为移不变的。

（1）$y(n) = ax(n) + b$；

（2）$y(n) = \sin\left(\dfrac{2\pi n}{3}\right) x(n)$；

（3）$y(n) = \log[x(n)]$；

（4）$y(n) = \sum\limits_{k=-\infty}^{n} x(k)$；

(5) $y(n)=x(-n)$。

2.2 试判断以下每一个系统是否是线性、移不变、因果、稳定的系统。

(1) $T[x(n)]=g(n)x(n)$；   (2) $T[x(n)]=\sum\limits_{k=n_0}^{n}x(k)$；

(3) $T[x(n)]=x(n-n_0)$；   (4) $T[x(n)]=e^{x(n)}$；

(5) $T[x(n)]=nx(n)$；   (6) $T[x(n)]=x(n^3)$；

(7) $T[x(n)]=x(n+2)+ax(n)$；   (8) $T[x(n)]=x(2n)$；

(9) $T[x(n)]=\sum\limits_{k=n-a_0}^{n+n_0}x(k)$；   (10) $T[x(n)]=\dfrac{1}{n}u(n)$；

(11) $y(n)=y(n-1)+x(n-1)+x(n-3)$；   (12) $y(n)=y(n-1)+x(n+1)+x(n-3)$。

2.3 试判断下列离散时间系统的线性特性、移不变特性和因果特性。

(1) $y(n)=(n+2)^2x(n+3)$；   (2) $y(n)=x(n+1)+x^3(n-1)$；

(3) $y(n)=x(n)\sin(\omega n)$；   (4) $y(n)=x(n)+\sin(\omega n)$。

2.4 假设某离散时间系统的输入输出关系为 $y(n)=x(mn)$，其中 $m>1$，且为整数。试判断该系统是否为线性、时不变系统。

2.5 假设某离散时间 LTI 系统的单位冲激响应 $h(n)=a^{-n}u(-n)$，其中 $0<a<1$，求该系统的阶跃响应 $g(n)$。

2.6 已知某离散时间 LTI 系统的单位冲激响应 $h(n)=\delta(n)+\delta(n-1)-2\delta(n-2)$，求输入序列 $x(n)=u(n-3)$ 时系统的响应 $y(n)$。

2.7 已知序列 $y(n)=x_1(n)*x_2(n)$，$y_1(n)=x_1(n-N_1)*x_2(n-N_2)$，其中 N_1，N_2 为整数，试用 $y(n)$ 表示 $y_1(n)$。

2.8 已知某离散时间系统是时不变的，当输入序列分别为 $x_1(n)=2\delta(n-1)$、$x_2(n)=\delta(n-4)$ 时，系统的响应分别为 $y_1(n)=2\delta(n-2)+4\delta(n-3)$、$y_2(n)=3\delta(n+2)+2\delta(n+1)$。

(1) 该系统是线性系统吗？

(2) 输入序列为 $x(n)=\delta(n)$ 时，求系统响应 $y(n)$。

2.9 设系统差分方程为 $y(n)=ay(n-1)+x(n)$，其中 $x(n)$ 为输入，$y(n)$ 为输出。当边界条件分别选为 $y(0)=0$、$y(-1)=0$ 时，试判断系统是否是线性的，是否是移不变的。

2.10 以下序列是系统的单位冲激响应 $h(n)$，试说明系统是否是因果的，是否是稳定的。

(1) $\dfrac{1}{n^2}u(n)$；   (2) $\dfrac{1}{n!}u(n)$；   (3) $3^nu(n)$；   (4) $3^nu(-n)$；

(5) $0.3^nu(n)$；   (6) $0.3^nu(-n-1)$；   (7) $\delta(n+4)$；   (8) $u(4-n)$。

2.11 试讨论以下 LSI 系统的因果性及稳定性。

(1) $h(n)=-a^nu(-n-1)$；   (2) $h(n)=4^n[u(n)-u(n-5)]$；

(3) $h(n)=\delta(n-n_0)$。

2.12 设有一系统，其输入输出关系由以下差分方程确定：

$$y(n)-\frac{1}{2}y(n-1)=x(n)+\frac{1}{2}x(n-1)$$

设系统是因果性的。

（1）求该系统的单位冲激响应；

（2）由（1）的结果，利用卷积和求输入 $x(n)=\mathrm{e}^{j\omega n}$ 的响应。

2.13 有一个理想抽样系统，抽样角频率为 $\Omega_s=6\pi$，抽样后经理想低通滤波器 $H_a(j\Omega)$ 还原，其中 $H_a(j\Omega)=\begin{cases}\dfrac{1}{2}, & |\Omega|<3\pi \\ 0, & |\Omega|\geqslant3\pi\end{cases}$。

现有两个输入 $x_{a_1}(t)=\cos2\pi t$，$x_{a_2}(t)=\cos5\pi t$。问输出信号 $y_{a_1}(t)$，$y_{a_2}(t)$ 有无失真？为什么？

2.14 试将以下各连续时间信号抽样转换成离散时间信号，可自选合适的抽样频率 f_s 以适应这些信号，使其不产生混叠失真，如果是周期性信号，则 f_s 还应满足抽样后仍为周期性序列。

（1）$x(t)=A\cos(2\pi\times125t)$；

（2）$x(t)=A\cos(100t)$；

（3）$x(t)=\cos(2\pi\times50t)+\cos(2\pi\times80t)+\cos(2\pi\times180t)$；

（4）$x(t)=\dfrac{\sin(2\pi\times200t)}{2\pi\times20t}$。

参考答案

第3章

离散时间信号的复频域分析——z变换

对于连续时间信号 $f(t)$，$f(t)$ 的拉普拉斯变换是信号的复频域分析，$f(t)$ 的傅里叶变换是信号的频域分析。对于离散时间信号（序列）$x(n)$，$x(n)$ 的 z 变换是序列的复频域分析，$x(n)$ 的离散时间傅里叶变换是序列的频域分析。在这一章介绍离散时间信号，即序列 $x(n)$ 的复频域变换——序列 $x(n)$ 的 z 变换理论。

3.1 ➲ 离散时间信号的复频域表示——z 变换

3.1.1 z 变换的定义和收敛域

一个离散时间信号 $x(n)$，即序列 $x(n)$ 的 z 变换定义为：

$$X(z) = Z[x(n)] = \sum_{n=-\infty}^{\infty} x(n)z^{-n} \tag{3-1}$$

式中，变量 z 是复平面的复数变量，一般用极坐标形式表示，即 $z=re^{j\omega}$。式(3-1) 的右端是一个关于 $z^{-1}=\dfrac{1}{z}$ 的幂级数，系数是 $x(n)$。对于给定 z，当幂级数 $\sum\limits_{n=-\infty}^{\infty} x(n)z^{-n}$ 收敛时，就称 $X(z)$ 是序列 $x(n)$ 的 z 变换，此时也称序列 $x(n)$ 的 z 变换存在。当序列 $x(n)$ 的 z 变换存在时，使幂级数收敛的所有 z 的取值范围称为 z 变换 $X(z)$ 的收敛域，记为 ROC。幂级数 $\sum\limits_{n=-\infty}^{\infty} x(n)z^{-n}$ 收敛的充要条件是 $x(n)z^{-n}$ 满足绝对可和条件：

$$\sum_{n=-\infty}^{\infty} |x(n)z^{-n}| = M < \infty \tag{3-2}$$

由阿贝尔定理知道，如果级数 $\sum\limits_{n=0}^{\infty} x(n)z^n$ 在 $z=z_+(\neq 0)$ 收敛，则满足 $0 \leqslant z < |z_+|$ 的 z 使幂级数绝对收敛，此时 $\sum\limits_{n=0}^{\infty} x(n)z^n$ 在 $0 \leqslant |z| < |z_+|$ 时收敛；对于级数 $\sum\limits_{n=0}^{\infty} x(n)z^{-n}$，如果在 $z=z_-$ 收敛，则级数 $\sum\limits_{n=0}^{\infty} x(n)z^{-n}$ 绝对收敛，此时 $\sum\limits_{n=0}^{\infty} x(n)z^{-n}$ 在 $|z_-| < |z| < \infty$ 时收敛。

对于幂级数 $\sum\limits_{n=-\infty}^{\infty} x(n)z^{-n}$，$\sum\limits_{n=-\infty}^{\infty} x(n)z^{-n} = \sum\limits_{n=-\infty}^{-1} x(n)z^{-n} + \sum\limits_{n=0}^{\infty} x(n)z^{-n}$，可以表

示为：

$$\sum_{n=-\infty}^{\infty} x(n)z^{-n} = \sum_{m=1}^{\infty} x(-m)z^{m} + \sum_{n=0}^{\infty} x(n)z^{-n} \tag{3-3}$$

由式(3-3)知，$\sum\limits_{n=-\infty}^{\infty} x(n)z^{-n}$ 收敛的条件是 $\sum\limits_{m=1}^{\infty} x(-m)z^{m}$ 和 $\sum\limits_{n=0}^{\infty} x(n)z^{-n}$ 同时收敛，由阿贝尔定理知，存在最大的 z_{+} 和最小的 z_{-}，且 $z_{-} < z_{+}$，使得 $\sum\limits_{m=1}^{\infty} x(-m)z^{m}$ 在 $0 \leqslant |z| < |z_{+}|$ 时收敛，$\sum\limits_{n=0}^{\infty} x(n)z^{-n}$ 在 $|z_{-}| < |z| < \infty$ 时收敛。因此，当序列 $x(n)$ 的 z 变换 $X(z)$ 存在时，收敛域一般为 $|z_{-}| < |z| < |z_{+}|$，收敛域是 z 平面上的一个圆心在坐标原点的圆环，z_{+} 和 z_{-} 称为序列 $x(n)$ 的 z 变换 $X(z)$ 收敛域的收敛半径。

关于序列 $x(n)$ 的收敛域，还可以给出下列三种特殊情况下序列的收敛域。

① 当序列 $x(n)$ 是有限长序列时，即 $x(n) = \begin{cases} x(n), & n_1 \leqslant n \leqslant n_2 \\ 0, & 其他 \end{cases}$，则当 $0 < |z| < \infty$ 时 $X(z)$ 存在，且当 $n_1 \leqslant n_2 \leqslant 0$ 时，收敛域还包含 $z = 0$；当 $0 \leqslant n_1 \leqslant n_2$ 时，收敛域还包含无穷远点 $z = \infty$。

② 当序列 $x(n)$ 是右边序列时，即 $x(n) = \begin{cases} x(n), & n_1 \leqslant n \\ 0, & n < n_1 \end{cases}$，则当 $|z_{-}| < |z| < \infty$ 时 $X(z)$ 存在，且当 $0 \leqslant n_1$ 时，收敛域还包含无穷远点 $z = \infty$。因果序列 $x(n)$ 的 z 变换 $X(z)$ 的收敛域为 $|z_{-}| < |z|$，包含无穷远点 ∞。

③ 当序列 $x(n)$ 是左边序列时，即 $x(n) = \begin{cases} x(n), & n \leqslant n_2 \\ 0, & n > n_2 \end{cases}$，则当 $0 < |z| < |z_{+}|$ 时 $X(z)$ 存在，且当 $n_2 \leqslant 0$ 时，收敛域还包含零点 $z = 0$。

例 3-1　求单位冲激序列 $\delta(n)$ 的 z 变换和收敛域。

解：由 z 变换的定义有：

$$X(z) = Z[\delta(n)] = \sum_{n=-\infty}^{\infty} \delta(n)z^{-n} = z^{0} = 1$$

由于单位冲激序列 $\delta(n)$ 是 $0 = n_1 = n_2$ 的有限长序列，所以收敛域为整个 z 平面。

例 3-2　求右边指数序列 $x(n) = a^n u(n)$ 的 z 变换 $X(z)$ 及其收敛域。

解：由 z 变换的定义有：

$$X(z) = \sum_{n=-\infty}^{\infty} a^n u(n)z^{-n} = \sum_{n=0}^{\infty} a^n z^{-n} = \sum_{n=0}^{\infty} (az^{-1})^n$$
$$= 1 + az^{-1} + (az^{-1})^2 + \cdots + (az^{-1})^n + \cdots$$

当 $\left| \dfrac{a}{z} \right| < 1$，即 $|z| > |a|$ 时，这是一个无穷等比递减级数，公比为 $q = az^{-1}$，前 N 项的和为 $S_N = \dfrac{a_1(1-q^N)}{1-q}$，所以有：

$$X(z) = \lim_{N \to \infty} S_N = \lim_{N \to \infty} \frac{a_1(1-q^N)}{1-q} = \frac{1}{1-az^{-1}} = \frac{z}{z-a}$$

收敛域为 $|z|>|a|$。$z=a$ 是 $X(z)$ 的极点。

例 3-3 求左边指数序列 $x(n)=-b^nu(-n-1)$ 的 z 变换 $X(z)$ 及其收敛域。

解：由 z 变换的定义有：

$$X(z)=\sum_{n=-\infty}^{\infty}[-b^nu(-n-1)]z^{-n}=-\sum_{n=-\infty}^{-1}b^nz^{-n}=-\sum_{n=1}^{\infty}(b^{-1}z)^n$$

$$=-[b^{-1}z+(b^{-1}z)^2+\cdots+(b^{-1}z)^n+\cdots]$$

当 $|b^{-1}z|<1$，即 $|z|<|b|$ 时，这是一个无穷等比递减级数，公比为 $q=b^{-1}z$，前 N 项和 $S_N=-\dfrac{a_1(1-q^N)}{1-q}$，所以有：

$$X(z)=\lim_{N\to\infty}S_N=\lim_{N\to\infty}[-\frac{a_1(1-q^N)}{1-q}]=-\frac{b^{-1}z}{1-b^{-1}z}=\frac{z}{z-b}$$

收敛域为 $|z|<|b|$，$z=b$ 是 $X(z)$ 的极点。

从例 3-2 和例 3-3 可以看出，不同序列的 z 变换 $X(z)$ 可能相同，但收敛域不同。当然一个序列 $x(n)$ 和 z 变换 $X(z)$ 及其收敛域 ROC 是一一对应的。

例 3-4 现有一离散时间滤波器，其差分方程可以表示为 $y(n)=0.5y(n-1)+x(n)$，将其用于生物医学信号处理时，目标是滤除高频噪声而保留低频的心电信号。

① 求该滤波器的传递函数 $H(z)$，并分析 $H(z)$ 的极点和零点，确定滤波器的稳定性和类型（如低通滤波器、高通滤波器、带通滤波器等）。

② 利用 z 变换的微分性，推导滤波器的频率响应 $H(e^{j\omega})$。

③ 分析滤波器的频率响应，确定其能否有效滤除高频噪声并保留有用信号。

解：① 差分方程为：$y(n)=0.5y(n-1)+x(n)$，对两边进行 z 变换得到：

$$Y(z)=0.5z^{-1}Y(z)+X(z)$$

整理上式，得到传递函数 $H(z)$：

$$H(z)=\frac{Y(z)}{X(z)}=\frac{1}{1-0.5z^{-1}}$$

零点：分子为 1，没有非零零点。极点：分母为 0 的 z 值，即解方程 $1-0.5z^{-1}=0$，得到 $z=0.5$。因为极点在单位圆内（$|z|=0.5<1$），所以滤波器是稳定的。

由于只有一个极点 $z=0.5$，且没有零点，所以该滤波器是一个一阶低通滤波器。

② 推导滤波器的频率响应 $H(e^{j\omega})$。将 $z=e^{j\omega}$ 代入 $H(z)$，得到：

$$H(e^{j\omega})=\frac{1}{1-0.5e^{-j\omega}}$$

为了得到更直观的形式，可以使用共轭复数来消去分母中的虚部：

$$H(e^{j\omega})=\frac{1-0.5\cos\omega}{1-0.5\cos\omega+0.25\sin^2\omega}-j\frac{0.5\sin\omega}{1-0.5\cos\omega+0.25\sin^2\omega}$$

取模得到：

$$|H(e^{j\omega})|=\frac{\sqrt{1.25-\cos\omega}}{1-0.5\cos\omega+0.25\sin^2\omega}$$

③ 对于一阶低通滤波器，其频率响应在低频时接近 1（即信号几乎无衰减），在高频时逐渐减小。

为了确定其是否能有效滤除高频噪声并保留有用信号，我们需要考虑心电信号的频率范围以及噪声的频率范围。一般来说，心电信号的频率范围为 $0.05\sim100\mathrm{Hz}$，而高频噪声可能位于这个范围之外。如果滤波器的截止频率设置得过低，可能会滤除部分有用的心电信号；如果设置得过高，则可能无法完全滤除高频噪声。

由于 $\cos\omega$ 在 $\omega=0$ 时取最大值 1，在 $\omega=\pi$ 时取最小值 -1，因此 $|H(\mathrm{e}^{\mathrm{j}\omega})|$ 在 $\omega=0$ 时取得最大值，即低频信号几乎无衰减；而在 ω 接近 π 时，$|H(\mathrm{e}^{\mathrm{j}\omega})|$ 逐渐减小，即高频信号被衰减。因此，该滤波器能够滤除高频噪声并保留低频的心电信号。此外，具体的滤波效果还取决于滤波器的截止频率和心电信号及噪声的具体频率分布。

3.1.2 常用序列的 z 变换和收敛域

常用序列的 z 变换如表 3-1 所示。

表 3-1 常用序列的 z 变换

序号	序列 $x(n)$	$X(z)$	收敛域
1	$\delta(n)$	1	z 平面
2	$u(n)$	$\dfrac{z}{z-1}$	$|z|>1$
3	$a^n u(n)$	$\dfrac{z}{z-a}$	$|z|>|a|$
4	$-b^n u(-n-1)$	$\dfrac{z}{z-b}$	$|z|<|b|$
5	$(n+1)a^n u(n)$	$\dfrac{z^2}{(z-a)^2}$	$|z|>|a|$
6	$na^{n-1} u(n)$	$\dfrac{z}{(z-a)^2}$	$|z|>|a|$
7	$\cos(\omega_0 n)u(n)$	$\dfrac{z^2-z\cos\omega_0}{z^2-2z\cos\omega_0+1}$	$|z|>1$
8	$\sin(\omega_0 n)u(n)$	$\dfrac{z\sin\omega_0}{z^2-2z\cos\omega_0+1}$	$|z|>1$

3.2 ◐ 序列 z 变换的主要性质

序列 $x(n)$ 在时域有各种运算，常见的有叠加、移位、卷积、相乘等运算，借助 z 变换的性质，可以方便地计算序列经各种运算后的 z 变换。与连续时间信号的拉氏变换类似，序列 $x(n)$ 的 z 变换性质一般也有 11 条，下面介绍这些常用的性质。序列 $x(n)$ 的 z 变换为 $X(z)$，即 $Z[x(n)]=X(z)$，后面为了表述方便，简单记为 $x(n)\rightarrow X(z)$。

（1）线性特性

设序列 $x_1(n)$、$x_2(n)$ 的 z 变换及其收敛域分别为：

$$x_1(n)\rightarrow X_1(z),R_{x_1-}<|z|<R_{x_1+}$$
$$x_2(n)\rightarrow X_2(z),R_{x_2-}<|z|<R_{x_2+}$$

则有线性叠加序列 $k_1 x_1(n)+k_2 x_2(n)$ 的 z 变换及其收敛域为：

$$k_1 x_1(n) + k_2 x_2(n) \rightarrow k_1 X_1(z) + k_2 X_2(z) \tag{3-4}$$

$$\max(R_{x_1-}, R_{x_2-}) < |z| < \min(R_{x_1+}, R_{x_2+}) \tag{3-5}$$

由式(3-5)知线性叠加序列 z 变换的收敛域是原来两个序列 z 变换收敛域的公共区域。

例 3-5 试求序列 $x(n) = \cos(\omega_0 n) u(n)$ 的 z 变换。

解： 由欧拉公式知，$\cos(\omega_0 n) u(n) = \dfrac{1}{2} [e^{j\omega_0 n} + e^{-j\omega_0 n}] u(n)$，又知：

$$a^n u(n) \rightarrow \frac{1}{1 - az^{-1}}, |z| > |a|$$

$$e^{j\omega_0 n} u(n) \rightarrow \frac{1}{1 - e^{j\omega_0} z^{-1}}, |z| > |e^{j\omega_0}| = 1$$

$$e^{-j\omega_0 n} u(n) \rightarrow \frac{1}{1 - e^{-j\omega_0} z^{-1}}, |z| > |e^{-j\omega_0}| = 1$$

由 z 变换的线性特性得：

$$\cos(\omega_0 n) u(n) \rightarrow \frac{1}{2} \left(\frac{1}{1 - e^{j\omega_0} z^{-1}} + \frac{1}{1 - e^{-j\omega_0} z^{-1}} \right), |z| > 1$$

（2）移位特性

设序列 $x(n)$ 的 z 变换及其收敛域为：

$$x(n) \rightarrow X(z), R_{x-} < |z| < R_{x+}$$

则移位序列 $x(n-m)$ 的 z 变换及其收敛域为：

$$x(n-m) \rightarrow z^{-m} X(z), R_{x-} < |z| < R_{x+} \tag{3-6}$$

例 3-6 求矩形脉冲序列 $x(n) = R_N(n) = u(n) - u(n-N)$ 的 z 变换 $X(z)$ 及其收敛域。

解：

因为：

$$u(n) \rightarrow \frac{z}{z-1}, |z| > 1$$

$$u(n-N) \rightarrow z^{-N} \frac{z}{z-1} = \frac{z^{1-N}}{z-1}, |z| > 1$$

由线性特性和移位特性有：

$$R_N(n) \rightarrow X(z) = \frac{z}{z-1} - \frac{z^{1-N}}{z-1} = \frac{z - z^{1-N}}{z-1}, |z| > 1$$

（3） z 域尺度变换

设序列 $x(n)$ 的 z 变换及其收敛域为：

$$x(n) \rightarrow X(z), R_{x-} < |z| < R_{x+}$$

则有：

$$a^n x(n) \rightarrow X\left(\frac{z}{a}\right), |a| R_{x-} < |z| < |a| R_{x+} \tag{3-7}$$

证明：

$$Z[a^n x(n)] = \sum_{n=-\infty}^{\infty} a^n x(n) z^{-n} = \sum_{n=-\infty}^{\infty} x(n) \left(\frac{z}{a}\right)^{-n} = X\left(\frac{z}{a}\right)$$

收敛域为 $R_{x-} < \left| \dfrac{z}{a} \right| < R_{x+}$，即为 $|a|R_{x-} < |z| < |a|R_{x+}$。

（4）序列的线性加权

设序列 $x(n)$ 的 z 变换和收敛域为：

$$x(n) \rightarrow X(z), R_{x-} < |z| < R_{x+}$$

则有：

$$nx(n) \rightarrow -z \frac{\mathrm{d}}{\mathrm{d}z} X(z), R_{x-} < |z| < R_{x+} \tag{3-8}$$

证明：

$X(z) = \displaystyle\sum_{n=-\infty}^{\infty} x(n)z^{-n}$，两边对 z 求导得：

$$\frac{\mathrm{d}X(z)}{\mathrm{d}z} = \frac{\mathrm{d}}{\mathrm{d}z} \Big[\sum_{n=-\infty}^{\infty} x(n)z^{-n} \Big] = \sum_{n=-\infty}^{\infty} x(n) \frac{\mathrm{d}}{\mathrm{d}z}(z^{-n})$$

$$= \sum_{n=-\infty}^{\infty} -nx(n)z^{-n-1} = -z^{-1} \sum_{n=-\infty}^{\infty} nx(n)z^{-n}$$

所以有：

$$nx(n) \rightarrow -z \frac{\mathrm{d}}{\mathrm{d}z} X(z), R_{x-} < |z| < R_{x+}$$

（5）共轭序列的 z 变换

设序列 $x(n)$ 的 z 变换及其收敛域为：

$$x(n) \rightarrow X(z), R_{x-} < |z| < R_{x+}$$

则有：

$$x^*(n) \rightarrow X^*(z^*), R_{x-} < |z| < R_{x+} \tag{3-9}$$

式中，$x^*(n)$ 是 $x(n)$ 的共轭序列。

证明：

$$x^*(n) \rightarrow \sum_{n=-\infty}^{\infty} x^*(n)z^{-n} = \sum_{n=-\infty}^{\infty} \big[x(n)(z^*)^{-n} \big]^*$$

$$= \Big[\sum_{n=-\infty}^{\infty} x(n)(z^*)^{-n} \Big]^* = X^*(z^*), R_{x-} < |z| < R_{x+}$$

（6）翻转序列的 z 变换

设序列 $x(n)$ 的 z 变换及其收敛域为：

$$x(n) \rightarrow X(z), R_{x-} < |z| < R_{x+}$$

则有：

$$x(-n) \rightarrow X\left(\frac{1}{z}\right), \frac{1}{R_{x+}} < |z| < \frac{1}{R_{x-}} \tag{3-10}$$

证明：$x(-n) \rightarrow \displaystyle\sum_{n=-\infty}^{\infty} x(-n)z^{-n} = \sum_{n=-\infty}^{\infty} x(n)z^{n}$

$$= \sum_{n=-\infty}^{\infty} x(n)(z^{-1})^{-n} = X\left(\frac{1}{z}\right)$$

收敛域为 $R_{x-} < |z^{-1}| < R_{x+}$，即满足 $\dfrac{1}{R_{x+}} < |z| < \dfrac{1}{R_{x-}}$。

（7）初始值定理

对于因果序列 $x(n)$，$x(n)=x(n)u(n)$，$x(n) \rightarrow X(z)$，$R_{x-} < |z|$，则有：

$$x(0) = \lim_{z \to \infty} X(z) \tag{3-11}$$

证明：

$$X(z) = \sum_{n=-\infty}^{\infty} x(n)u(n)z^{-n} = \sum_{n=0}^{\infty} x(n)z^{-n}$$
$$= x(0) + x(1)z^{-1} + x(2)z^{-2} + \cdots$$

所以：

$$\lim_{z \to \infty} X(z) = \lim_{z \to \infty} [x(0) + x(1)z^{-1} + x(2)z^{-2} + \cdots] = x(0)$$

即有：

$$x(0) = \lim_{z \to \infty} X(z)$$

（8）终值定理

对于因果序列 $x(n)$，$x(n) \rightarrow X(z)$，$R_{x-} < |z|$，若 $X(z)$ 的极点都在单位圆内（在单位圆上至多有一个单阶极点 $z=1$），则有：

$$x(\infty) = \lim_{n \to \infty} x(n) = \lim_{z \to 1} [(z-1)X(z)] = \mathrm{Res}[X(z)]_{z=1} \tag{3-12}$$

证明：

$$x(n+1) - x(n) \rightarrow (z-1)X(z) = \sum_{n=-\infty}^{\infty} [x(n+1) - x(n)]z^{-n}$$

对于因果序列 $x(n)$ 有：

$$\sum_{n=-\infty}^{\infty} [x(n+1) - x(n)]z^{-n} = \sum_{n=-1}^{\infty} [x(n+1) - x(n)]z^{-n}$$
$$= \lim_{k \to \infty} \sum_{n=-1}^{k} [x(n+1) - x(n)]z^{-n}$$
$$= \lim_{k \to \infty} \{[x(0) - x(-1)]z^{-1} + [x(1) - x(0)]z^{0} + \cdots + [x(k+1) - x(k)]z^{-k}\}$$

$$\lim_{z \to 1} [(z-1)X(z)]$$
$$= \lim_{z \to 1} (\lim_{k \to \infty} \{[x(0) - x(-1)]z^{-1} + [x(1) - x(0)]z^{0} + \cdots + [x(k+1) - x(k)]z^{-k}\})$$
$$= \lim_{k \to \infty} \{[x(0) - x(-1)] + [x(1) - x(0)] + \cdots + [x(k+1) - x(k)]\}$$
$$= \lim_{k \to \infty} x(k+1) = \lim_{n \to \infty} x(n)$$

若 $X(z)$ 在单位圆上至多有一个单阶极点 $z=1$，则 $z-1$ 将抵消这一极点，因此 $(z-1)X(z)$ 在 $1 \leqslant |z| \leqslant \infty$ 上收敛，所以对 $(z-1)X(z)$ 仍可以求 $z \rightarrow 1$ 时的极限。

（9）序列有限项累加的 z 变换

对于因果序列 $x(n)$，$x(n) \rightarrow X(z)$，$R_{x-} < |z|$，序列 $x(n)$ 的累加序列的 z 变换为：

$$\sum_{m=-\infty}^{n} x(m) = \sum_{m=0}^{n} x(m) \rightarrow \frac{z}{z-1} X(z), |z| > \max[R_{x-}, 1] \tag{3-13}$$

证明：

记序列 $x(n)$ 的累加序列 $y(n) = \sum\limits_{m=0}^{n} x(m)$ ，则有：

$$y(n) = \sum_{m=0}^{n} x(m) \rightarrow \sum_{n=0}^{\infty} \left[\sum_{m=0}^{n} x(m) \right] z^{-n}$$

变量 n，m 的取值范围为 $n \in [0, \infty]$，$m \in [0, n]$，也可以表示为 $m \in [0, \infty]$，$n \in [m, \infty]$，交换求和次序后有：

$$\sum_{n=0}^{\infty} \left[\sum_{m=0}^{n} x(m) \right] z^{-n} = \sum_{m=0}^{\infty} x(m) \sum_{n=m}^{\infty} z^{-n}$$

$$= \sum_{m=0}^{\infty} x(m) \left[z^{-m} (1 + z^{-1} + z^{-2} + \cdots) \right]$$

$$= \sum_{m=0}^{\infty} x(m) z^{-m} \frac{1}{1-z^{-1}} = \frac{1}{1-z^{-1}} \sum_{m=0}^{\infty} x(m) z^{-m}$$

$$= \frac{z}{z-1} X(z), |z| > \max[R_{x-}, 1]$$

所以，对因果序列 $x(n)$ 的累加序列有 $\sum\limits_{m=-\infty}^{n} x(m) = \sum\limits_{m=0}^{n} x(m) \rightarrow \dfrac{z}{z-1} X(z)$ 。

（10）时域卷积定理

设序列 $x(n)$、$h(n)$ 的 z 变换及其收敛域分别为：

$$x(n) \rightarrow X(z), R_{x-} < |z| < R_{x+}$$
$$h(n) \rightarrow H(z), R_{h-} < |z| < R_{h+}$$

则序列 $x(n)$ 和 $h(n)$ 的线性卷积 $y_1(n) = x(n) * h(n)$ 的 z 变换 $Y_1(z)$ 及其收敛域为：

$$y_1(n) = x(n) * h(n) \rightarrow X(z)H(z) \tag{3-14}$$
$$\max(R_{x-}, R_{h-}) < |z| < \min(R_{x+}, R_{h+})$$

这个特性称为序列的时域卷积定理。

证明：

$$x(n) * h(n) \rightarrow \sum_{n=-\infty}^{\infty} [x(n) * h(n)] z^{-n}$$

$$= \sum_{n=-\infty}^{\infty} \left[\sum_{m=-\infty}^{\infty} x(m) h(n-m) \right] z^{-n}$$

$$= \sum_{m=-\infty}^{\infty} x(m) \left[\sum_{n=-\infty}^{\infty} h(n-m) z^{-n} \right]$$

$$= \sum_{m=-\infty}^{\infty} x(m) \left[\sum_{l=-\infty}^{\infty} h(l) z^{-l} \right] z^{-m}$$

$$= \left[\sum_{m=-\infty}^{\infty} x(m) z^{-m} \right] H(z)$$

$$= X(z) H(z)$$

例 3-7 已知序列 $x(n) = a^n u(n)$，$h(n) = b^n u(n) - ab^{n-1} u(n-1)$，且 $|b| < |a|$ ，求卷积序列 $y(n) = x(n) * h(n)$ 的 z 变换 $Y(z)$ 及其收敛域。

解：

$$x(n) \rightarrow X(z) = \frac{z}{z-a}, |z| > |a|$$

$$h(n) \rightarrow H(z) = \frac{z}{z-b} - az^{-1}\frac{z}{z-b} = \frac{z-a}{z-b}, |z| > |b|$$

由时域卷积定理知 $y(n) = x(n) * h(n)$ 的 z 变换 $Y(z)$ 及其收敛域为：

$$Y(z) = X(z)H(z) = \frac{z}{z-a} \times \frac{z-a}{z-b} = \frac{z}{z-b}, |z| > |b|$$

由于 $X(z)$ 的极点 $z = a$ 与 $H(z)$ 的零点 $z = a$ 在相乘时抵消，所以 z 变换 $Y(z)$ 的收敛域实际上是扩大了。

（11）频域卷积定理

设序列 $x(n)$、$h(n)$ 的 z 变换及其收敛域分别为：

$$x(n) \rightarrow X(z), R_{x-} < |z| < R_{x+}$$

$$h(n) \rightarrow H(z), R_{h-} < |z| < R_{h+}$$

则序列 $x(n)$ 和 $h(n)$ 的乘积序列 $y(n) = x(n)h(n)$ 的 z 变换 $Y(z)$ 及其收敛域为：

$$y(n) = x(n)h(n) \leftrightarrow Y(z) = \frac{1}{2\pi j}\oint_c X\left(\frac{z}{v}\right)H(v)v^{-1}\mathrm{d}v \tag{3-15}$$

$$R_{x-}R_{n-} < |z| < R_{x+}R_{n+}$$

式中，积分曲线 c 是在变量 v 平面上，在 $X\left(\frac{z}{v}\right)$，$H(v)$ 公共收敛域内环绕原点的一条逆时针简单封闭围线。这个特性称为序列的频域卷积定理，证明略。

例 3-8 已知序列 $x(n) = a^n u(n)$，$h(n) = b^{n-1}u(n-1)$，求序列 $y(n) = x(n)h(n)$ 的 z 变换 $Y(z)$ 及其收敛域。

解：

$$x(n) \rightarrow X(z) = \frac{z}{z-a}, |z| > |a|$$

$$h(n) \rightarrow H(z) = \frac{1}{z-b}, |z| > |b|$$

$$y(n) = x(n)h(n) \rightarrow Y(z) = \frac{1}{2\pi j}\oint_c \frac{v}{v-a} \times \frac{1}{\frac{z}{v}-b}v^{-1}\mathrm{d}v$$

$$Y(z) = \frac{1}{2\pi j}\oint_c \frac{v}{(v-a)(z-bv)}\mathrm{d}v$$

$X(v)$ 的收敛域是 $|v| > |a|$，而 $H\left(\frac{z}{v}\right)$ 的收敛域是 $\left|\frac{z}{v}\right| > |b|$，即 $|v| < \left|\frac{z}{b}\right|$，重叠部分为 $|a| < |v| < \left|\frac{z}{b}\right|$。因此在围线 c 内只有一个极点 $v = a$。由留数定理可得：

$$Y(z) = \frac{1}{2\pi j}\oint_c \frac{v}{(v-a)(z-bv)}\mathrm{d}v$$

$$= \mathrm{Res}\left[\frac{v}{(v-a)(z-bv)}\right]_{v=a} = \frac{v}{z-bv}\bigg|_{v=a}$$

$$= \frac{a}{z - ab}$$

显然序列 $y(n) = x(n)h(n)$ 是右边序列，$Y(z)$ 只有一个极点 $z = ab$，所以它的收敛域为 $|z| > |ab|$。

3.3 ◐ 序列 z 变换的逆变换

已知序列 $x(n)$ 的 z 变换 $X(z)$ 和收敛域，由 $x(z)$ 和收敛域求序列 $x(n)$ 的变换称为 z 逆变换，逆变换记为 $x(n) = Z^{-1}[X(z)]$，或者简记为 $X(z) \rightarrow x(n)$，z 逆变换也可称为 z 反变换，z 逆变换的计算公式为：

$$x(n) = Z^{-1}[X(z)] = \frac{1}{2\pi j} \oint_c X(z) z^{n-1} dz \tag{3-16}$$

式中，积分曲线 c 是在变量 z 平面上、$X(z)$ 的收敛域内环绕原点的一条逆时针简单封闭围线。序列 $x(n)$ 和它的 z 变换 $X(z)$、收敛域称为 z 变换的变换对，简记为：

$$x(n) \leftrightarrow X(z), R_{x-} < |z| < R_{x+}$$

$$\begin{cases} 正变换 : X(z) = \sum_{n=-\infty}^{\infty} x(n) z^{-n}, & R_{x-} < |z| < R_{x+} \\ 逆变换 : x(n) = \frac{1}{2\pi j} \oint_c X(z) z^{n-1} dz \end{cases} \tag{3-17}$$

逆变换的计算公式是一个复函数的围线积分。计算逆变换常用的方法有三种：留数法、部分分式法和长除法。下面介绍求逆变换的留数法和部分分式法。

（1）留数法

在复变函数中讲了留数定理，由留数定理得逆变换的计算公式：

$$\begin{cases} x(n) = \frac{1}{2\pi j} \oint_c X(z) z^{n-1} dz = \sum_k \text{Res}[X(z) z^{n-1}]_{z=z_k} \\ x(n) = \frac{1}{2\pi j} \oint_c X(z) z^{n-1} dz = -\sum_m \text{Res}[X(z) z^{n-1}]_{z=z_m} \end{cases} \tag{3-18}$$

式中，z_k 是 $X(z) z^{n-1}$ 在闭合曲线 c 内的第 k 个极点；z_m 是 $X(z) z^{n-1}$ 在闭合曲线 c 外的第 m 个极点；$\text{Res}[X(z) z^{n-1}]_{z=z_k}$ 是 $X(z) z^{n-1}$ 在极点 $z = z_k$ 处的留数。

当 $z = z_k$ 是 $X(z) z^{n-1}$ 的单阶极点时，有留数计算公式：

$$\text{Res}[X(z) z^{n-1}]_{z=z_k} = [(z - z_k) X(z) z^{n-1}]_{z=z_k} \tag{3-19}$$

当 $z = z_k$ 是 $X(z) z^{n-1}$ 的 r 阶重极点时，有留数计算公式：

$$\text{Res}[X(z) z^{n-1}]_{z=z_k} = \frac{1}{(r-1)!} \frac{d^{r-1}}{dz^{r-1}} [(z - z_k)^r X(z) z^{n-1}]_{z=z_k} \tag{3-20}$$

例 3-9 已知序列 $x(n)$ 的 z 变换 $X(z) = \dfrac{z^2}{(4-z)\left(z - \dfrac{1}{4}\right)} \left(\dfrac{1}{4} < |z| < 4\right)$，求逆变换 $x(n)$。

解：逆变换 $x(n) = \dfrac{1}{2\pi j} \oint_c X(z) z^{n-1} dz, X(z) z^{n-1} = \dfrac{z^{n+1}}{(4-z)\left(z - \dfrac{1}{4}\right)}$。

当 $n \geqslant -1$ 时，$n+1 \geqslant 0$，$z=0$ 不是 $X(z)z^{n-1}$ 的极点，此时 $X(z)z^{n-1}$ 在闭合曲线 c 内只有一个单阶极点 $z_1 = \dfrac{1}{4}$，由留数定理有：

$$x(n) = \mathrm{Res}\left[\frac{z^{n+1}}{(4-z)\left(z-\dfrac{1}{4}\right)}\right]_{z=\frac{1}{4}} = \frac{\left(\dfrac{1}{4}\right)^{n+1}}{4-\dfrac{1}{4}} = \frac{1}{15} \times 4^{-n}, n \geqslant -1$$

当 $n \leqslant -2$ 时，$n+1 \leqslant -1$，$z=0$ 是 $X(z)z^{n-1}$ 的 $-(n+1)$ 阶重极点，此时 $X(z)z^{n-1}$ 在闭合曲线 c 外只有一个单阶极点 $z_2 = 4$，由留数定理有：

$$x(n) = -\mathrm{Res}\left[\frac{z^{n+1}}{(4-z)\left(z-\dfrac{1}{4}\right)}\right]_{z=4} = \frac{(4)^{n+1}}{4-\dfrac{1}{4}} = \frac{1}{15} \times 4^{n+2}, n \leqslant -2$$

所以逆变换 $x(n)$ 为：

$$x(n) = \begin{cases} \dfrac{1}{15} \times 4^{-n}, & n \geqslant -1 \\[2mm] \dfrac{1}{15} \times 4^{n+2}, & n \leqslant -2 \end{cases}$$

（2）部分分式法

$X(z)$ 的形式一般为关于 z^{-1}（或 z）的有理分式，$X(z) = \dfrac{B(z)}{A(z)} = \dfrac{\sum\limits_{i=0}^{M} b_i z^{-i}}{1 + \sum\limits_{i=1}^{N} a_i z^{-i}}$。部

分分式法就是将 z 变换 $X(z)$ 分解成若干个简单的部分项和，依据收敛域，每个部分项的逆变换容易求出，再利用 z 变换的线性特性，$X(z)$ 的逆变换就是部分项的逆变换的和。常用的 z 变换 $X(z)$ 及收敛域有：

$$a^n u(n) \leftrightarrow Z[a^n u(n)] = \frac{z}{z-a}, |z| > |a| \tag{3-21}$$

$$na^{n-1} u(n) \leftrightarrow Z[na^{n-1} u(n)] = \frac{z}{(z-a)^2}, |z| > |a| \tag{3-22}$$

有理形式的 $X(z)$ 可以分解成如下形式的部分项和：

$$X(z) = \sum_{n=0}^{M-N} B_n z^{-n} + \sum_{k=1}^{N-r} \frac{A_k}{1 - z_k z^{-1}} + \sum_{k=1}^{r} \frac{C_k}{(1 - z_i z^{-1})^k} \tag{3-23}$$

式中，z_k 是 $X(z)$ 的单阶极点；z_i 是 $X(z)$ 的一个 r 阶重极点（这里只考虑了只有一个高阶极点的情况）。式（3-23）中，当 $M \geqslant N$ 时，才有第一项。其中，系数 A_k、C_k 的计算形式如下：

$$\begin{cases} A_k = \mathrm{Res}\left[\dfrac{X(z)}{z}\right]_{z=z_k} \\[3mm] C_k = \dfrac{1}{(r-k)!}\left\{\dfrac{\mathrm{d}^{r-k}}{\mathrm{d}z^{r-k}}\left[(z-z_i)^r \dfrac{X(z)}{z}\right]\right\}_{z=z_i} \end{cases} \tag{3-24}$$

例 3-10 已知 $X(z) = \dfrac{1}{(1-2z^{-1})(1-0.5z^{-1})}$（$|z| > 2$），求逆变换 $x(n)$。

解： 为了得到形如 $\dfrac{z}{z-a}$（对应单阶极点 $z=a$）的分解项，我们考虑对 $\dfrac{X(z)}{z}$ 进行部分项分解。

$$X(z)=\frac{1}{(1-2z^{-1})(1-0.5z^{-1})}=\frac{z^2}{(z-2)(z-0.5)}$$

$$\frac{X(z)}{z}=\frac{z}{(z-2)(z-0.5)}=\frac{A_1}{z-2}+\frac{A_2}{z-0.5}$$

$$A_1=\left[(z-2)\frac{X(z)}{z}\right]_{z=2}=\frac{4}{3}$$

$$A_2=\left[(z-0.5)\frac{X(z)}{z}\right]_{z=0.5}=-\frac{1}{3}$$

$$\frac{X(z)}{z}=\frac{\dfrac{4}{3}}{z-2}+\frac{-\dfrac{1}{3}}{z-0.5}$$

$$X(z)=\frac{4}{3}\times\frac{z}{z-2}-\frac{1}{3}\times\frac{z}{z-0.5}$$

由于收敛域为 $|z|>2$，所以有逆变换 $x(n)$：

$$x(n)=\left(\frac{4}{3}\times2^n-\frac{1}{3}\times0.5^n\right)u(n)=\begin{cases}\dfrac{4}{3}\times2^n-\dfrac{1}{3}\times0.5^n &,n\geqslant0\\[2mm]0 &,n<0\end{cases}$$

例 3-11 已知 $X(z)=\dfrac{z^2}{(z+1)^2(z-1)}(|z|>1)$，求逆变换 $x(n)$。

解： 考虑先对 $\dfrac{X(z)}{z}$ 进行部分项分解。$\dfrac{X(z)}{z}=\dfrac{z}{(z+1)^2(z-1)}$ 是关于 z 的有理真分式，

$z=1$ 是 $\dfrac{X(z)}{z}$ 的单阶极点，$z=-1$ 是 $\dfrac{X(z)}{z}$ 的二阶重极点，$\dfrac{X(z)}{z}$ 可以分解成如下形式：

$$\frac{X(z)}{z}=\frac{z}{(z+1)^2(z-1)}=\frac{A}{z-1}+\frac{B_1}{(z+1)^2}+\frac{B_2}{z+1}$$

$$A=(z-1)\frac{X(z)}{z}\bigg|_{z=1}=\frac{z}{(z+1)^2}\bigg|_{z=1}=\frac{1}{4}$$

$$B_1=\frac{X(z)}{z}(z+1)^2\big|_{z=-1}=\frac{z}{z-1}\big|_{z=-1}=\frac{1}{2}$$

$$B_2=\frac{\mathrm{d}}{\mathrm{d}z}\left[\frac{X(z)}{z}(z+1)^2\right]=\frac{\mathrm{d}}{\mathrm{d}z}\left(\frac{z}{z-1}\right)\bigg|_{z=-1}=-\frac{1}{4}$$

所以有：

$$\frac{X(z)}{z}=\frac{1}{4}\times\frac{1}{z-1}+\frac{1}{2}\times\frac{1}{(z+1)^2}-\frac{1}{4}\times\frac{1}{z+1}$$

$$X(z)=\frac{1}{4}\times\frac{z}{z-1}+\frac{1}{2}\times\frac{z}{(z+1)^2}-\frac{1}{4}\times\frac{z}{z+1}$$

收敛域为 $|z|>1$，所以有逆变换：

$$x(n)=\left[\frac{1}{4}\times1^n+\frac{1}{2}n(-1)^{n-1}-\frac{1}{4}(-1)^n\right]u(n)$$

例 3-12 在生物医学信号处理中，经常需要对生物信号进行滤波和预测。假设我们正在研究一种新型的生物信号预测算法，该算法基于一种线性离散时间系统模型，该模型能够基于过去的信号值来预测未来的信号值，这在处理如心电图（ECG）或脑电图（EEG）等生物信号时非常有用，因为它们通常包含大量的冗余信息和噪声。有一线性离散时间系统可以用以下一阶差分方程来描述：$y(n)-0.5y(n-1)=x(n)$。设输入为 $x(n)=0.7u(n)$，初始条件分别为 $y(-1)=1.5$，$y(-1)=0$，求输出响应。

解： ① 若 $y(-1)=1.5$，可直接写出差分方程的单边 z 变换表达式

$$Y(z)-0.5z^{-1}Y(z)-0.5y(-1)=X(z)。$$

故

$$Y(z)=\frac{X(z)+0.5y(-1)}{1-0.5z^{-1}}$$

由于

$$X(z)=Z[0.7u(n)]=\frac{0.7}{1-z^{-1}}$$

则有

$$Y(z)=\frac{0.7z^2}{(z-0.5)(z-1)}+\frac{0.75z}{z-0.5}$$

展成部分分式

$$Y(z)=\frac{-0.7z}{z-0.5}+\frac{1.4z}{z-1}+\frac{0.75z}{z-0.5}$$

取 z 反变换可得

$$y(n)=(-0.7\times0.5^n+1.4+0.75\times0.5^n)u(n)=(0.05\times0.5^n+1.4)u(n)$$

② 若 $y(-1)=0$，则 z 变换方程为

$$Y(z)-0.5z^{-1}Y(z)=X(z)$$

故

$$Y(z)=\frac{X(z)}{1-0.5z^{-1}}=\frac{0.7}{(1-z^{-1})(1-0.5z^{-1})}=\frac{-0.7z}{z-0.5}+\frac{1.4z}{z-1}$$

则有

$$y(n)=(1.4-0.7\times0.5^n)u(n)$$

3.4 ⟫ z 变换与拉氏变换、傅里叶变换之间的关系

3.4.1 三种变换之间的关系

设有连续时间信号 $x_a(t)$，对 $x_a(t)$ 以等间隔 T 进行理想抽样得到抽样序列，即离散时间信号 $x_a(nT)=x_a(t)|_{t=nT}$，简记为 $x(n)$，即 $x(n)=x_a(nT)$。对连续时间信号 $x_a(t)$ 进行理想抽样，一般用如下数学模型进行描述。

利用单位冲激信号的抽样特性，取周期性单位冲激序列 $\delta_T(t)=\sum\limits_{n=-\infty}^{\infty}\delta(t-nT)$，周期为 T。对信号 $x_a(t)$ 进行理想抽样，就是用 $\delta_T(t)$ 和 $x_a(t)$ 相乘，记为 $\hat{x}_a(t)$，称为抽样

信号：

$$\hat{x}_a(t) = x_a(t)\delta_T(t) = x_a(t)\sum_{n=-\infty}^{\infty}\delta(t-nT) = \sum_{n=-\infty}^{\infty}x_a(nT)\delta(t-nT) \qquad (3\text{-}25)$$

对连续时间信号 $x_a(t)$ 进行理想抽样，得到抽样序列 $x(n)=x_a(nT)$ 和抽样信号 $\hat{x}_a(t) = \sum_{n=-\infty}^{\infty}x_a(nT)\delta(t-nT)$，实质上是同一问题的两种不同描述，本质上是等价的。由式（3-25）知，在抽样点 $t=nT$ 处的冲激信号 $x_a(nT)\delta(t-nT)$ 的冲激强度 $x_a(nT)$ 就是抽样序列在 n 处的抽样值 $x(n)=x_a(nT)$。

抽样信号 $\hat{x}_a(t)$ 的拉氏变换为：

$$\begin{aligned}
\hat{X}_a(s) &= \int_{-\infty}^{\infty}\hat{x}_a(t)e^{-st}\,dt = \int_{-\infty}^{\infty}\Big[\sum_{n=-\infty}^{\infty}x_a(nT)\delta(t-nT)\Big]e^{-st}\,dt \\
&= \sum_{n=-\infty}^{\infty}\int_{-\infty}^{\infty}x_a(nT)e^{-st}\delta(t-nT)\,dt \\
&= \sum_{n=-\infty}^{\infty}x_a(nT)e^{-nTs} = \sum_{n=-\infty}^{\infty}x_a(nT)(e^{sT})^{-n} \\
&= \sum_{n=-\infty}^{\infty}x(n)(e^{sT})^{-n} \qquad\qquad\qquad\qquad\qquad (3\text{-}26)
\end{aligned}$$

抽样序列 $x(n)=x_a(nT)$ 的 z 变换 $X(z)$ 为：

$$X(z) = \sum_{n=-\infty}^{\infty}x(n)z^{-n} \qquad (3\text{-}27)$$

比较式（3-26）和式（3-27）可知，当复数 $z=e^{sT}$ 时，抽样序列 $x(n)=x_a(nT)$ 的 z 变换 $X(z)$ 就是抽样信号 $\hat{x}_a(t)$ 的拉氏变换 $\hat{X}_a(s)$，即满足下式：

$$X(z)\big|_{z=e^{sT}} = X(e^{sT}) = \hat{X}_a(s) \qquad (3\text{-}28)$$

如果抽样信号的拉氏变换的收敛域包含虚轴，由傅里叶变换与拉氏变换的关系，可得抽样序列 $x(n)=x_a(nT)$ 的 z 变换 $X(z)$ 与抽样信号 $\hat{x}_a(t)$ 的傅里叶变换 $\hat{X}_a(j\Omega)$ 之间的关系为：

$$\hat{X}_a(s)\big|_{s=j\Omega} = \hat{X}_a(j\Omega)$$

$$X(z)\big|_{z=e^{sT},s=j\Omega} = X(e^{sT})\big|_{s=j\Omega} = X(e^{j\Omega T}) = \hat{X}_a(j\Omega)$$

$$X(z)\big|_{z=e^{j\Omega T}} = X(e^{j\Omega T}) = \hat{X}_a(j\Omega) \qquad (3\text{-}29)$$

令 $\omega=\Omega T$，称为离散时间信号的数字角频率，则有：

$$X(z)\big|_{z=e^{j\Omega T}} = X(z)\big|_{z=e^{j\omega}} = X(e^{j\omega}) = \hat{X}_a\Big(j\frac{\omega}{T}\Big) \qquad (3\text{-}30)$$

$$X(e^{j\omega}) = X(z)\big|_{z=e^{j\omega}} = \sum_{n=-\infty}^{\infty}x(n)e^{-j\omega n} \qquad (3\text{-}31)$$

式（3-31）称为序列 $x(n)$ 的离散时间傅里叶变换（DTFT）。

3.4.2 复平面上点 s 与复平面上点 z 之间的映射关系

$z=e^{sT}$ 是从复平面上复数点 $s=\sigma+j\Omega$ 到复平面上复数点 $z=re^{j\omega}$ 的映射关系。

$z=\mathrm{e}^{sT}=\mathrm{e}^{(\sigma+\mathrm{j}\Omega)T}=\mathrm{e}^{\sigma T}\,\mathrm{e}^{\mathrm{j}\Omega T}$，所以有 $\begin{cases} r=\mathrm{e}^{\sigma T} \\ \omega=\Omega T \end{cases}$，下面分析它们之间的映射关系。

① 当 $\sigma=0$ 时，$r=\mathrm{e}^{\sigma T}=1$，即当点 s 在 s 平面的虚轴上时，映射为 z 平面单位圆上的点 z。

② 当 $\sigma<0$ 时，$r=\mathrm{e}^{\sigma T}<1$，即当点 s 在 s 平面的左半平面时，映射为 z 平面单位圆内的点 z。

③ 当 $\sigma>0$ 时，$r=\mathrm{e}^{\sigma T}>1$，即当点 s 在 s 平面的右半平面时，映射为 z 平面单位圆外的点 z。

④ 当 $\Omega=0$ 时，$\omega=\Omega T=0$，即 s 平面的实轴上的点 s 映射为 z 平面含原点的实正半轴上的点 z。

⑤ 当 $\Omega=\Omega_0\neq0$ 时，$\omega=\Omega_0 T$，即 s 平面上平行于实轴的直线上的点 s 映射为 z 平面上从原点出发与正半轴夹角为 $\omega=\Omega_0 T$ 的射线上的点 z。

显然，当 Ω 从 0 变化到 $\dfrac{2\pi}{T}$ 时，ω 从 0 变化到 2π，或者说当 Ω 从 $-\dfrac{\pi}{T}$ 变化到 $\dfrac{\pi}{T}$ 时，ω 从 $-\pi$ 变化到 π。当 Ω 从 $-\infty$ 变化到 ∞ 时，ω 以 2π 为周期从 $-\pi$ 变化到 π。从以上讨论可以总结出关于映射关系 $z=\mathrm{e}^{sT}$ 的如下结果。

① s 平面的一个平行于实轴、宽度为 $\dfrac{2\pi}{T}$ 的条形闭区域内的全部点将一一映射为整个 z 平面上的点。

② s 平面左半平面上的点映射为 z 平面上单位圆内的点，s 平面右半平面上的点映射为 z 平面上单位圆外的点，s 平面虚轴上的点映射为 z 平面单位圆上的点。

③ s 平面上的点到 z 平面上的点的映射 $z=\mathrm{e}^{sT}$ 是多对一的映射，是满射，不是单射。

映射关系如图 3-1 所示。

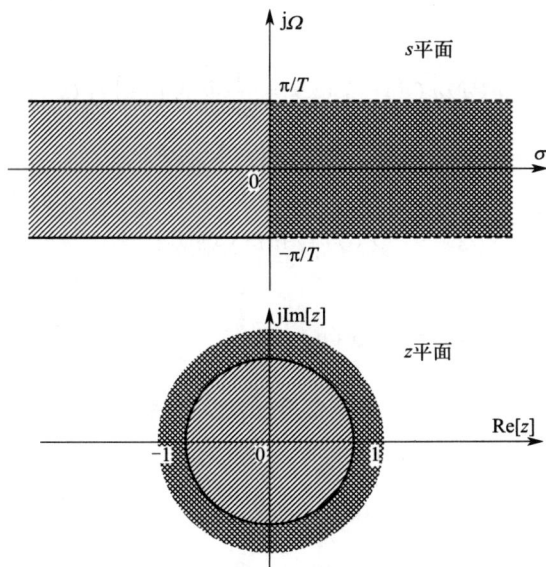

图 3-1 s 平面的点到 z 平面的点的映射关系

本章的研究内容是序列 $x(n)$ 的复频域分析——z 变换。给出了 z 变换的定义和收敛域、逆变换及 z 变换的主要性质，最后讨论了 z 变换与拉氏变换、傅里叶变换之间的内在关系。重点及难点内容总结如下。

（1）序列 $x(n)$ 的 z 变换对

$$\begin{cases} 正变换：X(z) = \sum_{n=-\infty}^{\infty} x(n) z^{-n}, & R_{x-} < |z| < R_{x+} \\ 逆变换：x(n) = \dfrac{1}{2\pi j} \oint_c X(z) z^{n-1} dz \end{cases}$$

（2）序列 $x(n)$ 的 z 变换的主要性质

线性特性：

$$k_1 x_1(n) + k_2 x_2(n) \leftrightarrow k_1 X_1(z) + k_2 X_2(z)$$
$$\max(R_{x_1-}, R_{x_2-}) < |z| < \min(R_{x_1+}, R_{x_2+})$$

移位特性：

$$x(n-m) \to z^{-m} X(z), R_{x-} < |z| < R_{x+}$$

频域尺度变换特性：

$$a^n x(n) \to X\left(\frac{z}{a}\right), |a| R_{x-} < |z| < |a| R_{x+}$$

时域卷积特性：

$$y_1(n) = x(n) * h(n) \to X(z) H(z)$$
$$\max(R_{x-}, R_{h-}) < |z| < \min(R_{x+}, R_{h+})$$

频域卷积特性：

$$y(n) = x(n) h(n) \leftrightarrow Y(z) = \frac{1}{2\pi j} \oint_c X\left(\frac{z}{v}\right) H(v) v^{-1} dv$$
$$R_{x-} R_{h-} < |z| < R_{x+} R_{h+}$$

初始值定理：

$$x(0) = \lim_{z \to \infty} X(z)$$

终值定理：

$$x(\infty) = \lim_{n \to \infty} x(n) = \lim_{z \to 1} [(z-1) X(z)]$$

抽样序列 $x(n)$ 的 z 变换 $X(z)$ 与抽样信号 $\hat{x}_a(t)$ 的拉氏变换 $\hat{X}_a(s)$、傅里叶变换 $\hat{X}_a(j\Omega)$ 之间的关系：

$$\begin{cases} X(z) \big|_{z=e^{sT}} = X(e^{sT}) = \hat{X}_a(s) \\ X(z) \big|_{z=e^{j\Omega T}} = X(e^{j\Omega T}) = \hat{X}_a(j\Omega) \\ X(e^{j\omega}) = X(z) \big|_{z=e^{j\omega}} = \sum_{n=-\infty}^{\infty} x(n) e^{-j\omega n}, \omega = \Omega T \end{cases}$$

3.1 求以下序列的 z 变换并画出零点、极点图和收敛域：

(1) $x(n)=a^{|n|}$；

(2) $x(n)=\left(\dfrac{1}{2}\right)^{n}u(n)$；

(3) $x(n)=-\left(\dfrac{1}{2}\right)^{n}u(-n-1)$；

(4) $x(n)=\dfrac{1}{n},n\geqslant 1$；

(5) $x(n)=n\sin(\omega_0 n),n\geqslant 0(\omega_0$ 为常数$)$；

(6) $x(n)=Ar^n\cos(\omega_0 n+\phi)u(n),0<r<1$；

(7) $x(n)=(n^2+n+1)u(n)$；

(8) $x(n)=\dfrac{1}{n!}u(n)$；

(9) $x(n)=a^n$；

(10) $x(n)=|n||a|^n u(-n)$；

(11) $x(n)=0.5^n[u(n)-u(n-5)]$；

(12) $x(n)=\dfrac{1}{2}[u(n)+(-1)^n u(n)]$。

3.2 利用 z 变换性质求下列序列的 z 变换。

(1) $x(n)=\delta(n-2)+2\delta(n)+4\delta(n+2)$；

(2) $x(n)=(n-1)u(n-1)$；

(3) $x(n)=2^n u(-n+1)$；

(4) $x(n)=n2^{n-1}u(n)$。

3.3 利用 z 变换性质求下列序列的卷积和。

(1) $x(n)=2^n u(n)*\left(\dfrac{2}{3}\right)^n u(n)$；

(2) $x(n)=2^n u(-n-1)*\left(\dfrac{2}{3}\right)^n u(n)$；

(3) $x(n)=e^{j\omega n}u(n)*nu(n)$；

(4) $x(n)=nu(n)*nu(n)$；

(5) $x(n)=3^n u(n-2)*\left(\dfrac{1}{3}\right)^n u(n-1)$；

(6) $x(n)=4^n u(-n-1)*\left(\dfrac{3}{5}\right)^n u(n-2)$。

3.4 有一信号 $y(n)$，它与另两个信号 $x_1(n)$ 和 $x_2(n)$ 的关系是 $y(n)=x_1(n+3)*x_2(-n-1)$，其中，$x_1(n)=\left(\dfrac{1}{2}\right)^n u(n)$，$x_2(n)=\left(\dfrac{1}{3}\right)^n u(n)$，利用 z 变换性质求 $y(n)$ 的 z 变换 $Y(z)$。

3.5 用留数定理、部分分式法求以下 $X(z)$ 的 z 逆变换。

(1) $X(z)=\dfrac{1-\dfrac{1}{2}z^{-1}}{1-\dfrac{1}{4}z^{-2}},|z|>\dfrac{1}{2}$；

(2) $X(z)=\dfrac{1-2z^{-1}}{1-\dfrac{1}{4}z^{-1}},|z|<\dfrac{1}{4}$；

(3) $X(z)=\dfrac{z^{-1}-a}{1-az^{-1}},|z|>a$；

(4) $X(z)=\dfrac{1-\dfrac{1}{4}z^{-1}}{1-\dfrac{8}{15}z^{-1}+\dfrac{1}{15}z^{-2}},\dfrac{1}{5}<|z|<\dfrac{1}{3}$。

3.6 试求下列函数的 z 逆变换。

(1) $X(z)=\dfrac{1}{1+\dfrac{1}{3}z^{-1}},|z|>\dfrac{1}{3}$；

(2) $X(z)=\dfrac{1-\dfrac{1}{2}z^{-1}}{1+\dfrac{3}{4}z^{-1}+\dfrac{1}{8}z^{-2}},|z|>\dfrac{1}{2}$；

(3) $X(z) = \dfrac{1 - \dfrac{1}{4} z^{-1}}{1 - \dfrac{8}{15} z^{-1} + \dfrac{1}{15} z^{-2}}, \dfrac{1}{5} < |z| < \dfrac{1}{3}$;　(4) $X(z) = \dfrac{z}{(z^2 - 1)(z - 1)}, |z| > 1$;

(5) $X(z) = 3 + z^{-2} + 4z^{-3}$，整个 z 平面（除去 $z = 0$）；

(6) $X(z) = \dfrac{z(z^2 - 4z + 5)}{(z - 3)(z - 2)(z - 1)}, 2 < |z| < 3$。

3.7　求下列不同收敛域条件下，$X(z) = \dfrac{0.6z}{(z - 1)(z - 0.6)}$ 的 z 逆变换 $x(n)$。

(1) 收敛域为 $|z| < 0.6$；　　　　　　　　(2) 收敛域为 $0.6 < |z| < 1$；

(3) 收敛域为 $|z| > 1$。

3.8　若存在一离散时间系统的系统函数 $H(z) = \dfrac{z(z + 5)}{(z - 3)\left(z - \dfrac{1}{3}\right)}$，根据下面的收敛域，

求系统的单位冲激响应 $h(n)$，并判断系统是否为因果的，是否为稳定的。

(1) $|z| > 3$；　　　　(2) $\dfrac{1}{3} < |z| < 3$；　　　　(3) $|z| < \dfrac{1}{3}$。

3.9　求 $x(n) = r^n \mathrm{e}^{\mathrm{j}\omega_0 n} u(n)$ 的 z 变换，利用这一结果以及 z 变换的有关性质求以下三个序列的 z 变换。

(1) $x(n) = r^n \mathrm{e}^{-\mathrm{j}\omega_0 n} u(n)$；　　　　　　(2) $x(n) = r^n \cos(\omega_0 n) u(n)$；

(3) $x(n) = r^n \sin(\omega_0 n) u(n)$。

3.10　用 z 变换法求解以下差分方程。

(1) $y(n) = 0.6 y(n - 1) + 0.3 y(n - 2) + \delta(n)$，边界条件 $y(n) = 0$，$n \leqslant -1$；

(2) $y(n) = 0.3 y(n - 1) + 0.6 u(n)$，边界条件 $y(n) = 0$，$n \leqslant -1$。

3.11　已知序列 $x(n)$ 的 z 变换 $X(z) = \dfrac{1 - 0.3 z^{-1}}{1 - 4.5 z^{-1} + 2 z^{-2}}$，讨论 $X(z)$ 所有可能的收敛域，并求各收敛域下的序列 $x(n)$。

3.12　已知序列 $x(n)$ 的 z 变换 $X(z) = (1 + 3 z^{-1})$，收敛域为 $|z| \neq 0$，求下列序列的 z 变换及其收敛域。

(1) $x_1(n) = x(2 - n) + x(n + 2)$；　　　　(2) $x_2(n) = (1 + n + n^2) x(n)$；

(3) $x_3(n) = \left(\dfrac{1}{3}\right)^n x(n - 3)$；　　　　　　(4) $x_4(n) = x(n + 1) * x(n - 1)$。

3.13　已知离散时间信号 $x(n) = a^n u(n) - b^n u(-n - 1)$。

(1) 试确定 $x(n)$ 的 z 变换存在时，常数 a, b 的取值范围；

(2) $x(n)$ 的 z 变换存在时，试计算其 z 变换及其收敛域。

3.14　已知因果序列 $x(n)$ 的 z 变换 $X(z) = \dfrac{(z - 2)(z + 1)}{5(z - 0.8)(z - 0.2)(z - 1)}$，在不计算 $X(z)$ 的 z 逆变换的情况下，求 $x(0_+)$ 和 $x(+\infty)$。

参考答案

第4章

离散时间信号的频域分析——DTFT

4.1 ◯ 离散时间信号的频域表示——离散时间傅里叶变换

离散时间信号 $x(n)$，即序列 $x(n)$ 可以是从连续时间信号抽样来的，也可以是用其他方式产生的。序列 $x(n)$ 的离散时间傅里叶变换（DTFT）定义为：

$$\mathrm{DTFT}[x(n)] = X(\mathrm{e}^{\mathrm{j}\omega}) = \sum_{n=-\infty}^{\infty} x(n)\mathrm{e}^{-\mathrm{j}\omega n} \tag{4-1}$$

显然，序列 $x(n)$ 的离散时间傅里叶变换 $X(\mathrm{e}^{\mathrm{j}\omega})$ 存在的条件是级数 $\displaystyle\sum_{n=-\infty}^{\infty} x(n)\mathrm{e}^{-\mathrm{j}\omega n}$ 收敛，收敛时，$X(\mathrm{e}^{\mathrm{j}\omega})$ 是 ω 的函数，且以 2π 为周期。事实上有：

$$
\begin{aligned}
X(\mathrm{e}^{\mathrm{j}(\omega+2\pi)}) &= \sum_{n=-\infty}^{\infty} x(n)\mathrm{e}^{-\mathrm{j}(\omega+2\pi)n} \\
&= \sum_{n=-\infty}^{\infty} x(n)\mathrm{e}^{-\mathrm{j}\omega n}\mathrm{e}^{-\mathrm{j}2\pi n} = \sum_{n=-\infty}^{\infty} x(n)\mathrm{e}^{-\mathrm{j}\omega n} = X(\mathrm{e}^{\mathrm{j}\omega})
\end{aligned}
$$

所以 $X(\mathrm{e}^{\mathrm{j}\omega}) = X(\mathrm{e}^{\mathrm{j}(\omega+2\pi)})$，$X(\mathrm{e}^{\mathrm{j}\omega})$ 是以 2π 为周期的周期函数。

当离散时间信号 $x(n)$ 满足绝对可和条件时，即满足 $\displaystyle\sum_{n=-\infty}^{\infty} |x(n)| < \infty$ 时，式（4-1）中的级数收敛，序列 $x(n)$ 的离散时间傅里叶变换 $X(\mathrm{e}^{\mathrm{j}\omega})$ 一定存在。

由第 3.4 节知，如果序列 $x(n)$ 的 z 变换 $X(z)$ 的收敛域包含单位圆，则 z 变换 $X(z)$ 限制在单位圆上的结果就是序列 $x(n)$ 的离散时间傅里叶变换 $X(\mathrm{e}^{\mathrm{j}\omega})$，为：

$$X(\mathrm{e}^{\mathrm{j}\omega}) = X(z)\,|_{z=\mathrm{e}^{\mathrm{j}\omega}} = \sum_{n=-\infty}^{\infty} x(n)\mathrm{e}^{-\mathrm{j}\omega n} \tag{4-2}$$

利用上述关系及 z 变换的逆变换，我们可以讨论序列 $x(n)$ 的离散时间傅里叶变换 $X(\mathrm{e}^{\mathrm{j}\omega})$ 的逆变换，即由 $X(\mathrm{e}^{\mathrm{j}\omega})$ 计算序列 $x(n)$，记为 $\mathrm{IDTFT}[X(\mathrm{e}^{\mathrm{j}\omega})] = x(n)$。

$$
\begin{aligned}
\mathrm{IDTFT}[X(\mathrm{e}^{\mathrm{j}\omega})] = x(n) &= Z^{-1}[X(z)]\,|_{|z|=1} \\
&= \frac{1}{2\pi\mathrm{j}} \oint_{|z|=1} X(z) z^{n-1}\,\mathrm{d}z \\
&= \frac{1}{2\pi\mathrm{j}} \int_{-\pi}^{\pi} X(\mathrm{e}^{\mathrm{j}\omega}) \mathrm{e}^{\mathrm{j}\omega(n-1)} \frac{\mathrm{d}(\mathrm{e}^{\mathrm{j}\omega})}{\mathrm{d}\omega}\,\mathrm{d}\omega
\end{aligned}
$$

$$= \frac{1}{2\pi}\int_{-\pi}^{\pi}X(\mathrm{e}^{\mathrm{j}\omega})\mathrm{e}^{\mathrm{j}\omega n}\,\mathrm{d}\omega$$

这样就得到了离散时间傅里叶变换的逆变换公式:

$$\mathrm{IDTFT}[X(\mathrm{e}^{\mathrm{j}\omega})]=x(n)=\frac{1}{2\pi}\int_{-\pi}^{\pi}X(\mathrm{e}^{\mathrm{j}\omega})\mathrm{e}^{\mathrm{j}\omega n}\,\mathrm{d}\omega \tag{4-3}$$

序列 $x(n)$ 与 $X(\mathrm{e}^{\mathrm{j}\omega})$ 形成离散时间傅里叶变换的变换对:

$$\begin{cases} \text{正变换:} \quad X(\mathrm{e}^{\mathrm{j}\omega})=\sum_{n=-\infty}^{\infty}x(n)\mathrm{e}^{-\mathrm{j}\omega n} \\[3mm] \text{逆变换:} \quad x(n)=\frac{1}{2\pi}\int_{-\pi}^{\pi}X(\mathrm{e}^{\mathrm{j}\omega})\mathrm{e}^{\mathrm{j}\omega n}\,\mathrm{d}\omega \end{cases} \tag{4-4}$$

序列 $x(n)$ 的离散时间傅里叶变换对,也可以简记为 $x(n)\leftrightarrow X(\mathrm{e}^{\mathrm{j}\omega})$。$X(\mathrm{e}^{\mathrm{j}\omega})$ 是 ω 的连续函数,且以 2π 为周期,ω 称为离散时间信号的数字角频率。如果序列 $x(n)$ 是以采样周期 T 对模拟信号抽样得到的,则有 $\omega=\Omega T$,其中,Ω 是连续时间信号的模拟角频率。

$X(\mathrm{e}^{\mathrm{j}\omega})$ 是以数字角频率 ω 为变量的复值函数,是序列的频谱密度函数,简称为序列的频谱,可以有两种表示方式:

$$\begin{cases} X(\mathrm{e}^{\mathrm{j}\omega})=|X(\mathrm{e}^{\mathrm{j}\omega})|\mathrm{e}^{\mathrm{j}\phi(\omega)}=|X(\mathrm{e}^{\mathrm{j}\omega})|\exp\{\mathrm{jarg}[X(\mathrm{e}^{\mathrm{j}\omega})]\} \\[2mm] X(\mathrm{e}^{\mathrm{j}\omega})=\mathrm{Re}[X(\mathrm{e}^{\mathrm{j}\omega})]+\mathrm{jIm}[X(\mathrm{e}^{\mathrm{j}\omega})] \end{cases} \tag{4-5}$$

式中,$|X(\mathrm{e}^{\mathrm{j}\omega})|$ 称为序列的幅度频谱,简称为幅度谱;$\phi(\omega)=\arg[X(\mathrm{e}^{\mathrm{j}\omega})]$ 称为序列的相位频谱,简称为相位谱;$\mathrm{Re}[X(\mathrm{e}^{\mathrm{j}\omega})]$ 是频谱的实部;$\mathrm{Im}[X(\mathrm{e}^{\mathrm{j}\omega})]$ 是频谱的虚部。

后续可以证明,当序列 $x(n)$ 是实数序列时,幅度谱 $|X(\mathrm{e}^{\mathrm{j}\omega})|$ 是关于 ω 的偶函数,如图 4-1 所示。相位谱是关于 ω 的奇函数。

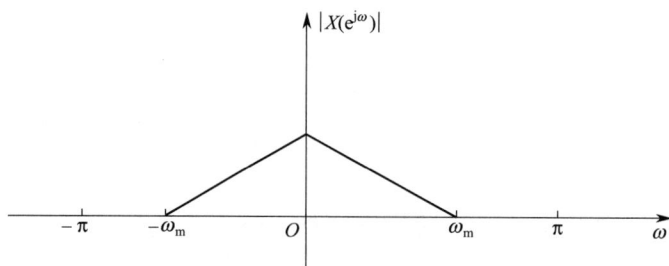

图 4-1 序列的幅度谱 $|X(\mathrm{e}^{\mathrm{j}\omega})|$

4.2 ○ 离散时间傅里叶变换的性质

4.2.1 离散时间傅里叶变换的部分性质

序列 $x(n)$ 的离散时间傅里叶变换 $X(\mathrm{e}^{\mathrm{j}\omega})$ 是序列 $x(n)$ 的 z 变换 $X(z)$ 限制在单位圆上的结果。所以序列离散时间傅里叶变换(DTFT)的性质可以由序列 z 变换的性质得到。事实上,对于 z 变换的每一条性质,将 z 换成 $\mathrm{e}^{\mathrm{j}\omega}$ 就可得到对应的离散时间傅里叶变换的性质，如表 4-1、表 4-2 所示。

表 4-1　离散时间傅里叶变换的性质一

序列 $x(n)$	z 变换 $X(z)$	DTFT $X(\mathrm{e}^{\mathrm{j}\omega})$
$x(n-m)$	$z^{-m}X(z)$	$\mathrm{e}^{-\mathrm{j}\omega m}X(\mathrm{e}^{\mathrm{j}\omega})$
$a^{n}x(n)$	$X\left(\dfrac{z}{a}\right)$	$X\left(\dfrac{1}{a}\mathrm{e}^{\mathrm{j}\omega}\right)$
$nx(n)$	$-z\dfrac{\mathrm{d}}{\mathrm{d}z}X(z)$	$-\mathrm{e}^{\mathrm{j}\omega}\dfrac{\mathrm{d}}{\mathrm{d}(\mathrm{e}^{\mathrm{j}\omega})}X(\mathrm{e}^{\mathrm{j}\omega})$
$x^{*}(n)$	$X^{*}(z^{*})$	$X^{*}(\mathrm{e}^{-\mathrm{j}\omega})$
$x(-n)$	$X\left(\dfrac{1}{z}\right)$	$X(\mathrm{e}^{-\mathrm{j}\omega})$
$x^{*}(-n)$	$X^{*}\left(\dfrac{1}{z^{*}}\right)$	$X^{*}(\mathrm{e}^{\mathrm{j}\omega})$

表 4-2　离散时间傅里叶变换的性质二

序列 $x(n)$	z 变换 $X(z)$	DTFT $X(\mathrm{e}^{\mathrm{j}\omega})$
$h(n)$	$H(z)$	$H(\mathrm{e}^{\mathrm{j}\omega})$
$ax(n)+bh(n)$	$aX(z)+bH(z)$	$aX(\mathrm{e}^{\mathrm{j}\omega})+bH(\mathrm{e}^{\mathrm{j}\omega})$
$x(n)*h(n)$	$X(z)H(z)$	$X(\mathrm{e}^{\mathrm{j}\omega})H(\mathrm{e}^{\mathrm{j}\omega})$
$x(n)h(n)$	$\dfrac{1}{2\pi\mathrm{j}}\oint_{c}X(v)H\left(\dfrac{z}{v}\right)v^{-1}\mathrm{d}v$	$\dfrac{1}{2\pi}\displaystyle\int_{-\pi}^{\pi}X(\mathrm{e}^{\mathrm{j}\theta})H(\mathrm{e}^{\mathrm{j}(\omega-\theta)})\mathrm{d}\theta$

例 4-1　无线通信中，经常需要分析信号的频谱特性以了解其传输特性和潜在的干扰问题。假设有一个用于无线通信的数字调制信号 $x(n)$，信号由以下数学表达式描述：

$$x(n)=\sum_{k=0}^{N-1}a_{k}\cos(2\pi f_{k}n+\phi_{k})$$

需要通过离散时间傅里叶变换（DTFT）来分析其频谱，以便优化传输策略和减少干扰。求该数字调制信号 $x(n)$ 的离散时间傅里叶变换（DTFT）。

解： 余弦函数可以表示为两个复数指数的和：$\cos\theta=\dfrac{1}{2}(\mathrm{e}^{\mathrm{j}\theta}+\mathrm{e}^{-\mathrm{j}\theta})$。将这一性质应用到给定的信号 $x(n)$ 上，我们得到：

$$x(n)=\sum_{k=0}^{N-1}a_{k}\left[\frac{\mathrm{e}^{\mathrm{j}(2\pi f_{k}n+\phi_{k})}+\mathrm{e}^{-\mathrm{j}(2\pi f_{k}n+\phi_{k})}}{2}\right]=\frac{1}{2}\sum_{k=0}^{N-1}a_{k}\mathrm{e}^{\mathrm{j}(2\pi f_{k}n+\phi_{k})}+\frac{1}{2}\sum_{k=0}^{N-1}a_{k}\mathrm{e}^{-\mathrm{j}(2\pi f_{k}n+\phi_{k})}$$

对 $x(n)$ 进行 DTFT，得到：

$$X(\mathrm{e}^{\mathrm{j}\omega})=\frac{1}{2}\sum_{n=-\infty}^{\infty}\left[\sum_{k=0}^{N-1}a_{k}\mathrm{e}^{\mathrm{j}(2\pi f_{k}n+\phi_{k})}\right]\mathrm{e}^{-\mathrm{j}\omega n}+\frac{1}{2}\sum_{n=-\infty}^{\infty}\left[\sum_{k=0}^{N-1}a_{k}\mathrm{e}^{-\mathrm{j}(2\pi f_{k}n+\phi_{k})}\right]\mathrm{e}^{-\mathrm{j}\omega n}$$

由于 DTFT 是线性的，并且满足时不变性质，可以将内部的求和与外部的求和分开，并分别处理两个指数项。

对于第一个指数项：

$$\frac{1}{2}\sum_{k=0}^{N-1}a_{k}\sum_{n=-\infty}^{\infty}\mathrm{e}^{\mathrm{j}(2\pi f_{k}-\omega)n}\mathrm{e}^{\mathrm{j}\phi_{k}}$$

由于 $\sum\limits_{n=-\infty}^{\infty} e^{j(2\pi f_k-\omega)n}$ 是一个复指数序列的 DTFT，它等于 $2\pi\delta(\omega-2\pi f_k)$（当且仅当 $\omega=2\pi f_k$ 时非零），因此上式变为：

$$\frac{1}{2}\sum_{k=0}^{N-1} a_k e^{j\phi_k}[2\pi\delta(\omega-2\pi f_k)]$$

对于第二个指数项，我们得到类似的结果，但是注意频率是负的：

$$\frac{1}{2}\sum_{k=0}^{N-1} a_k e^{-j\phi_k}[2\pi\delta(\omega+2\pi f_k)]$$

将两个结果相加，我们得到最终的 DTFT：

$$X(e^{j\omega})=\pi\sum_{k=0}^{N-1} a_k [e^{j\phi_k}\delta(\omega-2\pi f_k)+e^{-j\phi_k}\delta(\omega+2\pi f_k)]$$

4.2.2 离散时间傅里叶变换的对称性质

除了上述性质之外，我们重点介绍序列 $x(n)$ 的离散时间傅里叶变换 $X(e^{j\omega})$ 的对称性质。

在第 1 章已经讨论过，任意复数序列 $x(n)$，都可以有两种表示形式：

$$x(n)=\text{Re}[x(n)]+j\text{Im}[x(n)] \tag{4-6}$$

$$x(n)=x_e(n)+x_o(n) \tag{4-7}$$

式中，$x_e(n)$ 是序列 $x(n)$ 的共轭对称分量；$x_o(n)$ 是序列 $x(n)$ 的共轭反对称分量。有：

$$x_e(n)=\frac{x(n)+x^*(-n)}{2} \tag{4-8}$$

$$x_o(n)=\frac{x(n)-x^*(-n)}{2} \tag{4-9}$$

对于序列 $x(n)$ 的离散时间傅里叶变换 $X(e^{j\omega})$，也可以有两种表示形式：

$$\begin{cases} X(e^{j\omega})=\text{Re}[X(e^{j\omega})]+j\text{Im}[X(e^{j\omega})] \\ X(e^{j\omega})=X_e(e^{j\omega})+X_o(e^{j\omega}) \end{cases} \tag{4-10}$$

式中，$X_e(e^{j\omega})$ 是 $X(e^{j\omega})$ 的共轭对称分量；$X_o(e^{j\omega})$ 是 $X(e^{j\omega})$ 的共轭反对称分量。满足如下对称条件：

$$\begin{cases} X_e(e^{j\omega})=X_e^*(e^{-j\omega}) \\ X_o(e^{j\omega})=-X_o^*(e^{-j\omega}) \end{cases} \tag{4-11}$$

$X_e(e^{j\omega})$、$X_o(e^{j\omega})$ 由 $X(e^{j\omega})$ 计算得到：

$$\begin{cases} X_e(e^{j\omega})=\frac{1}{2}[X(e^{j\omega})+X^*(e^{-j\omega})] \\ X_o(e^{j\omega})=\frac{1}{2}[X(e^{j\omega})-X^*(e^{-j\omega})] \end{cases} \tag{4-12}$$

事实上，由式(4-12)知：

$$X_e^*(e^{-j\omega})=[X_e(e^{j(-\omega)})]^*=\{\frac{1}{2}[X(e^{j(-\omega)})+X^*(e^{-j(-\omega)})]\}^*$$

$$= \frac{1}{2} [X^*(e^{-j\omega}) + X(e^{j\omega})]$$

$$= X_e(e^{j\omega})$$

所以 $X_e(e^{j\omega})$ 是共轭对称的，同理 $X_o(e^{j\omega})$ 是共轭反对称的。

由离散时间傅里叶变换的性质（表 4-1）知：

$$x(n) \leftrightarrow X(e^{j\omega})$$

$$x^*(n) \leftrightarrow X^*(e^{-j\omega})$$

$$x^*(-n) \leftrightarrow X^*(e^{j\omega})$$

由离散时间傅里叶变换的线性特性可以得到如下变换性质：

① 序列 $x(n)$ 的实部序列 $\mathrm{Re}[x(n)]$ 的 DTFT。因为 $\mathrm{Re}[x(n)] = \frac{1}{2}[x(n) + x^*(n)]$，所以有：

$$\mathrm{Re}[x(n)] \leftrightarrow \frac{1}{2}[X(e^{j\omega}) + X^*(e^{-j\omega})] = X_e(e^{j\omega}) \tag{4-13}$$

可见，实部序列 $\mathrm{Re}[x(n)]$ 的 DTFT 是 $X(e^{j\omega})$ 的共轭对称分量。

② 序列 $x(n)$ 的 j 倍虚部序列 $\mathrm{jIm}[x(n)]$ 的 DTFT。因为 $\mathrm{jIm}[x(n)] = \frac{1}{2}[x(n) - x^*(n)]$，所以有：

$$\mathrm{jIm}[x(n)] \leftrightarrow \frac{1}{2}[X(e^{j\omega}) - X^*(e^{-j\omega})] = X_o(e^{j\omega}) \tag{4-14}$$

可见，序列 $x(n)$ 的 j 倍虚部序列 $\mathrm{jIm}[x(n)]$ 的 DTFT 是 $X(e^{j\omega})$ 的共轭反对称分量。

③ 序列 $x(n)$ 的共轭对称分量 $x_e(n)$ 的 DTFT。由于 $x_e(n) = \frac{x(n) + x^*(-n)}{2}$，所以有：

$$x_e(n) \leftrightarrow \frac{1}{2}[X(e^{j\omega}) + X^*(e^{j\omega})] = \mathrm{Re}[X(e^{j\omega})] \tag{4-15}$$

可见，序列 $x(n)$ 的共轭对称分量 $x_e(n)$ 的 DTFT 是 $X(e^{j\omega})$ 的实部分量。

④ 序列 $x(n)$ 的共轭反对称分量 $x_o(n)$ 的 DTFT。由于 $x_o(n) = \frac{x(n) - x^*(-n)}{2}$，所以有：

$$x_o(n) \leftrightarrow \frac{1}{2}[X(e^{j\omega}) - X^*(e^{j\omega})] = \mathrm{jIm}[X(e^{j\omega})] \tag{4-16}$$

可见，序列 $x(n)$ 的共轭反对称分量 $x_o(n)$ 的 DTFT 是 $X(e^{j\omega})$ 的虚部分量乘以 j。

如果序列 $x(n)$ 是实数序列，则有 $x(n) = \mathrm{Re}[x(n)]$，$\mathrm{Im}[x(n)] = 0$。此时有：

$$\begin{cases} \mathrm{Re}[x(n)] \leftrightarrow X_e(e^{j\omega}) \\ \mathrm{Im}[x(n)] \leftrightarrow 0 \end{cases}$$

这说明，实数序列 $x(n)$ 的离散时间傅里叶变换 $X(e^{j\omega})$ 满足共轭对称特性，即满足 $X(e^{j\omega}) = X_e(e^{j\omega})$，且 $X(e^{j\omega}) = X^*(e^{-j\omega})$。由于 $X(e^{j\omega}) = \mathrm{Re}[X(e^{j\omega})] + \mathrm{jIm}[X(e^{j\omega})]$，$X^*(e^{-j\omega}) = \mathrm{Re}[X(e^{-j\omega})] - \mathrm{jIm}[X(e^{-j\omega})]$，比较可得：

$$\begin{cases} \mathrm{Re}[X(\mathrm{e}^{\mathrm{j}\omega})]=\mathrm{Re}[X(\mathrm{e}^{-\mathrm{j}\omega})] \\ \mathrm{Im}[X(\mathrm{e}^{\mathrm{j}\omega})]=-\mathrm{Im}[X(\mathrm{e}^{-\mathrm{j}\omega})] \end{cases} \tag{4-17}$$

说明：实数序列 $x(n)$ 的离散时间傅里叶变换 $X(\mathrm{e}^{\mathrm{j}\omega})$ 的实部是 ω 的偶函数，虚部是 ω 的奇函数。

对于实数序列 $x(n)$，$X(\mathrm{e}^{\mathrm{j}\omega})=X^*(\mathrm{e}^{-\mathrm{j}\omega})$，$X(\mathrm{e}^{\mathrm{j}\omega})=|X(\mathrm{e}^{\mathrm{j}\omega})|\exp\{\mathrm{jarg}[X(\mathrm{e}^{\mathrm{j}\omega})]\}$，$X^*(\mathrm{e}^{-\mathrm{j}\omega})=|X(\mathrm{e}^{-\mathrm{j}\omega})|\exp\{-\mathrm{jarg}[X(\mathrm{e}^{-\mathrm{j}\omega})]\}$，比较可得：

$$\begin{cases} |X(\mathrm{e}^{\mathrm{j}\omega})|=|X(\mathrm{e}^{-\mathrm{j}\omega})| \\ \mathrm{arg}[X(\mathrm{e}^{\mathrm{j}\omega})]=-\mathrm{arg}[X(\mathrm{e}^{-\mathrm{j}\omega})] \end{cases} \tag{4-18}$$

说明：实数序列 $x(n)$ 的离散时间傅里叶变换 $X(\mathrm{e}^{\mathrm{j}\omega})$ 的幅度谱 $|X(\mathrm{e}^{\mathrm{j}\omega})|$ 是 ω 的偶函数，相位谱 $\phi(\omega)=\mathrm{arg}[X(\mathrm{e}^{\mathrm{j}\omega})]$ 是 ω 的奇函数。

如果序列 $x(n)$ 是实数序列，且是偶对称序列，则 $x(n)=x(-n)=x_\mathrm{e}(n)$。此时有：

$$x(n)=x_\mathrm{e}(n)\leftrightarrow X(\mathrm{e}^{\mathrm{j}\omega})=\mathrm{Re}[X(\mathrm{e}^{\mathrm{j}\omega})] \tag{4-19}$$

所以，偶对称实数序列 $x(n)$ 的离散时间傅里叶变换 $X(\mathrm{e}^{\mathrm{j}\omega})$ 是 ω 的实值函数。

例 4-2 在音频信号处理中，经常需要分析音频信号的频谱特性。假设正在研究一种音频信号压缩算法，该算法利用 DTFT 的对称性质来减少计算量。算法只计算 $X(\mathrm{e}^{\mathrm{j}\omega})$ 在 $[0,\pi]$ 范围内的值，并利用 DTFT 的对称性质来恢复 $[-\pi,0)$ 范围内的值。

① 解释为什么只计算 $[0,\pi]$ 范围内的值就足够了。

② 描述如何利用 DTFT 的对称性质由 $[0,\pi]$ 范围内的值恢复 $[-\pi,0)$ 范围内的值。

解：① 在音频信号处理中，我们处理的信号通常是实数信号，这意味着信号在时域内是实数序列。对于实数信号，其离散时间傅里叶变换（DTFT）具有共轭对称性。具体来说，如果 $X(\mathrm{e}^{\mathrm{j}\omega})$ 是实数信号 $x(n)$ 的 DTFT，则满足：$X(\mathrm{e}^{-\mathrm{j}\omega})=X^*(\mathrm{e}^{\mathrm{j}\omega})$。

由于 ω 的范围是 $[-\pi,\pi]$，且 $X(\mathrm{e}^{\mathrm{j}\omega})$ 是周期函数，周期为 2π，我们可以得出以下结论：

当 $\omega\in[0,\pi]$ 时，$X(\mathrm{e}^{\mathrm{j}\omega})$ 是直接通过 DTFT 计算得到的。

当 $\omega\in[-\pi,0)$ 时，由于共轭对称性，$X(\mathrm{e}^{\mathrm{j}\omega})$ 的值可以通过取 $\omega\in[0,\pi]$ 区间内的值对应的复共轭来得到，即 $X(\mathrm{e}^{\mathrm{j}\omega})=X^*(\mathrm{e}^{\mathrm{j}(-\omega)})=X^*(\mathrm{e}^{\mathrm{j}\omega'})$。

因此，我们只需要计算 $\omega\in[0,\pi]$ 范围内的 DTFT，就可以利用共轭对称性恢复整个 $[-\pi,\pi]$ 范围内的频谱，从而大大减少计算量。

② 使用 DTFT 的定义计算实数信号 $x(n)$ 在 $\omega\in[0,\pi]$ 范围内的频谱 $X(\mathrm{e}^{\mathrm{j}\omega})$。创建一个与原始信号频谱相同长度的数组或数据结构，用于存储恢复后的整个频谱 $X_\mathrm{full}(\mathrm{e}^{\mathrm{j}\omega})$，其中，$\omega\in[-\pi,\pi]$。将计算得到的 $[0,\pi]$ 范围内的频谱值直接复制到 $X_\mathrm{full}(\mathrm{e}^{\mathrm{j}\omega})$ 的对应位置。

a) 对于 $\omega\in[-\pi,0)$，计算对应的正频率值 $\omega'=-\omega$ [注意 $\omega'\in(0,\pi]$]。

b) 从 $X(\mathrm{e}^{\mathrm{j}\omega})$ 中取出 ω' 对应的值 $X(\mathrm{e}^{\mathrm{j}\omega'})$。

c) 计算 $X(\mathrm{e}^{\mathrm{j}\omega'})$ 的复共轭 $X^*(\mathrm{e}^{\mathrm{j}\omega'})$。

d) 将 $X^*(\mathrm{e}^{\mathrm{j}\omega'})$ 赋值给 $X_\mathrm{full}(\mathrm{e}^{\mathrm{j}\omega})$ 中 ω 对应的位置。

如果原始信号中包含直流分量（即 $\omega=0$ 时的值），需要特别注意。因为 $\omega=0$ 时，共轭对称性不直接适用。通常直流分量是实数，且关于 $\omega=0$ 对称，所以可以直接将其复制到 $X_\mathrm{full}(\mathrm{e}^{\mathrm{j}0})$ 的位置。

此时，$X_{\text{full}}(\mathrm{e}^{\mathrm{j}\omega})$ 包含了整个 $\omega \in [-\pi, \pi]$ 范围内的频谱值，可以用于进一步的音频处理或分析。

本章小结

本章的内容是讨论离散时间信号——序列 $x(n)$ 的离散时间傅里叶变换（DTFT）$X(\mathrm{e}^{\mathrm{j}\omega})$，也就是对离散时间信号做频域分析，分析序列的频域特性。给出了离散时间信号的傅里叶变换的定义和主要性质。重点和难点内容包括以下部分。

（1）离散时间傅里叶变换对

序列 $x(n)$ 与 $X(\mathrm{e}^{\mathrm{j}\omega})$ 形成离散时间傅里叶变换的变换对，$x(n) \leftrightarrow X(\mathrm{e}^{\mathrm{j}\omega})$。

$$
\begin{cases}
\text{正变换：} & X(\mathrm{e}^{\mathrm{j}\omega}) = \sum_{n=-\infty}^{\infty} x(n)\mathrm{e}^{-\mathrm{j}\omega n} \\
\text{逆变换：} & x(n) = \dfrac{1}{2\pi}\int_{-\pi}^{\pi} X(\mathrm{e}^{\mathrm{j}\omega})\mathrm{e}^{\mathrm{j}\omega n}\,\mathrm{d}\omega
\end{cases}
$$

$X(\mathrm{e}^{\mathrm{j}\omega}) = |X(\mathrm{e}^{\mathrm{j}\omega})|\mathrm{e}^{\mathrm{j}\phi(\omega)}$ 是以 2π 为周期的连续周期函数。

（2）卷积特性

时域卷积定理：

$$
x(n) * h(n) \leftrightarrow X(\mathrm{e}^{\mathrm{j}\omega})H(\mathrm{e}^{\mathrm{j}\omega})
$$

频域卷积定理：

$$
x(n)h(n) \leftrightarrow \frac{1}{2\pi}\int_{-\pi}^{\pi} X(\mathrm{e}^{\mathrm{j}\theta})H(\mathrm{e}^{\mathrm{j}(\omega-\theta)})\,\mathrm{d}\theta
$$

（3）离散时间傅里叶变换的对称特性

$$
\begin{cases}
x(n) = \mathrm{Re}[x(n)] + \mathrm{jIm}[x(n)] \\
x(n) = x_{\mathrm{e}}(n) + x_{\mathrm{o}}(n)
\end{cases}
$$

$$
\mathrm{Re}[x(n)] \leftrightarrow \frac{1}{2}[X(\mathrm{e}^{\mathrm{j}\omega}) + X^*(\mathrm{e}^{-\mathrm{j}\omega})] = X_{\mathrm{e}}(\mathrm{e}^{\mathrm{j}\omega})
$$

$$
\mathrm{jRe}[x(n)] \leftrightarrow \frac{1}{2}[X(\mathrm{e}^{\mathrm{j}\omega}) - X^*(\mathrm{e}^{-\mathrm{j}\omega})] = X_{\mathrm{o}}(\mathrm{e}^{\mathrm{j}\omega})
$$

$$
x_{\mathrm{e}}(n) \leftrightarrow \frac{1}{2}[X(\mathrm{e}^{\mathrm{j}\omega}) + X^*(\mathrm{e}^{\mathrm{j}\omega})] = \mathrm{Re}[X(\mathrm{e}^{\mathrm{j}\omega})]
$$

$$
x_{\mathrm{o}}(n) \leftrightarrow \frac{1}{2}[X(\mathrm{e}^{\mathrm{j}\omega}) - X^*(\mathrm{e}^{\mathrm{j}\omega})] = \mathrm{jIm}[X(\mathrm{e}^{\mathrm{j}\omega})]
$$

（4）实数序列

实数序列 $x(n)$ 的离散时间傅里叶变换 $X(\mathrm{e}^{\mathrm{j}\omega})$ 的幅度谱 $|X(\mathrm{e}^{\mathrm{j}\omega})|$ 是 ω 的偶函数，相位谱 $\phi(\omega) = \arg[X(\mathrm{e}^{\mathrm{j}\omega})]$ 是 ω 的奇函数。

偶对称的实数序列 $x(n)$ 的离散时间傅里叶变换 $X(\mathrm{e}^{\mathrm{j}\omega})$ 是关于 ω 的实值函数。

4.1 求以下序列 $x(n)$ 的频谱 $X(e^{j\omega})$。

(1) $x(n)=\delta(n-n_0)$；　　　　　　　　(2) $x(n)=e^{-an}u(n)$；

(3) $x(n)=a^n R_N(n)$；　　　　　　　　(4) $x(n)=e^{-an}u(n)\cos(\omega_0 n)$；

(5) $x(n)=e^{-(a+j\omega_0)n}u(n)$；　　　　(6) $x(n)=a^n u(n-3),|a|<1$；

(7) $x(n)=4\delta(n+3)+\dfrac{1}{2}\delta(n)+4\delta(n-3)$；

(8) $x(n)=R_9(n+4)$。

4.2 已知 $x(n)$ 有离散时间傅里叶变换 $X(e^{j\omega})$，用 $X(e^{j\omega})$ 表示下列信号的离散时间傅里叶变换：

(1) $x_1(n)=x(1-n)+x(-1-n)$；　　(2) $x_2(n)=\dfrac{x^*(-n)+x(n)}{2}$；

(3) $x_3(n)=(n-1)^2 x(n)$；　　　　　(4) $x_4(n)=x(2n)$；

(5) $x_5(n)=\begin{cases}x\left(\dfrac{n}{2}\right),n\text{ 为偶数}\\0,n\text{ 为奇数}\end{cases}$；　　(6) $x_6(n)=x^2(n)$；

(7) $x_7(n)=\cos(\omega_0 n)x(n)$；　　　(8) $x_8(n)=x(n)R_5(n)$。

4.3 设实数序列 $x(n)$ 的 DTFT 为 $X(e^{j\omega})$。

(1) 证明：若序列 $x(n)$ 是偶对称的，则 $x(n)=\dfrac{1}{\pi}\int_0^\pi X(e^{j\omega})\cos(\omega n)d\omega$；

(2) 证明：若序列 $x(n)$ 是奇对称的，则 $x(n)=\dfrac{j}{\pi}\int_0^\pi X(e^{j\omega})\sin(\omega n)d\omega$。

4.4 求因果序列 $x(n)=Aa^n\sin(\omega_0 n+\theta)u(n)$ 的离散时间傅里叶变换 $X(e^{j\omega})$，其中 A，a，ω_0，θ 都是实数，且 $|a|<1$。

4.5 已知序列 $x(n)=\delta(n+1)+2\delta(n)+\delta(n-1)+\delta(n-3)+2\delta(n-4)+\delta(n-5)$ 的 DTFT 为 $X(e^{j\omega})$，试在不计算 $X(e^{j\omega})$ 的情况下，完成下列计算。

(1) $X(e^{j\omega})|_{\omega=0}$；　(2) $\int_{-\pi}^{\pi}X(e^{j\omega})d\omega$；　(3) $\int_{-\pi}^{\pi}|X(e^{j\omega})|^2 d\omega$。

4.6 若序列 $x(n)$ 是实因果序列，$x(n)$ 的离散时间傅里叶变换 $X(e^{j\omega})$ 的实部为 $\text{Re}[X(e^{j\omega})]=1+\cos\omega+\cos(2\omega)$，试求序列 $x(n)$ 及 $X(e^{j\omega})$。

参考答案

第5章

有限长序列的频域分析——离散傅里叶变换（DFT）

随着信息技术的不断发展，信号的分析与处理都是针对数字信号。一般的模拟信号的处理是通过抽样、量化、编码等转换成数字信号，再进一步分析和处理，需要的时候再重建为模拟信号。为了实现信号的快速运算处理，一般需要将抽样序列截短变成有限长序列再进行分析处理。因此，我们需要对有限长离散时间信号进行频谱分析，这就是有限长离散时间信号的傅里叶变换——离散傅里叶变换（DFT）。在这一章，我们首先介绍四种类型信号的傅里叶变换形式，进而研究周期序列的傅里叶变换——离散傅里叶级数（DFS），给出有限长序列的离散傅里叶变换的定义，并做详细分析，重点研究的内容就是有限长序列的离散傅里叶变换的定义、性质及其应用。

5.1 ❯ 信号傅里叶变换的四种形式

信号 $x(t)$ 的时域变量 t 是连续取值还是离散取值，信号 $x(t)$ 是周期信号还是非周期信号，按照这个分类可以将信号分为四类，分别是连续时间非周期信号、连续时间周期信号、离散时间非周期信号和离散时间周期信号。这四类信号的傅里叶变换分别对应四种形式。

① 连续时间非周期信号 $x(t)$ 的傅里叶变换（CTFT）。频谱 $X(\mathrm{j}\Omega)$ 是非周期连续的。

$$\begin{cases} 正变换: X(\mathrm{j}\Omega) = \int_{-\infty}^{\infty} x(t)\mathrm{e}^{-\mathrm{j}\Omega t}\,\mathrm{d}t \\ 逆变换: x(t) = \dfrac{1}{2\pi}\int_{-\infty}^{\infty} X(\mathrm{j}\Omega)\mathrm{e}^{\mathrm{j}\Omega t}\,\mathrm{d}\Omega \end{cases} \tag{5-1}$$

② 连续周期信号 $\tilde{x}(t)$ 的傅里叶级数（CTFS）。频谱 $X(n\Omega_0)$ 是非周期离散的。

$$\begin{cases} 正变换: X(n\Omega_0) = \dfrac{1}{T_0}\int_{-T_0/2}^{T_0/2} x(t)\mathrm{e}^{-\mathrm{j}n\Omega_0 t}\,\mathrm{d}t \\ 逆变换: x(t) = \displaystyle\sum_{n=-\infty}^{\infty} X(n\Omega_0)\mathrm{e}^{\mathrm{j}n\Omega_0 t} \end{cases} \tag{5-2}$$

式中，T_0 是周期信号 $\tilde{x}(t)$ 的周期；谱线间隔 $\Omega_0 = \dfrac{2\pi}{T_0}$。

③ 离散时间非周期信号——序列 $x(n) = x(nT)$ 的离散时间傅里叶变换（DTFT）。频谱 $X(\mathrm{e}^{\mathrm{j}\Omega T}) = X(\mathrm{e}^{\mathrm{j}\omega})$ 是周期连续的。

$$\begin{cases} 正变换:X(\mathrm{e}^{\mathrm{j}\Omega T}) = \sum_{n=-\infty}^{\infty} x(nT)\mathrm{e}^{-\mathrm{j}n\Omega T} = \sum_{n=-\infty}^{\infty} x(n)\mathrm{e}^{-\mathrm{j}n\omega} = X(\mathrm{e}^{\mathrm{j}\omega}) \\[2mm] 逆变换:\dfrac{1}{\Omega_s}\displaystyle\int_{-\Omega_s/2}^{\Omega_s/2} X(\mathrm{e}^{\mathrm{j}\Omega T})\mathrm{e}^{\mathrm{j}n\Omega T}\,\mathrm{d}\Omega = \dfrac{1}{2\pi}\int_{-\pi}^{\pi} X(\mathrm{e}^{\mathrm{j}\omega})\mathrm{e}^{\mathrm{j}\omega n}\,\mathrm{d}\omega = x(n) \end{cases} \tag{5-3}$$

式中，$\omega = \Omega T$ 称为离散时间信号 $x(n)$ 的数字角频率；频谱 $X(\mathrm{e}^{\mathrm{j}\omega})$ 的周期为 2π。

④ 离散时间周期信号——周期序列 $\widetilde{x}(n)$ 的离散傅里叶级数（DFS）。频谱 $\widetilde{X}(k)$ 是周期离散的。

$$\begin{cases} 正变换:\widetilde{X}(k) = \sum_{n=0}^{N-1} \widetilde{x}(n)\mathrm{e}^{-\mathrm{j}\frac{2\pi}{N}nk} \\[2mm] 逆变换:\widetilde{x}(n) = \dfrac{1}{N}\sum_{k=0}^{N-1} \widetilde{X}(k)\mathrm{e}^{\mathrm{j}\frac{2\pi}{N}nk} \end{cases} \tag{5-4}$$

式中，N 为周期序列 $\widetilde{x}(n)$ 的周期，也是离散频谱 $\widetilde{X}(k)$ 的周期；k 表示的数字角频率为 $\omega = \dfrac{2\pi}{N}k$。

第四种类型信号的傅里叶变换正是这一章我们需要介绍的一种傅里叶变换——周期序列的离散傅里叶级数。

从四种类型信号的傅里叶变换可以看出，信号在时域的连续、离散、非周期、周期特性与其傅里叶变换在频域的非周期、周期、连续、离散特性对应，如表 5-1 所示。

表 5-1 信号特性在时域与频域的对应关系

时域信号	频域信号
连续的	非周期的
离散的	周期的
非周期的	连续的
周期的	离散的

5.2 ◯ 周期序列的离散傅里叶级数（DFS）

为了导出有限长序列的离散傅里叶变换的定义，我们先讨论周期序列的离散傅里叶级数的定义及其性质。

5.2.1 周期序列的离散傅里叶级数

一个周期为 N 的序列记为 $\widetilde{x}(n)$。类似于连续时间周期信号的傅里叶级数分解，我们也可以将周期为 N 的序列 $\widetilde{x}(n)$ 进行傅里叶级数分解。

假设周期为 N 的序列 $\widetilde{x}(n)$ 是对连续周期信号 $\widetilde{x}(t)$ 抽样得到的。对于以 T_0 为周期的连续时间信号 $\widetilde{x}(t)$，由周期信号的傅里叶级数分解的逆变换知：

$$\widetilde{x}(t) = \sum_{k=-\infty}^{\infty} X(k\Omega_0)\mathrm{e}^{\mathrm{j}k\Omega_0 t},\ \Omega_0 = \frac{2\pi}{T_0}$$

对 $\widetilde{x}(t)$ 进行等间隔抽样，抽样间隔 $T_s = \dfrac{T_0}{N}$，将得到以 N 为周期的周期序列 $\widetilde{x}(n) = \widetilde{x}(nT_s)$。

$$\widetilde{x}(n) = \widetilde{x}(nT_s) = \sum_{k=-\infty}^{\infty} \widetilde{X}(k\Omega_0) e^{jk\Omega_0 nT_s} = \sum_{k=-\infty}^{\infty} \widetilde{X}(k\Omega_0) e^{j\frac{2\pi}{N}nk} \tag{5-5}$$

对于指数型序列 $e^{j\frac{2\pi}{N}n}$，考虑由它产生的幂次序列 $(e^{j\frac{2\pi}{N}n})^k = e^{j\frac{2\pi}{N}nk}$ $(k=\cdots,-2,-1,0,1,2,$ $\cdots,N-1,N,N+1,\cdots)$。容易看出 $e^{j\frac{2\pi}{N}nN} = e^{j2n\pi} = e^{j\frac{2\pi}{N}n\times 0} = 1$，$e^{j\frac{2\pi}{N}n(N+1)} = e^{j\frac{2\pi}{N}n}$，$\cdots$。所以 $(e^{j\frac{2\pi}{N}n})^k = e^{j\frac{2\pi}{N}nk}$ $(k=\cdots,-2,-1,0,1,2,\cdots,N-1,N,N+1,\cdots)$ 中，只有 N 个是相互独立的序列，即 $e^{j\frac{2\pi}{N}nk}$ $(k=0,1,2,\cdots,N-1)$ 是相互独立的。周期为 N 的序列 $\widetilde{x}(n)$ 分解式（5-5），可以表示为 N 个相互独立的序列 $e^{j\frac{2\pi}{N}nk}$ $(k=0,1,2,\cdots,N-1)$ 的线性组合，如下形式：

$$\widetilde{x}(n) = \sum_{k=0}^{N-1} \widetilde{X}(k) e^{j\frac{2\pi}{N}nk} \tag{5-6}$$

式中，系数 $\widetilde{X}(k)$ 对应序列 $e^{j\frac{2\pi}{N}nk}$ $(k=0,1,2,\cdots,N-1)$。将系数 $\widetilde{X}(k)$ 求出，即可得到周期序列 $\widetilde{x}(n)$ 的级数分解式。

在式（5-6）的等式两边同时乘以 $e^{-j\frac{2\pi}{N}nr}$，其中，r 给定，$0 \leqslant r \leqslant N-1$，然后从 $n=0$ 到 $n=N-1$ 求和：

$$\sum_{n=0}^{N-1} \widetilde{x}(n) e^{-j\frac{2\pi}{N}nr} = \sum_{n=0}^{N-1} \Big[\sum_{k=0}^{N-1} \widetilde{X}(k) e^{j\frac{2\pi}{N}nk} \Big] e^{-j\frac{2\pi}{N}nr}$$

$$= \sum_{n=0}^{N-1} \sum_{k=0}^{N-1} \widetilde{X}(k) e^{j\frac{2\pi}{N}(k-r)n} = \sum_{k=0}^{N-1} \widetilde{X}(k) \Big[\sum_{n=0}^{N-1} e^{j\frac{2\pi}{N}(k-r)n} \Big]$$

由于 $\sum\limits_{n=0}^{N-1} e^{j\frac{2\pi}{N}ln} = \begin{cases} N, & l=mN, m \text{ 为任意整数} \\ 0, & \text{其他} \end{cases}$，所以有：

$$\sum_{n=0}^{N-1} \widetilde{x}(n) e^{-j\frac{2\pi}{N}nr} = N\widetilde{X}(r), 0 \leqslant r \leqslant N-1$$

即有：

$$\widetilde{X}(r) = \frac{1}{N} \sum_{n=0}^{N-1} \widetilde{x}(n) e^{-j\frac{2\pi}{N}nr}, 0 \leqslant r \leqslant N-1$$

$$\widetilde{X}(k) = \frac{1}{N} \sum_{n=0}^{N-1} \widetilde{x}(n) e^{-j\frac{2\pi}{N}nk}, k=0,1,2,\cdots,N-1 \tag{5-7}$$

如果把 k 看成变量，则有

$$\widetilde{X}(k+N) = \frac{1}{N} \sum_{n=0}^{N-1} \widetilde{x}(n) e^{-j\frac{2\pi}{N}n(k+N)} = \frac{1}{N} \sum_{n=0}^{N-1} \widetilde{x}(n) e^{-j\frac{2\pi}{N}nk} = \widetilde{X}(k)$$

所以 $\widetilde{X}(k)$ 也是以 N 为周期的，把 $\widetilde{X}(k)$ 称为周期序列 $\widetilde{x}(n)$ 的离散傅里叶级数的谱系数，简称频谱。

从周期序列 $\widetilde{x}(n)$ 求周期离散频谱 $\widetilde{X}(k)$ 是离散傅里叶级数变换的正变换，记为 DFS，从周期离散频谱 $\widetilde{X}(k)$ 求周期序列 $\widetilde{x}(n)$ 是离散傅里叶级数变换的逆变换，记为 IDFS。

周期序列 $\widetilde{x}(n)$ 和周期离散频谱 $\widetilde{X}(k)$ 形成离散傅里叶级数变换对：

$$
\begin{cases}
\mathrm{DFS}[x(n)] = \widetilde{X}(k) = \dfrac{1}{N}\sum_{n=0}^{N-1}\widetilde{x}(n)\mathrm{e}^{-\mathrm{j}\frac{2\pi}{N}kn} \\[3mm]
\mathrm{IDFS}[\widetilde{X}(k)] = \widetilde{x}(n) = \sum_{k=0}^{N-1}\widetilde{X}(k)\mathrm{e}^{\mathrm{j}\frac{2\pi}{N}nk}
\end{cases}
$$

一般把系数 $\dfrac{1}{N}$ 变换到 $\widetilde{x}(n)$ 的表达式中，得到周期序列的离散傅里叶级数变换对：

$$
\begin{cases}
\text{正变换：} \quad \widetilde{X}(k) = \sum_{n=0}^{N-1}\widetilde{x}(n)\mathrm{e}^{-\mathrm{j}\frac{2\pi}{N}kn} \\[3mm]
\text{逆变换：} \quad \widetilde{x}(n) = \dfrac{1}{N}\sum_{k=0}^{N-1}\widetilde{X}(k)\mathrm{e}^{\mathrm{j}\frac{2\pi}{N}nk}
\end{cases}
\tag{5-8}
$$

周期序列 $\widetilde{x}(n)$ 的离散傅里叶级数 $\widetilde{X}(k)$ 也就是周期序列 $\widetilde{x}(n)$ 的傅里叶变换，它的频谱 $\widetilde{X}(k)$ 是周期为 N 的离散频谱，变量 k 对应的是数字角频率 $\omega = \dfrac{2\pi}{N}k$，在一个主周期（$k = 0,1,2,\cdots,N-1$）内，频谱间隔为 $\Omega_0 = \dfrac{2\pi}{T_0}$。

对 $\widetilde{x}(t)$ 进行等间隔抽样，抽样间隔 $T_\mathrm{s} = \dfrac{T_0}{N}$，抽样信号的频谱将以 $\Omega_\mathrm{s} = \dfrac{2\pi}{T_\mathrm{s}}$ 为周期。周期序列 $\widetilde{x}(n)$ 的离散傅里叶级数 $\widetilde{X}(k)$ 的离散频谱间隔为 $\dfrac{2\pi}{N}$，所以 $\Omega_\mathrm{s} = \dfrac{2\pi}{T_\mathrm{s}} = N\Omega_0 = N\dfrac{2\pi}{T_0}$，$\dfrac{T_0}{T_\mathrm{s}} = N = \dfrac{\Omega_\mathrm{s}}{\Omega_0}$。

对于周期序列 $\widetilde{x}(n)$ 的离散傅里叶级数 $\widetilde{X}(k)$，为了方便，将单位圆上的点 $\mathrm{e}^{-\mathrm{j}\frac{2\pi}{N}}$ 记为 W_N，即有 $W_N = \mathrm{e}^{-\mathrm{j}\frac{2\pi}{N}}$，$W_N^{-1} = (W_N)^{-1} = \mathrm{e}^{\mathrm{j}\frac{2\pi}{N}}$。周期序列的离散傅里叶级数变换对表示为：

$$
\begin{cases}
\text{正变换：} \quad \widetilde{X}(k) = \sum_{n=0}^{N-1}\widetilde{x}(n)W_N^{kn} \\[3mm]
\text{逆变换：} \quad \widetilde{x}(n) = \dfrac{1}{N}\sum_{k=0}^{N-1}\widetilde{X}(k)W_N^{-nk}
\end{cases}
\tag{5-9}
$$

对于周期为 N 的序列 $\widetilde{x}(n)$，取其主周期序列，将得到一个长度为 N 的有限长序列 $x(n)$：

$$
x(n) = \widetilde{x}(n)R_N(n) = \begin{cases} \widetilde{x}(n), & 0 \leqslant n \leqslant N-1 \\ 0, & \text{其他} \end{cases}
\tag{5-10}
$$

求有限长序列 $x(n)$ 的 z 变换得：

$$
X(z) = \sum_{n=-\infty}^{\infty}x(n)z^{-n} = \sum_{n=0}^{N-1}x(n)z^{-n} = \sum_{n=0}^{N-1}\widetilde{x}(n)z^{-n}
\tag{5-11}
$$

比较式（5-11）和式（5-8）知：

$$
\widetilde{X}(k) = \sum_{n=0}^{N-1}\widetilde{x}(n)\mathrm{e}^{-\mathrm{j}\frac{2\pi}{N}kn} = X(z) \Big|_{z=\mathrm{e}^{\mathrm{j}\frac{2\pi}{N}k}}
\tag{5-12}
$$

式(5-12) 说明，周期序列 $\tilde{x}(n)$ 的离散傅里叶级数 $\tilde{X}(k)$，恰好是有限长序列 $x(n)=\tilde{x}(n)R_N(n)$ 的 z 变换 $X(z)$ 在 z 平面单位圆上等间隔重复抽样的结果，其中第一个抽样点是 $k=0$，即 $z=1$，一个周期内抽样点数为 N。

显然有限长序列 $x(n)$ 的 z 变换 $X(z)$ 的收敛域包含单位圆，所以 $X(\mathrm{e}^{\mathrm{j}\omega})=X(z)\big|_{z=\mathrm{e}^{\mathrm{j}\omega}}$，进而有：

$$\tilde{X}(k) = \sum_{n=0}^{N-1} \tilde{x}(n)\mathrm{e}^{-\mathrm{j}\frac{2\pi}{N}kn} = X(z)\bigg|_{z=\mathrm{e}^{\mathrm{j}\frac{2\pi}{N}k}} = X(\mathrm{e}^{\mathrm{j}\omega})\bigg|_{\omega=\frac{2\pi}{N}k} \tag{5-13}$$

式(5-13) 说明，周期序列 $\tilde{x}(n)$ 的离散傅里叶级数 $\tilde{X}(k)$，恰好是有限长序列 $x(n)=\tilde{x}(n)R_N(n)$ 的离散时间傅里叶变换 $X(\mathrm{e}^{\mathrm{j}\omega})$ 在数字角频率 $\omega=\dfrac{2\pi}{N}k$ 处抽样的结果，频率抽样间隔为 $\dfrac{2\pi}{N}$，其中第一个抽样点是 $k=0$。

5.2.2 离散傅里叶级数的性质

离散傅里叶级数是有限长序列的 z 变换 $X(z)$ 在 z 平面单位圆上进行 N 点等间隔抽样的结果，所以离散傅里叶级数的性质也可以从 z 变换 $X(z)$ 的性质得到。

（1）线性特性

设相同周期（周期为 N）的周期序列 $\tilde{x}_1(n)$，$\tilde{x}_2(n)$，$\tilde{X}_1(k)=\mathrm{DFS}[\tilde{x}_1(n)]$，$\tilde{X}_2(k)=\mathrm{DFS}[\tilde{x}_2(n)]$，则有线性特性：

$$\mathrm{DFS}[k_1\tilde{x}_1(n)+k_2\tilde{x}_2(n)]=k_1\tilde{X}_1(k)+k_2\tilde{X}_2(k) \tag{5-14}$$

式中，k_1，k_2 为常数。

（2）移位特性

如果 $\tilde{X}(k)=\mathrm{DFS}[\tilde{x}(n)]$，则移位序列 $\tilde{x}(n+m)$ 的离散傅里叶级数为：

$$\mathrm{DFS}[\tilde{x}(n+m)]=W_N^{-mk}\tilde{X}(k)=\mathrm{e}^{\mathrm{j}\frac{2\pi}{N}mk}\tilde{X}(k)$$

证明：

由离散傅里叶级数的定义有：

$$\mathrm{DFS}[\tilde{x}(n+m)]=\sum_{n=0}^{N-1}\tilde{x}(n+m)W_N^{nk}$$

做变量代换，令 $i=n+m$，则 $n=i-m$，从而有：

$$\mathrm{DFS}[\tilde{x}(i)]=\sum_{i=m}^{N-1+m}\tilde{x}(i)W_N^{(i-m)k}=\sum_{i=0}^{N-1}\tilde{x}(i)W_N^{ik}W_N^{-mk}$$
$$=W_N^{-mk}\tilde{X}(k)$$

（3）调制特性

如果 $\tilde{X}(k)=\mathrm{DFS}[\tilde{x}(n)]$，则调制序列 $W_N^{ln}\tilde{x}(n)$ 的离散傅里叶级数为：

$$\mathrm{DFS}[W_N^{ln}\tilde{x}(n)]=\tilde{X}(k+l) \tag{5-15}$$

式中，l 为常数。

证明：

$$\text{DFS}[W_N^{ln}\widetilde{x}(n)] = \sum_{n=0}^{N-1} W_N^{ln}\widetilde{x}(n)W_N^{kn}$$

$$= \sum_{n=0}^{N-1}\widetilde{x}(n)W_N^{(k+l)n}$$

$$= \widetilde{X}(k+l)$$

周期序列 $\widetilde{x}(n)$ 在时域乘以指数序列 $W_N^{nl} = (e^{-j\frac{2\pi}{N}n})^l$，则频谱移位 l，这就是序列的调制特性。

（4）卷积定理

设有两个周期相同的周期序列 $\widetilde{x}_1(n)$，$\widetilde{x}_2(n)$，周期为 N。则周期序列 $\widetilde{x}_1(n)$ 和 $\widetilde{x}_2(n)$ 的周期卷积记为 $\widetilde{x}_1(n)\otimes\widetilde{x}_2(n)$，定义为：

$$\widetilde{x}_1(n)\overset{\sim}{\otimes}\widetilde{x}_2(n) = \sum_{m=0}^{N-1}\widetilde{x}_1(m)\widetilde{x}_2(n-m) \tag{5-16}$$

周期卷积与线性卷积的区别在于，周期卷积只在一个周期内求和。容易证明，周期卷积是周期为 N 的序列，且周期卷积满足交换律，即满足条件：

$$\widetilde{x}_1(n)\overset{\sim}{\otimes}\widetilde{x}_2(n) = \widetilde{x}_2(n)\overset{\sim}{\otimes}\widetilde{x}_1(n) = \sum_{m=0}^{N-1}\widetilde{x}_2(m)\widetilde{x}_1(n-m) \tag{5-17}$$

时域卷积定理：相同周期（周期为 N）的周期序列 $\widetilde{x}_1(n)$，$\widetilde{x}_2(n)$，$\widetilde{X}_1(k) = \text{DFS}[\widetilde{x}_1(n)]$，$\widetilde{X}_2(k) = \text{DFS}[\widetilde{x}_2(n)]$，则周期卷积 $\widetilde{x}_1(n)\overset{\sim}{\otimes}\widetilde{x}_2(n)$ 的离散傅里叶级数为：

$$\text{DFS}[\widetilde{x}_1(n)\overset{\sim}{\otimes}\widetilde{x}_2(n)] = \widetilde{X}_1(k)\widetilde{X}_2(k) \tag{5-18}$$

证明：

$$\text{IDFS}[\widetilde{X}_1(k)\widetilde{X}_2(k)] = \frac{1}{N}\sum_{k=0}^{N-1}[\widetilde{X}_1(k)\widetilde{X}_2(k)]W_N^{-nk}$$

$$= \frac{1}{N}\sum_{k=0}^{N-1}\Big[\sum_{m=0}^{N-1}\widetilde{x}_1(m)W_N^{mk}\Big]\widetilde{X}_2(k)W_N^{-nk}$$

$$= \sum_{m=0}^{N-1}\widetilde{x}_1(m)\Big[\frac{1}{N}\sum_{k=0}^{N-1}\widetilde{X}_2(k)W_N^{-(n-m)k}\Big]$$

$$= \sum_{m=0}^{N-1}\widetilde{x}_1(m)\widetilde{x}_2(n-m)$$

$$= \widetilde{x}_1(n)\overset{\sim}{\otimes}\widetilde{x}_2(n)$$

所以有 $\text{DFS}[\widetilde{x}_1(n)\overset{\sim}{\otimes}\widetilde{x}_2(n)] = \widetilde{X}_1(k)\widetilde{X}_2(k)$。

频域卷积定理：相同周期（周期为 N）的周期序列 $\widetilde{x}_1(n)$，$\widetilde{x}_2(n)$，$\widetilde{X}_1(k) = \text{DFS}[\widetilde{x}_1(n)]$，$\widetilde{X}_2(k) = \text{DFS}[\widetilde{x}_2(n)]$，则序列乘积 $\widetilde{x}_1(n)\widetilde{x}_2(n)$ 的离散傅里叶级数为：

$$\text{DFS}[\widetilde{x}_1(n)\widetilde{x}_2(n)] = \widetilde{X}_1(k)\overset{\sim}{\otimes}\widetilde{X}_2(k) = \frac{1}{N}\sum_{l=0}^{N-1}\widetilde{X}_1(l)\widetilde{X}_2(k-l)$$

$$= \widetilde{X}_2(k)\overset{\sim}{\otimes}\widetilde{X}_1(k) = \frac{1}{N}\sum_{l=0}^{N-1}\widetilde{X}_2(l)\widetilde{X}_1(k-l) \tag{5-19}$$

后续过程读者可自行证明。

5.3 ⊙ 有限长序列的傅里叶变换——离散傅里叶变换（DFT）

对于有限长序列 $x(n)(0 \leqslant n \leqslant N-1)$，非零点数是 N。直接定义序列 $x(n)$ 的 N 点离散傅里叶变换对如下：

$$\begin{cases} \text{正变换：} \quad X(k) = \sum_{n=0}^{N-1} x(n) e^{-j\frac{2\pi}{N}kn}, k=0,1,\cdots,N-1 \\ \text{逆变换：} \quad x(n) = \frac{1}{N}\sum_{k=0}^{N-1} X(k) e^{j\frac{2\pi}{N}nk}, n=0,1,\cdots,N-1 \end{cases} \tag{5-20}$$

N 点序列的 N 点离散傅里叶变换是 N 点离散的频谱。由上述离散傅里叶变换的直接定义，不容易理解离散傅里叶变换的实际意义。事实上离散傅里叶变换是可以从周期序列的离散傅里叶级数定义出来的。借助于周期序列 $\tilde{x}(n)$ 的离散傅里叶级数 $\tilde{X}(k)$，可以导出有限长序列 $x(n)(n=0,1,2,\cdots,N-1)$ 的离散傅里叶变换的另一种定义方法。

对于给定正整数 N，任意一个整数 n 模 N 的剩余一般记为 $n\bmod(N)=r$，即满足 $n=kN+r$，其中，k，r 是整数，$0 \leqslant r \leqslant N-1$，在这里我们将整数 n 模 N 的剩余简记为 $(n)_N=r(0 \leqslant r \leqslant N-1)$。

设序列 $x(n)(n=0,1,2,\cdots,N-1)$ 是有限长序列，将序列 $x(n)$ 做 N 周期延拓叠加，将诱导出一个 N 周期的周期序列 $\tilde{x}(n)$：

$$\tilde{x}(n) = \sum_{k=-\infty}^{\infty} x(n+kN) = x((n)_N) \tag{5-21}$$

为了便于表述，将由有限长序列 $x(n)$ 诱导出的周期序列简记为：

$$\tilde{x}(n) = \sum_{k=-\infty}^{\infty} x(n+kN) = x((n))_N \tag{5-22}$$

反过来，我们也可以从一个周期为 N 的周期序列 $\tilde{x}(n)$ 中诱导出一个有限长序列 $x(n)$：

$$x(n) = \begin{cases} \tilde{x}(n), & 0 \leqslant n \leqslant N-1 \\ 0, & \text{其他} \end{cases} \tag{5-23}$$

对于有限长序列 $x(n)(n=0,1,2,\cdots,N-1)$，我们借助周期序列的离散傅里叶级数导出序列 $x(n)$ 的离散傅里叶变换，步骤如下：

① 将有限长序列 $x(n)$ 做 N 周期延拓叠加，得到周期为 N 的序列 $\tilde{x}(n)=x((n))_N$。

② 求出周期序列 $\tilde{x}(n)=x((n))_N$ 的离散傅里叶级数 $\tilde{X}(k)$：

$$\tilde{X}(k) = \sum_{n=0}^{N-1} \tilde{x}(n) e^{-j\frac{2\pi}{N}kn} = \sum_{n=0}^{N-1} x(n) e^{-j\frac{2\pi}{N}kn} \tag{5-24}$$

③ 取周期离散频谱 $\tilde{X}(k)$ 的主周期序列 $X(k)$：

$$X(k) = \tilde{X}(k) R_N(k) = \left[\sum_{n=0}^{N-1} x(n) e^{-j\frac{2\pi}{N}kn}\right] R_N(k) \tag{5-25}$$

$$X(k) = \begin{cases} \tilde{X}(k), & 0 \leqslant k \leqslant N-1 \\ 0, & \text{其他} \end{cases} \tag{5-26}$$

由式(5-24)、式(5-26)知，由序列 $x(n)$ 就可计算出 $X(k)$（$0 \leqslant k \leqslant N-1$）。把 $X(k)$（$0 \leqslant k \leqslant N-1$）称为有限长序列 $x(n)$ 的离散傅里叶变换（DFT），$X(k) = \mathrm{DFT}[x(n)]$，显然有：

$$X(k) = \sum_{n=0}^{N-1} x(n) \mathrm{e}^{-\mathrm{j}\frac{2\pi}{N}kn}, 0 \leqslant k \leqslant N-1 \tag{5-27}$$

式(5-27) 就是有限长序列 $x(n)$ 的离散傅里叶变换 $X(k)$ 的定义表达式，与式(5-20) 直接定义的表达式相同。用同样原理，已知离散傅里叶变换 $X(k)$（$0 \leqslant k \leqslant N-1$），诱导出周期为 N 的离散频谱 $\widetilde{X}(k)$，进一步得到 $\widetilde{X}(k)$ 的傅里叶级数的逆变换 $\widetilde{x}(n) = \dfrac{1}{N}\sum_{k=0}^{N-1}\widetilde{X}(k)\mathrm{e}^{\mathrm{j}\frac{2\pi}{N}nk}$，取主值序列得到有限长序列 $x(n) = \begin{cases} \widetilde{x}(n), & 0 \leqslant n \leqslant N-1 \\ 0, & \text{其他} \end{cases}$，$x(n) = \dfrac{1}{N}\sum_{k=0}^{N-1}\widetilde{X}(k)\mathrm{e}^{\mathrm{j}\frac{2\pi}{N}nk}$（$0 \leqslant n \leqslant N-1$）它就是离散傅里叶变换 $X(k)$ 的逆变换，这样就形成离散傅里叶变换对 $x(n) \leftrightarrow X(k)$。

$$\begin{cases} \text{正变换：} \quad X(k) = \displaystyle\sum_{n=0}^{N-1} x(n) \mathrm{e}^{-\mathrm{j}\frac{2\pi}{N}kn}, k = 0,1,\cdots,N-1 \\[3mm] \text{逆变换：} \quad x(n) = \dfrac{1}{N}\displaystyle\sum_{k=0}^{N-1} X(k) \mathrm{e}^{\mathrm{j}\frac{2\pi}{N}nk}, n = 0,1,\cdots,N-1 \end{cases} \tag{5-28}$$

如果对有限长序列 $x(n)$ 做 $M(M>N)$ 周期延拓叠加，将得到周期为 M 的序列 $\widetilde{x}(n) = x((n))_M$，取其主周期序列，就相当于在 $x(n)$ 的后面补 $M-N$ 个零，将序列看成长度为 M 的有限长序列，实质上仍是序列 $x(n)$。这样将得到 N 点有限长序列 $x(n)$ 的 $M(M>N)$ 点离散傅里叶变换 $X(k)$（$0 \leqslant k \leqslant M-1$），变换对如下。

$$\begin{cases} \text{正变换：} \quad X(k) = \displaystyle\sum_{n=0}^{M-1} x(n) \mathrm{e}^{-\mathrm{j}\frac{2\pi}{M}kn}, k = 0,1,\cdots,M-1 \\[3mm] \text{逆变换：} \quad x(n) = \dfrac{1}{M}\displaystyle\sum_{k=0}^{M-1} X(k) \mathrm{e}^{\mathrm{j}\frac{2\pi}{M}nk}, n = 0,1,\cdots,M-1 \end{cases} \tag{5-29}$$

式(5-29) 中，当 $N \leqslant n \leqslant M-1$ 时 $x(n) = 0$。将来为了实现离散傅里叶变换的基-2 快速算法，可选取 $M = 2^l$，l 为整数，$M > N$，就可对 N 点有限长序列 $x(n)$ 做 $M(M>N)$ 点离散傅里叶变换 $X(k)$（$0 \leqslant k \leqslant M-1$）。

在第 5.2.1 节中已经讨论过，周期序列 $\widetilde{x}(n)$ 的离散傅里叶级数 $\widetilde{X}(k)$ 可以从主周期序列 $x(n)$ 的 z 变换 $X(z)$ 或离散时间傅里叶变换 $X(\mathrm{e}^{\mathrm{j}\omega})$ 中抽样得到。依据上面的讨论，有限长序列 $x(n)$（$n = 0,1,2,\cdots,N-1$）的 N 点离散傅里叶变换 $X(k)$（$0 \leqslant k \leqslant N-1$）也可以从 $x(n)$ 的 z 变换 $X(z)$ 进行频域抽样得到。序列 $x(n)$ 是有限长的，z 变换 $X(z)$ 的收敛域包含 z 平面上的单位圆。对 $X(z)$ 在单位圆上做 N 点等间隔的频域抽样，抽样点为 $z = \mathrm{e}^{\mathrm{j}\frac{2\pi}{N}k}$（$k = 0,1,\cdots,N-1$），将得到 N 点离散频谱：

$$X(z) \Big|_{z=\mathrm{e}^{\mathrm{j}\frac{2\pi}{N}k}} = \Big[\sum_{n=0}^{N-1} x(n) z^{-n}\Big] \Big|_{z=\mathrm{e}^{\mathrm{j}\frac{2\pi}{N}k}} = \sum_{n=0}^{N-1} x(n) \mathrm{e}^{-\mathrm{j}\frac{2\pi}{N}kn} = X(k), k = 0,1,\cdots,N-1$$

$$\tag{5-30}$$

式(5-30) 与式(5-28) 的表达式是一样的。所以有限长序列 $x(n)$（$n = 0,1,2,\cdots,N-1$）的 N 点离散傅里叶变换 $X(k)$（$0 \leqslant k \leqslant N-1$）就是其 z 变换 $X(z)$ 在单位圆上做 N 点等间隔

的频域抽样的结果。

对 N 点的有限长序列 $x(n)$ 的离散时间傅里叶变换 $X(e^{j\omega})$ 在数字角频率 ω 的一个周期 $[0,2\pi]$ 内等间隔抽样的结果就是序列 $x(n)$ 的 N 点离散傅里叶变换 $X(k)(0 \leqslant k \leqslant N-1)$，所以有：

$$X(z)\Big|_{z=e^{j\frac{2\pi}{N}k}} = X(e^{j\omega})\Big|_{\omega=\frac{2\pi}{N}k} = X(k), k=0,1,\cdots,N-1 \tag{5-31}$$

在 $x(n)$ 的后面补 $M-N$ 个零，$M>N$，得到的序列的 z 变换仍然为 $X(z)$，z 变换不变，所以有限长序列 $x(n)(n=0,1,2,\cdots,N-1)$ 的 $M(M>N)$ 点离散傅里叶变换 $X(k)$，$(0 \leqslant k \leqslant M-1)$ 就是其 z 变换 $X(z)$ 在单位圆上做 M 点等间隔的频域抽样的结果，抽样点为 $z=e^{j\frac{2\pi}{M}k}(k=0,1,\cdots,M-1)$。

有限长序列 $x(n)$ 的 N 点离散傅里叶变换 $X(k)=|X(k)|e^{j\phi(k)}$，其中，$|X(k)|$、$\phi(k) = \arg[X(k)](k=0,1,2,\cdots,N-1)$ 分别是离散频谱的幅度谱和相位谱。

例 5-1 已知 4 点矩形脉冲序列 $R_4(n)$，分别求其 8 点和 16 点离散傅里叶变换。

解：矩形脉冲序列 $R_4(n)$，当 $n=0$，1，2，3 时 $R_4(n)=1$，其他点的值为零，所以它的离散时间傅里叶变换为：

$$
\begin{aligned}
X(e^{j\omega}) &= \sum_{n=-\infty}^{\infty} x(n)e^{-j\omega n} = \sum_{n=0}^{3} e^{-j\omega n} = \frac{1-e^{-j4\omega}}{1-e^{-j\omega}} \\
&= \frac{e^{-j2\omega}(e^{j2\omega}-e^{-j2\omega})}{e^{-j\frac{1}{2}\omega}(e^{j\frac{1}{2}\omega}-e^{-j\frac{1}{2}\omega})} \\
&= e^{-j\frac{3}{2}\omega} \frac{\sin(2\omega)}{\sin(\frac{\omega}{2})}
\end{aligned}
$$

矩形脉冲序列 $R_4(n)$ 的 8 点离散傅里叶变换为：

$$
\begin{aligned}
X(k) &= X(e^{j\omega})\Big|_{\omega=\frac{2\pi}{8}k} = e^{-j\frac{3}{2}\omega} \frac{\sin(2\omega)}{\sin(\frac{\omega}{2})}\Big|_{\omega=\frac{2\pi}{8}k} \\
&= e^{-j\frac{3}{2}\times\frac{\pi}{4}k} \frac{\sin(2\times\frac{\pi}{4}k)}{\sin(\frac{1}{2}\times\frac{\pi}{4}k)} = e^{-j\frac{3\pi}{8}k} \frac{\sin(\frac{\pi}{2}k)}{\sin(\frac{\pi}{8}k)}
\end{aligned}
$$

矩形脉冲序列 $R_4(n)$ 的 16 点离散傅里叶变换为：

$$
\begin{aligned}
X(k) &= X(e^{j\omega})\Big|_{\omega=\frac{2\pi}{16}k} = e^{-j\frac{3}{2}\omega} \frac{\sin(2\omega)}{\sin(\frac{\omega}{2})}\Big|_{\omega=\frac{2\pi}{16}k} \\
&= e^{-j\frac{3}{2}\times\frac{\pi}{8}k} \frac{\sin(2\times\frac{\pi}{8}k)}{\sin(\frac{1}{2}\times\frac{\pi}{8}k)} = e^{-j\frac{3\pi}{16}k} \frac{\sin(\frac{\pi}{4}k)}{\sin(\frac{\pi}{16}k)}
\end{aligned}
$$

5.4 ▷ 离散傅里叶变换的性质

离散傅里叶变换，某种意义上就是离散傅里叶级数的一种导出结果，它的性质与离散傅里叶级数的性质是一致的。通过对离散傅里叶变换性质的讨论，更加便于分析和理解离散傅里叶变换的计算和应用。下面详细给出它的变换性质。

（1）线性特性

设点数为 N 的序列 $x_1(n)$，$x_2(n)$，N 点离散傅里叶变换 $X_1(k) = \mathrm{DFT}[x_1(n)]$，$X_2(k) = \mathrm{DFT}[x_2(n)]$，则有线性特性：

$$\mathrm{DFT}[k_1 x_1(n) + k_2 x_2(n)] = k_1 X_1(k) + k_2 X_2(k) \tag{5-32}$$

式中，k_1，k_2 为常数。

需要注意的是，如果序列 $x_1(n)$，$x_2(n)$ 的点数不同，分别为 N_1，N_2，则应取 $N \geqslant \max(N_1, N_2)$。

（2）圆周移位特性

点数为 N 的有限长序列 $x(n)(0 \leqslant n \leqslant N-1)$ 的移位称为圆周移位（移位量是 m），记为 $x_m(n)$，有限长序列圆周移位的定义如下：

$$x_m(n) = x((n+m))_N R_N(n) \tag{5-33}$$

由式(5-33)知圆周移位序列 $x_m(n)(0 \leqslant n \leqslant N-1)$ 可以通过以下三个步骤得到：

（a）对序列 $x(n)$ 周期延拓，得到周期为 N 的序列 $x((n))_N$；

（b）对周期序列 $x((n))_N$ 进行移位，移位量为 m，得到移位序列 $x((n+m))_N$，它仍然是周期为 N 的周期序列，当 $m > 0$ 时，$x((n+m))_N$ 是 $x((n))_N$ 的左移序列；

（c）取周期序列的主周期序列，得到圆周移位序列 $x_m(n) = x((n+m))_N R_N(n)$。

有限长序列 $x(n)$ 的移位称为圆周移位，是因为如果将序列 $x(n)$ 的 N 个点 $x(0)$，$x(1)$，$x(2)$，$\cdots$，$x(N-1)$ 按照逆时针顺序均匀地放在一个圆周上，则移位序列 $x_m(n)$ 就是 $x(n)$ 在圆周上旋转移位 m 个单位的结果，当 $m > 0$ 时，是顺时针旋转移位的结果。如图 5-1 所示。

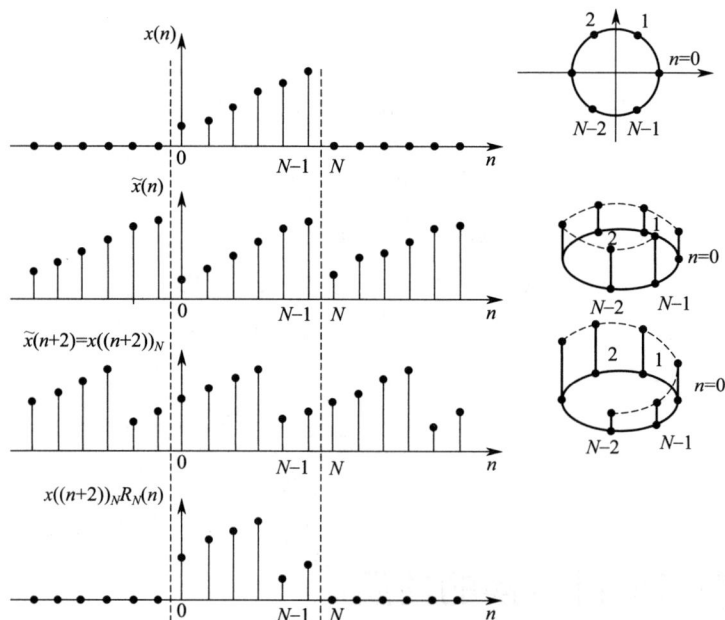

图 5-1　有限长序列的圆周移位

如果将序列 $x(n)$ 的 N 个点 $x(0), x(1), x(2), \cdots, x(N-1)$ 等间隔地排在一条直线上的一个区间内，圆周移位时，从一端移出的点再从另一端进入，这样就能得到最终的圆周移位序列，当 $m>0$ 时，是向左循环移位，当 $m<0$ 时，是向右循环移位。

例 5-2 已知 6 点序列 $x(n) = \{-2, 1, 3, -1, 2, 5\}$，求圆周移位序列 $x_1(n), x_{-1}(n)$，$x_{-3}(n)$。

解：
$$x_1(n) = \{1, 3, -1, 2, 5, -2\}$$
$$x_{-1}(n) = \{5, -2, 1, 3, -1, 2\}$$
$$x_{-3}(n) = \{-1, 2, 5, -2, 1, 3\}$$

设点数为 N 的序列 $x(n)$，它的 N 点离散傅里叶变换 $X(k) = \mathrm{DFT}[x(n)]$，则它的圆周移位序列 $x_m(n)$ 的离散傅里叶变换为：

$$X_m(k) = \mathrm{DFT}[x_m(n)] = W_N^{-mk} X(k), \quad 0 \leq k \leq N-1 \tag{5-34}$$

证明：
$$
\begin{aligned}
X_m(k) = \mathrm{DFT}[x_m(n)] &= \mathrm{DFT}[x((n+m))_N R_N(n)] \\
&= \mathrm{DFT}[\tilde{x}(n+m) R_N(n)] = \mathrm{DFS}[\tilde{x}(n+m)] R_N(k) \\
&= W_N^{-mk} \tilde{X}(k) R_N(k) \\
&= W_N^{-mk} X(k)
\end{aligned}
$$

$X_m(k) = W_N^{-mk} X(k) = |X(k)| \mathrm{e}^{\mathrm{j}\phi(k)} \mathrm{e}^{\mathrm{j}\frac{2\pi}{N}mk} = |X(k)| \mathrm{e}^{\mathrm{j}[\phi(k) + \frac{2\pi}{N}mk]}$，$|X_m(k)| = |X(k)|$，所以圆周移位序列频谱的幅度谱不发生变化，相位增加 $\dfrac{2\pi}{N}mk$。

（3）调制特性

设点数为 N 的序列 $x(n)$，它的 N 点离散傅里叶变换 $X(k) = \mathrm{DFT}[x(n)]$，则有：

$$\mathrm{DFT}[x(n) W_N^{nl}] = X_l(k) = X((k+l))_N R_N(k) \tag{5-35}$$

证明：
$$
\begin{aligned}
\mathrm{IDFT}[X((k+l))_N R_N(k)] &= \mathrm{IDFT}[\tilde{X}(k+l) R_N(k)] \\
&= \mathrm{IDFS}[\tilde{X}(k+l)] R_N(n) \\
&= W_N^{nl} \tilde{x}(n) R_N(n) \\
&= W_N^{nl} x(n)
\end{aligned}
$$

调制特性也就是频域的圆周移位特性，显然有 $\mathrm{DFT}[x(n) W_N^{-nl}] = X((k-l))_N R_N(k)$。

由于 $\cos\left(\dfrac{2\pi}{N}nl\right) = \dfrac{\mathrm{e}^{\mathrm{j}\frac{2\pi}{N}nl} + \mathrm{e}^{-\mathrm{j}\frac{2\pi}{N}nl}}{2} = \dfrac{W_N^{-nl} + W_N^{nl}}{2}$，所以有：

$$\mathrm{DFT}\left[\cos\left(\dfrac{2\pi}{N}nl\right) x(n)\right] = \dfrac{1}{2}[X((k-l))_N + X((k+l))_N] R_N(k) \tag{5-36}$$

同理有：

$$\mathrm{DFT}\left[\sin\left(\dfrac{2\pi}{N}nl\right) x(n)\right] = \dfrac{1}{2\mathrm{j}}[X((k-l))_N - X((k+l))_N] R_N(k) \tag{5-37}$$

（4）圆周共轭对称特性

对于一个点数为 N 的有限长序列 $x(n)$，如果满足下述条件：

$$x(n) = x^*((-n))_N R_N(n) = x^*((N-n))_N R_N(n) \tag{5-38}$$

则称序列 $x(n)$ 是圆周共轭对称序列，或者说满足圆周共轭对称条件。同样，如果满足：

$$x(n) = -x^*((-n))_N R_N(n) = -x^*((N-n))_N R_N(n) \tag{5-39}$$

则称序列 $x(n)$ 是圆周共轭反对称序列，或者说满足圆周共轭反对称条件。

在式(5-38)中，$x^*((-n))_N$ 是由 $x(n)$ 经过周期延拓、翻转、取共轭得到的：

$$x(n) \rightarrow x((n))_N \rightarrow x((-n))_N \rightarrow [x((-n))_N]^* = x^*((-n))_N$$

对于点数为 N 的有限长序列 $x(n)$，可以有两种分解方式：

$$\begin{cases} x(n) = \mathrm{Re}[x(n)] + \mathrm{jIm}[x(n)] \\ x(n) = x_{ep}(n) + x_{op}(n) \end{cases} \tag{5-40}$$

式中，$x_{ep}(n)$，$x_{op}(n)$ 分别是序列 $x(n)$ 的圆周共轭对称分量和圆周共轭反对称分量。

$$\begin{cases} x_{ep}(n) = \tilde{x}_e(n) R_N(n) = \dfrac{1}{2}[x((n))_N + x^*((N-n))_N] R_N(n) \\[2mm] x_{op}(n) = \tilde{x}_o(n) R_N(n) = \dfrac{1}{2}[x((n))_N - x^*((N-n))_N] R_N(n) \end{cases} \tag{5-41}$$

同样的原理，设点数为 N 的序列 $x(n)$，它的 N 点离散傅里叶变换 $X(k) = \mathrm{DFT}[x(n)]$，则 $X(k)$ 也可以有两种分解方式：

$$\begin{cases} X(k) = \mathrm{Re}[X(k)] + \mathrm{jIm}[X(k)] \\ X(k) = X_{ep}(k) + X_{op}(k) \end{cases} \tag{5-42}$$

式中，$X_{ep}(k)$，$X_{op}(k)$ 分别是离散频谱序列 $X(k)$ 的圆周共轭对称分量和圆周共轭反对称分量。

下面分别讨论傅里叶变换的几个对称特性，设 N 点有限长序列 $x(n)$，$X(k) = \mathrm{DFT}[x(n)]$。

（a）共轭序列 $x^*(n)$ 的离散傅里叶变换。设点数为 N 的序列 $x(n)$，它的 N 点离散傅里叶变换 $X(k) = \mathrm{DFT}[x(n)]$，则有：

$$\mathrm{DFT}[x^*(n)] = X^*((-k))_N R_N(k) = X^*((N-k))_N R_N(k) \tag{5-43}$$

证明：

$$\begin{aligned} \mathrm{DFT}[x^*(n)] &= \sum_{n=0}^{N-1} x^*(n) W_N^{nk} R_N(k) \\ &= \Big[\sum_{n=0}^{N-1} x(n) W_N^{-nk}\Big]^* R_N(k) = \Big[\sum_{n=0}^{N-1} x(n) W_N^{Nn} W_N^{-nk}\Big]^* R_N(k) \\ &= \Big[\sum_{n=0}^{N-1} x(n) W_N^{(N-k)n}\Big]^* R_N(k) = X^*((N-k))_N R_N(k) \end{aligned}$$

（b）共轭翻转序列 $x^*((-n))_N R_N(n)$ 的离散傅里叶变换。设点数为 N 的序列 $x(n)$，它的 N 点离散傅里叶变换 $X(k) = \mathrm{DFT}[x(n)]$，则有：

$$\mathrm{DFT}[x^*((-n))_N R_N(n)] = X^*(k) \tag{5-44}$$

证明：

$$\mathrm{DFT}[x^*((-n))_N R_N(n)] = \sum_{n=0}^{N-1} x^*((-n))_N R_N(n) W_N^{nk}$$

$$= \left[\sum_{n=0}^{N-1} x((-n))_N W_N^{-nk}\right]^* = \left[\sum_{n=0}^{N-1} x((N-n))_N W_N^{(N-n)k}\right]^*$$

$$= \left[\sum_{n_1=N}^{1} x((n_1))_N W_N^{n_1 k}\right]^* = \left[\sum_{n_1=N-1}^{0} x((n_1))_N W_N^{n_1 k}\right]^*$$

$$= \left[\sum_{n_1=N-1}^{0} x(n_1) W_N^{n_1 k}\right]^* = \left[\sum_{n=0}^{N-1} x(n) W_N^{nk}\right]^* = X^*(k)$$

时域序列与其频域频谱体现了一种对偶关系：

$$\begin{cases} x^*(n) \rightarrow X^*((-k))_N R_N(k) \\ x^*((-n))_N R_N(n) \rightarrow X^*(k) \end{cases} \tag{5-45}$$

（c）序列 $x(n)$ 实部序列的离散傅里叶变换。设点数为 N 的序列 $x(n)$，它的 N 点离散傅里叶变换 $X(k) = \mathrm{DFT}[x(n)]$，则有：

$$\mathrm{DFT}\{\mathrm{Re}[x(n)]\} = \frac{1}{2}[X((k))_N + X^*((N-k))_N] R_N(k) = X_{\mathrm{ep}}(k) \tag{5-46}$$

证明：

因为：

$$\mathrm{Re}[x(n)] = \frac{1}{2}[x(n) + x^*(n)]$$

所以：

$$\mathrm{DFT}\{\mathrm{Re}[x(n)]\} = \frac{1}{2}\{\mathrm{DFT}[x(n)] + \mathrm{DFT}[x^*(n)]\}$$

$$= \frac{1}{2}[X((k))_N + X^*((N-k))_N] R_N(k)$$

$$= X_{\mathrm{ep}}(k)$$

说明：序列 $x(n)$ 的实部序列的离散傅里叶变换恰好是 $X(k)$ 的圆周共轭对称分量。

当序列 $x(n)$ 是实数序列时，$\mathrm{Re}[x(n)] = x(n)$，由式（5-46）知，序列 $x(n)$ 的离散傅里叶变换满足圆周共轭对称条件 $X_{\mathrm{ep}}(k) = X(k) = X^*((N-k))_N R_N(k)$。

（d）序列 $x(n)$ 虚部序列乘以 j 的离散傅里叶变换。设点数为 N 的序列 $x(n)$，它的 N 点离散傅里叶变换 $X(k) = \mathrm{DFT}[x(n)]$，则有：

$$\mathrm{DFT}\{\mathrm{jIm}[x(n)]\} = \frac{1}{2}[X((k))_N - X^*((N-k))_N] R_N(k) = X_{\mathrm{op}}(k) \tag{5-47}$$

证明：

因为：

$$\mathrm{jIm}[x(n)] = \frac{1}{2}[x(n) - x^*(n)]$$

所以：

$$\mathrm{DFT}\{\mathrm{jIm}[x(n)]\} = \frac{1}{2}\{\mathrm{DFT}[x(n)] - \mathrm{DFT}[x^*(n)]\}$$

$$= \frac{1}{2}[X(k) - X^*((N-k))_N R_N(k)]$$

$$= \frac{1}{2}[X((k))_N - X^*((N-k))_N] R_N(k)$$

$$= X_{op}(k)$$

说明：序列 $x(n)$ 的虚部序列乘以 j 的离散傅里叶变换恰好是 $X(k)$ 的圆周共轭反对称分量。

当序列 $x(n)$ 是纯虚数序列时，$jIm[x(n)] = x(n)$，由式 (5-47) 知，序列 $x(n)$ 的离散傅里叶变换满足圆周共轭反对称条件 $X_{op}(k) = X(k) = -X^*((N-k))_N R_N(k)$。

（e）序列圆周共轭对称分量的离散傅里叶变换。设点数为 N 的序列 $x(n)$，它的 N 点离散傅里叶变换 $X(k) = DFT[x(n)]$，则有：

$$DFT[x_{ep}(n)] = Re[X(k)] \tag{5-48}$$

证明：

$$DFT[x_{ep}(n)] = \frac{1}{2}[x((n))_N + x^*((N-n))_N]R_N(n)$$

$$= \frac{1}{2}[X(k) + X^*(k)]$$

$$= Re[X(k)]$$

说明：序列 $x(n)$ 的圆周共轭对称分量的离散傅里叶变换恰好是 $X(k)$ 的实部。

（f）序列圆周共轭反对称分量的离散傅里叶变换。设点数为 N 的序列 $x(n)$，它的 N 点离散傅里叶变换 $X(k) = DFT[x(n)]$，则有：

$$DFT[x_{op}(n)] = jIm[X(k)] \tag{5-49}$$

证明：

$$DFT[x_{op}(n)] = \frac{1}{2}[x((n))_N - x^*((N-n))_N]R_N(n)$$

$$= \frac{1}{2}[X(k) - X^*(k)]$$

$$= jIm[X(k)]$$

说明：序列 $x(n)$ 的圆周共轭反对称分量的离散傅里叶变换恰好是 $X(k)$ 的虚部乘以 j。

例 5-3 已知序列 $x_1(n)$ 和 $x_2(n)$ 都是点数为 N 的实数序列，试用一次 N 点离散傅里叶变换同时计算出序列 $x_1(n)$ 和 $x_2(n)$ 的 N 点离散傅里叶变换。

解：利用两个实数序列 $x_1(n)$ 和 $x_2(n)$ 构造一个 N 点复数序列 $y(n) = x_1(n) + jx_2(n)$。

$$DFT[y(n)] = DFT[x_1(n) + jx_2(n)]$$

$$= DFT[x_1(n)] + jDFT[x_2(n)]$$

$$= X_1(k) + jX_2(k)$$

$$= Y(k)$$

因为 $x_1(n) = Re[y(n)]$，所以有 $X_1(k) = DFT[x_1(n)] = Y_{ep}(k)$，即有：

$$X_1(k) = DFT[x_1(n)] = Y_{ep}(k)$$

$$= \frac{1}{2}[Y((k))_N + Y^*((N-k))_N]R_N(k)$$

因为 $x_2(n) = Im[y(n)]$，所以有 $jX_2(k) = DFT[jx_2(n)] = Y_{op}(k)$，即有：

$$X_2(k) = \frac{1}{j}DFT[jx_2(n)] = \frac{1}{j}Y_{op}(k)$$

$$= \frac{1}{2j} [Y((k))_N - Y^*((N-k))_N] R_N(k)$$

（5）圆周卷积定理

设序列 $x_1(n)$ 和 $x_2(n)$ 的点数分别为 N_1 和 N_2，取 $N \geqslant \max(N_1, N_2)$，序列 $x_1(n)$ 和 $x_2(n)$ 的 N 点圆周卷积记为 $x_1(n) \circledN x_2(n)$，定义如下：

$$x_1(n) \circledN x_2(n) = \left[\sum_{m=0}^{N-1} x_1(m) x_2((n-m))_N \right] R_N(n) \tag{5-50}$$

圆周卷积满足交换律，即有 $x_1(n) \circledN x_2(n) = x_2(n) \circledN x_1(n)$。

例 5-4　在雷达系统中，接收到的回波信号通常包含目标反射的信号以及环境中的噪声。为了提取目标特征并实现准确的目标检测和定位，需要设计一个滤波器，可利用圆周卷积对接收到的信号进行处理。已知有两个有限长度的离散信号 $x(n)$ 和 $h(n)$，$x(n) = \{1, 2, 3, 4\}$（$0 \leqslant n \leqslant 3$），$h(n) = \{1, 1, 1\}$（$0 \leqslant n \leqslant 2$）。计算长度 $N = 6$ 的圆周卷积结果 $y(n)$。

解：　由于 $x(n)$ 的长度为 4，$h(n)$ 的长度为 3，所以我们需要对它们进行补零操作。

补零后的信号为：$x'(n) = \{1, 2, 3, 4, 0, 0\}$，$h'(n) = \{1, 1, 1, 0, 0, 0\}$。

按照圆周卷积的定义来计算 $y(n)$。圆周卷积的公式为：

$$y(n) = \left[\sum_{m=0}^{N-1} x'(m) h'((n-m))_N \right] R_N(n)$$

式中，N 是圆周卷积的长度，即 6。依此求得 $n = 0$ 到 $n = 5$ 的结果，可得 $y(n) = \{6, 10, 12, 10, 6, 3\}$。

时域圆周卷积定理：序列 $x_1(n)$ 和 $x_2(n)$ 都是点数为 N 的序列，$\mathrm{DFT}[x_1(n)] = X_1(k)$，$\mathrm{DFT}[x_2(n)] = X_2(k)$，则序列 $x_1(n)$ 和 $x_2(n)$ 的 N 点圆周卷积的傅里叶变换为 $X_1(k) X_2(k)$，即有：

$$\mathrm{DFT}[x_1(n) \circledN x_2(n)] = X_1(k) X_2(k) \tag{5-51}$$

证明：将序列 $x_1(n)$ 和 $x_2(n)$ 分别做 N 周期延拓，得到周期为 N 的序列 $\tilde{x}_1(n)$ 和 $\tilde{x}_2(n)$，则圆周卷积恰好是序列 $x_1(n)$ 和 $x_2(n)$ 周期卷积的主值序列。令 $Y(k) = X_1(k) X_2(k)$，将 $Y(k)$ 做 N 周期延拓，得到周期为 N 的 $\tilde{Y}(k)$，则有：

$$\tilde{y}(n) = \mathrm{IDFS}[\tilde{Y}(k)]$$

$$= \sum_{m=0}^{N-1} \tilde{x}_1(m) \tilde{x}_2(n-m) = \sum_{m=0}^{N-1} x_1((m))_N x_2((n-m))_N$$

在主值区间 $0 \leqslant n \leqslant N-1$ 上，$x_1((m))_N = x_1(m)$，所以有：

$$y(n) = \tilde{y}(n) R_N(n) = \left[\sum_{m=0}^{N-1} x_1(m) x_2((n-m))_N \right] R_N(n)$$

$$= x_1(n) \circledN x_2(n)$$

频域卷积定理：序列 $x_1(n)$ 和 $x_2(n)$ 都是点数为 N 的序列，$\mathrm{DFT}[x_1(n)] = X_1(k)$，$\mathrm{DFT}[x_2(n)] = X_2(k)$，如果序列 $y(n) = x_1(n) x_2(n)$，则序列 $y(n)$ 的 N 点离散傅里叶变换 $Y(k)$ 是离散频谱 $X_1(k)$ 和 $X_2(k)$ 的频域圆周卷积：

$$Y(k) = \mathrm{DFT}[y(n)] = \frac{1}{N} \left[\sum_{l=0}^{N-1} X_1(l) X_2((k-l))_N \right] R_N(k)$$

$$= \frac{1}{N} \Big[\sum_{l=0}^{N-1} X_2(l) X_1((k-l))_N \Big] R_N(k) \tag{5-52}$$

（6） Parseval 定理

DFT 下的 Parseval 定理：对于点数为 N 的序列 $x(n)$ 和 $y(n)$，DFT$[x(n)] = X(k)$，DFT$[y(n)] = Y(k)$，有下式成立：

$$\sum_{n=0}^{N-1} x(n) y^*(n) = \frac{1}{N} \sum_{k=0}^{N-1} X(k) Y^*(k) \tag{5-53}$$

证明：
$$\begin{aligned}
\sum_{n=0}^{N-1} x(n) y^*(n) &= \sum_{n=0}^{N-1} x(n) \Big[\frac{1}{N} \sum_{k=0}^{N-1} Y(k) W_N^{-nk} \Big]^* \\
&= \sum_{n=0}^{N-1} x(n) \Big[\frac{1}{N} \sum_{k=0}^{N-1} Y^*(k) W_N^{nk} \Big] \\
&= \frac{1}{N} \sum_{k=0}^{N-1} Y^*(k) \Big[\sum_{n=0}^{N-1} x(n) W_N^{nk} \Big] \\
&= \frac{1}{N} \sum_{k=0}^{N-1} Y^*(k) X(k)
\end{aligned}$$

当序列 $x(n) = y(n)$ 时，则有：

$$\sum_{n=0}^{N-1} x(n) x^*(n) = \frac{1}{N} \sum_{k=0}^{N-1} X(k) X^*(k)$$

即满足：

$$\sum_{n=0}^{N-1} |x(n)|^2 = \frac{1}{N} \sum_{n=0}^{N-1} |X(k)|^2 \tag{5-54}$$

式(5-54) 说明：序列在时域计算的能量与在频域计算的能量是相等的。

（7） 有限长序列的线性卷积与圆周卷积之间的关系

设序列 $x_1(n)$ 和 $x_2(n)$ 的点数分别为 N_1 和 N_2，它们的线性卷积记为 $y_1(n) = x_1(n) * x_2(n)(0 \leqslant n \leqslant N_1 + N_2 - 1)$。取 $L \geqslant \max(N_1, N_2)$，序列 $x_1(n)$ 和 $x_2(n)$ 的 L 点圆周卷积记为 $y_c(n) = x_1(n) ⓛ x_2(n)$，则有：

$$\begin{aligned}
y_c(n) &= \Big[\sum_{m=0}^{L-1} x_1(m) x_2((n-m))_L \Big] R_L(n) \\
&= \Big[\sum_{m=0}^{L-1} x_1(m) \sum_{r=-\infty}^{\infty} x_2(n+rL-m) \Big] R_L(n) \\
&= \Big[\sum_{r=-\infty}^{\infty} \sum_{m=0}^{L-1} x_1(m) x_2(n+rL-m) \Big] R_L(n) \\
&= \Big[\sum_{r=-\infty}^{\infty} \sum_{m=0}^{N_1-1} x_1(m) x_2(n+rL-m) \Big] R_L(n) \\
&= \Big[\sum_{r=-\infty}^{\infty} y_1(n+rL) \Big] R_L(n)
\end{aligned} \tag{5-55}$$

式(5-55) 说明：序列 $x_1(n)$ 和 $x_2(n)$ 的 L 点圆周卷积是序列 $x_1(n)$ 和 $x_2(n)$ 线性卷积 $y_1(n)$ 的 L 周期延拓序列的主值序列。容易得到，当 $L \geqslant N_1 + N_2 - 1$ 时，序列 $x_1(n)$ 和 $x_2(n)$ 的圆周卷积等于序列 $x_1(n)$ 和 $x_2(n)$ 的线性卷积，即有 $y_1(n) = y_c(n)$。由此可见线性卷积的计算可以化成圆周卷积的计算，将来借助时域卷积定理和傅里叶变换的快速算法，可以实现线性卷积运算的快速计算。

5.5 ➡ 频域抽样理论

5.5.1 频域抽样理论概述

对于连续时间信号 $x_a(t)$，在时域进行理想抽样将得到离散时间信号 $x(n)$，抽样信号的频谱是原信号频谱的周期延拓叠加。对于离散时间信号 $x(n)$，如果它的 z 变换 $X(z)$ 和离散时间傅里叶变换 $X(e^{j\omega})$ 都存在，则可以在频域对频谱进行抽样得到离散频谱，那么对应的时域信号如何变化？下面我们讨论频域抽样理论。

假设离散时间信号 $x(n)$ 满足绝对可和条件，即满足条件 $\sum\limits_{n=-\infty}^{\infty} |x(n)| = M < \infty$ ，则它的 z 变换 $X(z)$ 存在，且收敛域包含单位圆，它的离散时间傅里叶变换 $X(e^{j\omega})$ 存在，且是以 2π 为周期的连续函数。对 $X(z)$ 在单位圆上进行 N 个均分点的等间隔抽样，采样点包括 $z=1$，将得到以 N 为周期的离散频谱 $\widetilde{X}(k)$：

$$\widetilde{X}(k) = X(z) \Big|_{z=e^{j\frac{2\pi}{N}k}=W_N^{-k}} = \sum_{n=-\infty}^{\infty} x(n)W_N^{nk} = X(e^{j\frac{2\pi}{N}k}) \tag{5-56}$$

事实上，如果对离散时间傅里叶变换 $X(e^{j\omega})$ 在频域进行等间隔抽样，在一个周期内采样点数为 N 个，则采样频率点可以表示为 $\omega = \dfrac{2\pi}{N}k$ $(k \in \mathbf{Z}, \mathbf{Z}$ 表示整数集合$)$，则得到相同的以 N 为周期的离散频谱 $\widetilde{X}(k)$：

$$\widetilde{X}(k) = X(e^{j\omega}) \Big|_{\omega=\frac{2\pi}{N}k} = X(e^{j\frac{2\pi}{N}k}) \tag{5-57}$$

$\widetilde{X}(k)$ 是以 N 为周期的离散频谱，求它的离散傅里叶级数的逆变换将得到周期的离散时间信号，即以 N 为周期的序列 $\widetilde{x}(n) = \widetilde{x}_N(n)$：

$$\widetilde{x}_N(n) = \mathrm{IDFS}[\widetilde{X}(k)] = \frac{1}{N}\sum_{k=0}^{N-1}\widetilde{X}(k)W_N^{-nk}$$

$$= \frac{1}{N}\sum_{k=0}^{N-1}\Big[\sum_{m=-\infty}^{\infty} x(m)W_N^{mk}\Big]W_N^{-nk}$$

$$= \sum_{m=-\infty}^{\infty} x(m)\Big[\frac{1}{N}\sum_{k=0}^{N-1}W_N^{(m-n)k}\Big]$$

利用 $\sum\limits_{k=0}^{N-1}e^{-j\frac{2\pi}{N}pk} = \begin{cases} N, & p=rN \\ 0, & 其他 \end{cases}$ ，将得到如下结果：

$$\widetilde{x}_N(n) = \sum_{r=-\infty}^{\infty} x(n+rN) \tag{5-58}$$

式(5-58) 说明，$\widetilde{x}_N(n)$ 是由序列 $x(n)$ 周期延拓叠加得到的周期序列，即有 $\widetilde{x}_N(n) = x((n))_N$。同时也说明，在频域进行抽样将造成时域信号序列的周期延拓叠加。一般来说，周期序列 $\widetilde{x}_N(n)$ 的主周期序列不等于 $x(n)$，即有 $[\widetilde{x}_N(n)]R_N(n) \neq x(n)$。

频域抽样定理：设序列 $x(n)$ 是点数为 M 的有限长序列，对它的离散时间傅里叶变换

$X(\mathrm{e}^{\mathrm{j}\omega})$进行频域等间隔抽样，如果在一个周期内采样点数为 N 个，且满足 $N \geqslant M$，则能够从抽样所得的离散频谱中正确恢复原始序列，且有：

$$x(n) = [\tilde{x}_N(n)] R_N(n) \tag{5-59}$$

由频域抽样定理容易得到，如果序列 $x(n)$ 是点数为 M 的有限长序列，对它的离散时间傅里叶变换 $X(\mathrm{e}^{\mathrm{j}\omega})$ 只在一个周期内进行 N 点等间隔抽样（$N \geqslant M$），将得到 N 点离散频谱 $X(k) = X(\mathrm{e}^{\mathrm{j}\omega})|_{\omega = \frac{2\pi}{N}k} = X(\mathrm{e}^{\mathrm{j}\frac{2\pi}{N}k})$（$0 \leqslant k \leqslant N-1$），从离散频谱 $X(k)$ 可以恢复序列 $x(n)$：

$$x(n) = \mathrm{IDFT}[X(k)] \tag{5-60}$$

例 5-5 在数字信号处理领域，频域抽样理论是理解连续信号与离散信号之间关系的重要工具。在科研中，尤其是在通信、雷达和声学等领域，研究人员经常需要利用频域抽样理论来分析信号的频谱特性，以便进行信号识别、增强或压缩等处理。假设有一个长度为 $M = 100$ 的有限长序列 $x(n)$，其频谱 $X(\mathrm{e}^{\mathrm{j}\omega})$ 在频域上是连续的。我们需要对频谱进行抽样，得到离散频谱 $X(k)$，并确定在何种条件下可以从 $X(k)$ 中无失真地恢复出 $x(n)$。

解： 根据频域抽样定理，为了无失真地恢复原始信号，抽样点数 N 必须大于或等于序列长度 M（题中 $M = 100$），所以我们选择 $N = 100$ 或 $N > 100$。

在频域上对连续频谱 $X(\mathrm{e}^{\mathrm{j}\omega})$ 进行等间隔抽样。抽样间隔是 $2\pi/N$，因为频谱是周期性的，周期为 2π。抽样点对应的角频率是 $\omega_k = \dfrac{2\pi k}{N}$，其中，$k$ 是整数，取值范围是 0 到 $N-1$。对于每个 k，我们计算 $X(\mathrm{e}^{\mathrm{j}\omega_k})$ 或简写为 $X(k)$，这就是离散频谱的一个样本点。

在实际情况中，我们可能无法直接获取连续频谱 $X(\mathrm{e}^{\mathrm{j}\omega})$ 在所有抽样点上的值。通常，我们会通过某种方式（如傅里叶变换）从原始信号 $x(n)$ 得到这些值。

如果我们已经有了原始信号 $x(n)$，我们可以使用离散傅里叶变换（DFT）来计算离散频谱 $X(k)$：

$$X(k) = \sum_{n=0}^{M-1} x(n) \mathrm{e}^{-\mathrm{j}\frac{2\pi}{N}kn}, \quad k = 0, 1, \cdots, N-1$$

注意：这里我们假设 N 是大于等于 M 的某个整数。如果 N 大于 M，则需要在 $x(n)$ 的末尾补零至长度为 N。

有了离散频谱 $X(k)$，就可以使用离散傅里叶逆变换（IDFT）来恢复原始信号 $x(n)$：

$$x(n) = \frac{1}{N} \sum_{k=0}^{N-1} X(k) \mathrm{e}^{\mathrm{j}\frac{2\pi}{N}kn}, \quad n = 0, 1, \cdots, N-1$$

由于我们选择了 N 大于或等于 M，因此我们可以从 N 个恢复出的样本中截取前 M 个作为原始信号 $x(n)$ 的估计。

5.5.2　从 X(k)恢复 X(z)和 X(e^jω)的内插公式

设序列 $x(n)$ 是点数为 M 的有限长序列，$N \geqslant M$，则序列 $x(n)$ 的 N 点离散傅里叶变换 $X(k)$（$0 \leqslant n \leqslant N-1$）也可以看作从序列 $x(n)$ 的 z 变换 $X(z)$ 或离散时间傅里叶变换 $X(\mathrm{e}^{\mathrm{j}\omega})$ 进行频域抽样的结果，那么从 $X(k)$ 能否恢复 $X(z)$ 和 $X(\mathrm{e}^{\mathrm{j}\omega})$ 呢？下面我们来讨论这个问题。

设序列 $x(n)$ 是点数为 M 的有限长序列，它的 z 变换已知，$X(z) = \displaystyle\sum_{n=0}^{M-1} x(n) z^{-n} =$

$\sum\limits_{n=0}^{N-1} x(n)z^{-n}$，$X(k)(0\leqslant n\leqslant N-1)$是对 $X(z)$ 在单位圆上做 $N(N\geqslant M)$ 点等间隔抽样的结

果，$x(n)=\dfrac{1}{N}\sum\limits_{k=0}^{N-1} X(k)W_N^{-nk}$ 则有：

$$
\begin{aligned}
X(z) &= \sum_{n=0}^{N-1} x(n)z^{-n} = \sum_{n=0}^{N-1}\left[\frac{1}{N}\sum_{k=0}^{N-1} X(k)W_N^{-nk}\right]z^{-n} \\
&= \frac{1}{N}\sum_{k=0}^{N-1} X(k)\left[\sum_{n=0}^{N-1} W_N^{-nk}z^{-n}\right] \\
&= \frac{1}{N}\sum_{k=0}^{N-1} X(k)\left[\sum_{n=0}^{N-1}(W_N^{-k}z^{-1})^n\right] \\
&= \frac{1}{N}\sum_{k=0}^{N-1} X(k)\left(\frac{1-W_N^{-Nk}z^{-N}}{1-W_N^{-k}z^{-1}}\right) \\
&= \frac{1-z^{-N}}{N}\sum_{k=0}^{N-1}\frac{X(k)}{1-W_N^{-k}z^{-1}} \\
&= \sum_{k=0}^{N-1} X(k)\frac{1-z^{-N}}{N(1-W_N^{-k}z^{-1})} \\
&= \sum_{k=0}^{N-1} X(k)\phi_k(z)
\end{aligned}
\tag{5-61}
$$

式(5-61) 为由离散频谱 $X(k)$ 恢复 $X(z)$ 的内插公式，其中，$\phi_k(z)$ 满足下式：

$$
\phi_k(z)=\frac{1-z^{-N}}{N(1-W_N^{-k}z^{-1})}=\frac{1}{N}\times\frac{z^N-1}{z^{N-1}(z-W_N^{-k})}
\tag{5-62}
$$

$\phi_k(z)$ 被称为内插函数，只由 N，k 确定。由式(5-62) 知，令 $z^N-1=0$，得内插函数的 N 个一阶零点 $z=\mathrm{e}^{\mathrm{j}\frac{2\pi}{N}r}$（$r=0,1,\cdots,k,\cdots,N-1$），它们恰好是 z 平面单位圆上的 N 个等分点。令分母中 $z^{N-1}(z-W_N^{-k})=0$，得内插函数的一个 $N-1$ 阶极点 $z=0$ 和一个一阶极点 $z=W_N^{-k}=\mathrm{e}^{\mathrm{j}\frac{2\pi}{N}k}$。这样在 $z=\mathrm{e}^{\mathrm{j}\frac{2\pi}{N}k}$ 处，内插函数 $\phi_k(z)$ 的一个零点将与一个极点抵消，由零点分布可知：内插函数 $\phi_k(z)$ 仅在本抽样点处不为零，即 $\phi_k(z)\big|_{z=\mathrm{e}^{\mathrm{j}\frac{2\pi}{N}k}}\neq0$，在其他 $N-1$ 个抽样点处均为零。

由离散时间傅里叶变换 $X(\mathrm{e}^{\mathrm{j}\omega})=X(z)\big|_{z=\mathrm{e}^{\mathrm{j}\omega}}$ 可以得到由离散频谱 $X(k)$ 恢复 $X(\mathrm{e}^{\mathrm{j}\omega})$ 的内插公式：

$$
X(\mathrm{e}^{\mathrm{j}\omega})=\sum_{k=0}^{N-1} X(k)\phi_k(\mathrm{e}^{\mathrm{j}\omega})
\tag{5-63}
$$

在式(5-63) 中，$\phi_k(\mathrm{e}^{\mathrm{j}\omega})=\phi_k(z)\big|_{z=\mathrm{e}^{\mathrm{j}\omega}}$，进一步讨论有：

$$
\begin{aligned}
\phi_k(\mathrm{e}^{\mathrm{j}\omega}) &= \frac{1-z^{-N}}{N(1-W_N^{-k}z^{-1})}\bigg|_{z=\mathrm{e}^{\mathrm{j}\omega}}=\frac{1}{N}\times\frac{1-\mathrm{e}^{-\mathrm{j}\omega N}}{1-\mathrm{e}^{-\mathrm{j}(\omega-k\frac{2\pi}{N})}} \\
&= \frac{1}{N}\times\frac{1-\mathrm{e}^{-\mathrm{j}(\omega N-2\pi k)}}{1-\mathrm{e}^{-\mathrm{j}(\omega-k\frac{2\pi}{N})}}
\end{aligned}
$$

$$= \frac{1}{N} \times \frac{e^{-j\frac{\omega N - 2\pi k}{2}} \left(e^{j\frac{\omega N - 2\pi k}{2}} - e^{-j\frac{\omega N - 2\pi k}{2}} \right)}{e^{-j\frac{\omega - k\frac{2\pi}{N}}{2}} \left(e^{j\frac{\omega - k\frac{2\pi}{N}}{2}} - e^{-j\frac{\omega - k\frac{2\pi}{N}}{2}} \right)}$$

$$= \frac{1}{N} \times \frac{\sin\left[N\left(\frac{\omega}{2} - \frac{\pi}{N}k \right) \right]}{\sin\left(\frac{\omega}{2} - \frac{\pi}{N}k \right)} e^{j\frac{k\pi}{N}(N-1)} e^{-j\frac{N-1}{2}\omega}$$

$$= \frac{1}{N} \times \frac{\sin\left[\frac{N}{2}\left(\omega - k\frac{2\pi}{N} \right) \right]}{\sin\left[\frac{1}{2}\left(\omega - k\frac{2\pi}{N} \right) \right]} e^{-j\frac{N-1}{2}\left(\omega - k\frac{2\pi}{N} \right)}$$

记 $\phi(\omega) = \phi_0(\omega) = \frac{1}{N} \times \frac{\sin\frac{N\omega}{2}}{\sin\frac{\omega}{2}} e^{-j\left(\frac{N-1}{2} \right)\omega}$，则有：

$$\phi_k(e^{j\omega}) = \phi\left(\omega - k\frac{2\pi}{N} \right) \tag{5-64}$$

当 $N = 5$ 时，$\phi(\omega)$ 的幅度特性和相位特性如图 5-2 所示。

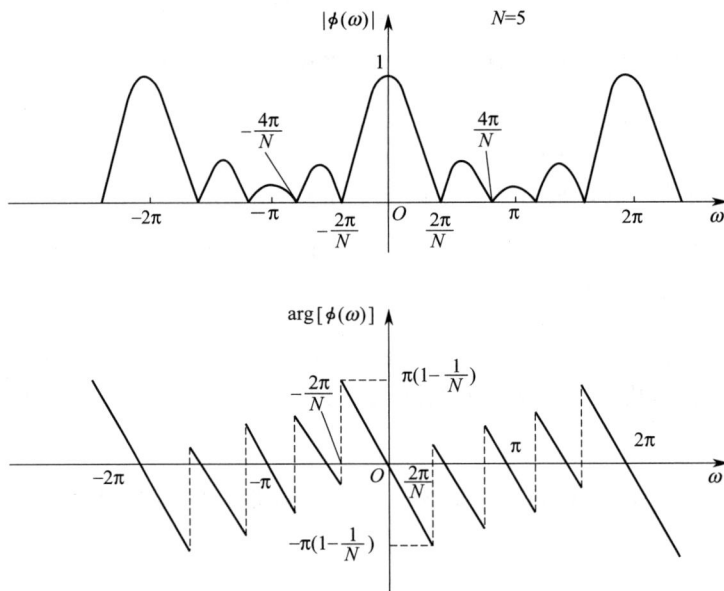

图 5-2 $\phi(\omega)$ 的幅度特性和相位特性

对于内插函数，容易得到以下结果：

① 当 $\omega = 0$ 时，$\phi(0) = \lim\limits_{\omega \to 0} \phi(\omega) = \lim\limits_{\omega \to 0} \frac{1}{N} \times \frac{\sin\frac{N\omega}{2}}{\sin\frac{\omega}{2}} e^{-j\left(\frac{N-1}{2} \right)\omega} = \frac{1}{N} \times \frac{\frac{1}{2}N}{\frac{1}{2}} = 1$；

② 当 $\omega = i\frac{2\pi}{N}(i = 1, 2, \cdots, N-1)$ 时，因为 $\sin\frac{N\omega}{2} = \sin(i\pi) = 0$，而 $\sin\frac{\omega}{2} = \sin\left(\frac{i\pi}{N} \right) \neq$

0，所以 $\phi(\omega) = 0$；

③ 由上面②的结果容易知道，当 $\omega=\dfrac{2\pi}{N}k$ 时，$\phi_k(\mathrm{e}^{\mathrm{j}\omega})=\phi\left(\omega-k\dfrac{2\pi}{N}\right)=1$，而当 $\omega=\dfrac{2\pi}{N}i$（$i=1,2,\cdots,k-1,k+1,\cdots,N-1$）时，$\phi_k(\mathrm{e}^{\mathrm{j}\omega})=0$。

内插函数在本抽样点处的值为 1，在其他抽样点处的值为 0。由内插公式 $X(\mathrm{e}^{\mathrm{j}\omega})=\displaystyle\sum_{k=0}^{N-1}X(k)\phi_k(\mathrm{e}^{\mathrm{j}\omega})$ 恢复的 $X(\mathrm{e}^{\mathrm{j}\omega})$，它在本抽样点 $\omega=\dfrac{2\pi}{N}k$ 处的值恰好为 $X(k)$，在各抽样点之间的值由加权内插函数 $X(k)\phi\left(\omega-\dfrac{2\pi}{N}k\right)$ 之和确定，如图 5-3 所示。

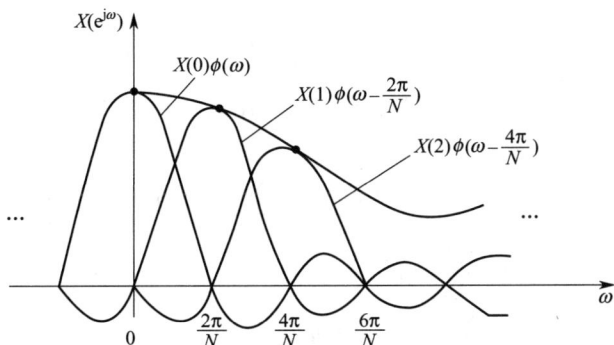

图 5-3   由 $X(k)$ 恢复的 $X(\mathrm{e}^{\mathrm{j}\omega})$ 的示意图

5.6 ○ 离散傅里叶变换的应用

有限长序列 $x(n)$ 的离散傅里叶变换有非常重要的应用，它是信号分析与处理的理论基础。下面介绍它在三个方面的应用。

5.6.1 用傅里叶变换计算线性卷积

对于离散时间系统，设系统的单位冲激响应为 $h(n)$，则当系统的激励输入为 $x(n)$ 时，系统的零状态响应为 $y(n)=x(n)*h(n)$。求解系统响应的问题实质上就是计算线性卷积的问题，在信号分析与处理中实现线性卷积运算的快速计算十分重要，可通过离散傅里叶变换的快速计算来实现线性卷积的快速计算，离散傅里叶变换的快速计算将在下一章讨论。这里将给出用离散傅里叶变换实现计算线性卷积的基本原理。

设 $x(n)$（$0\leqslant n\leqslant N-1$）是点数为 N 的有限长序列，$h(n)$（$0\leqslant n\leqslant M-1$）是点数为 M 的有限长序列，则序列 $x(n)$ 和 $h(n)$ 的线性卷积 $y_1(n)=x(n)*h(n)$（$0\leqslant n\leqslant N+M-1$）。当取 $L\geqslant N+M-1$ 时，$x(n)$ 和 $h(n)$ 的 L 点圆周卷积等于 $x(n)$ 和 $h(n)$ 的线性卷积，即：$y_c(n)=x(n)\mathbin{\text{Ⓛ}}h(n)=y_1(n)$。利用圆周卷积定理，实现线性卷积的计算，可以通过以下四个步骤实现：

① 分别计算序列 $x(n)$ 和 $h(n)$ 的 L 点离散傅里叶变换 $X(k)$ 和 $H(k)$；

② 计算 $X(k)H(k)$，$\mathrm{DFT}[y_c(n)]=X(k)H(k)$；

③ 计算圆周卷积 $y_c(n)$，$y_c(n)=\mathrm{IDFT}[X(k)H(k)]$；

④ 当 $L\geqslant N+M-1$ 时，圆周卷积等于线性卷积，即 $y_c(n)=y_1(n)$。

在上述计算中，需要计算两次离散傅里叶正变换和一次离散傅里叶逆变换，这都可以用离散傅里叶变换的快速算法实现，从而实现线性卷积的快速计算。在实际应用中，如果系统的输入序列 $x(n)$ 的长度远远大于系统单位冲激响应 $h(n)$ 的长度 M，则有两种实用方法计算 $x(n)$ 和 $h(n)$ 的线性卷积 $y_1(n)=x(n)*h(n)$，即重叠相加法和重叠保留法，下面仅介绍重叠相加法。

重叠相加法是一种对长序列 $x(n)$ 进行分段处理实现卷积计算的方法。设 $h(n)$ 的点数为 M，信号 $x(n)$ 为很长的序列。将序列 $x(n)$ 进行适当等长度分段，使得每一段 $x_i(n)$ 的长度 L 与 $h(n)$ 的长度 M 相当：

$$x_i(n)=\begin{cases} x(n), & iL\leqslant n\leqslant (i+1)L-1 \\ 0, & 其他 \end{cases},i=0,1,2,\cdots \qquad (5\text{-}65)$$

显然子序列 $x_i(n)$ 的非零值起点是 $n=iL$，长度为 L，且有 $x(n)=\sum\limits_{i=0} x_i(n)$。$x_i(n)$ 与 $h(n)$ 的线性卷积 $x_i(n)*h(n)$ 的非零起点为 $n=iL$，长度为 $L+M-1$。取 $N\geqslant L+M-1$，则有：

$$\begin{aligned} y_1(n) &=x(n)*h(n)=\left[\sum_{i=0}x_i(n)\right]*h(n) \\ &=\sum_{i=0}[x_i(n)*h(n)] \qquad (5\text{-}66) \\ &=\sum_{i=0}[x_i(n)\,Ⓝ\,h(n)] \end{aligned}$$

由式(5-66)知线性卷积 $y_1(n)=x(n)*h(n)$ 是各个分段卷积 $x_i(n)*h(n)$ 相加的结果，相邻两段，例如第 i 段和第 $i+1$，第 i 段卷积结果的非零值起点为 iL，长度为 $L+M-1$，第 $i+1$ 段卷积结果的起点为 $(i+1)L$，长度为 $L+M-1$，相邻两段卷积相加时，重叠相加的点数恰好是 $M-1$，所以把上述计算卷积的分段算法称为重叠相加法。计算 $x(n)$ 和 $h(n)$ 的线性卷积 $y_1(n)=x(n)*h(n)$ 的重叠相加法的步骤如下：

① 将序列 $x(n)$ 进行等长度分段，使得每一段 $x_i(n)$ 的长度 L 与 $h(n)$ 的长度 M 相当，如图 5-4 所示；

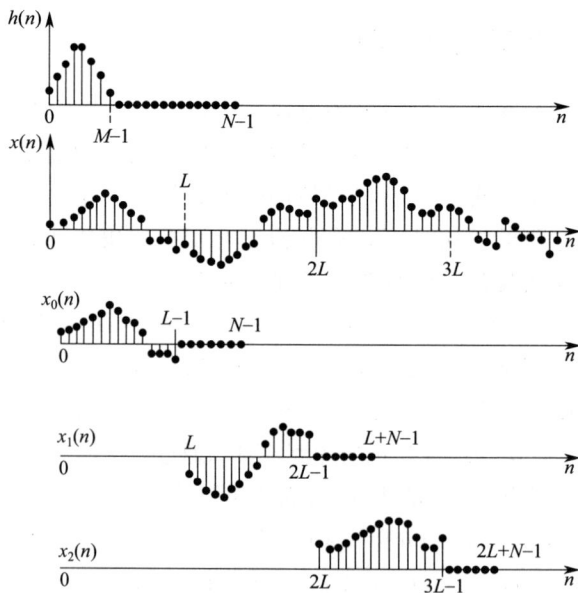

图 5-4 对序列 $x(n)$ 进行等长度分段

② 取 $N \geqslant L+M-1$，当用第 6 章的离散傅里叶变换的基-2 快速算法时，取 $N=2^m$；

③ 计算 $h(n)$ 的 N 点离散傅里叶变换 $\text{DFT}[h(n)]=H(k)$；

④ 计算 $x_i(n)$ 的 N 点离散傅里叶变换 $\text{DFT}[x_i(n)]=X_i(k)$，令 $Y_i(k)=X_i(k)H(k)$；

⑤ 计算离散傅里叶逆变换 $y_i(n)=y_c(n)=\text{IDFT}[Y_i(k)]$，如图 5-5 所示；

⑥ 计算线性卷积 $y_1(n)=x(n)*h(n)=\sum_{i=0} y_i(n)$。

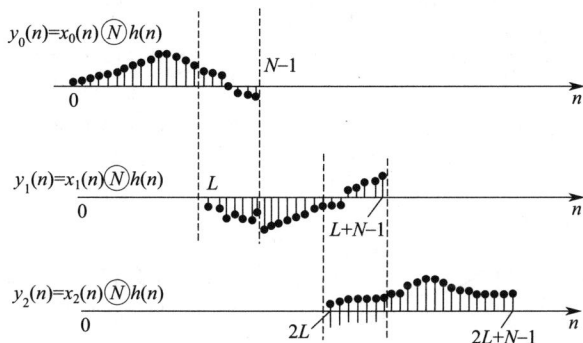

图 5-5　分段计算 $y_i(n)=x_i(n)*h(n)$

例 5-6　已知序列 $x(n)=\{\underline{1},-2,1,3,0,-1,-2,4,3,2,-3\}$ 和 $h(n)=\{\underline{1},-1,1\}$，用重叠相加法计算线性卷积 $y_1(n)=x(n)*h(n)$。

解：

① 将序列 $x(n)$ 分成三段，每段非零值长度 $L=4$：

$$x_0(n)=\{\underline{1},-2,1,3,0,0,0,0,0,0,0\}$$
$$x_1(n)=\{\underline{0},0,0,0,0,-1,-2,4,0,0,0\}$$
$$x_2(n)=\{\underline{0},0,0,0,0,0,0,0,3,2,-3,0\}$$

显然有 $x(n)=x_0(n)+x_1(n)+x_2(n)$。

② 取 $N=2^3=8\geqslant L+M-1=4+3-1=6$。

③ 计算分段卷积 $y_i(n)=x_i(n)*h(n)(i=0,1,2)$。

$$y_0(n)=\{\underline{1},-3,4,0,-2,3,0,0,0,0,0\}$$
$$y_1(n)=\{\underline{0},0,0,0,0,-1,-1,5,-6,4,0\}$$
$$y_2(n)=\{\underline{0},0,0,0,0,0,0,0,3,-1,-2,5,-3,0\}$$

④ $y_1(n)=x(n)*h(n)=\sum_{i=0}^{2} y_i(n)=y_0(n)+y_1(n)+y_2(n)$

$$=\{\underline{1},-3,4,0,-2,2,-1,5,-3,3,-2,5,-3\}$$

5.6.2　用离散傅里叶变换分析模拟信号的频谱

我们对模拟信号通过傅里叶变换做频谱分析时，都是在已知模拟信号表达式的基础上进行的。在实际的信号分析与处理中，分析研究的信号一般都是随机过程（随机信号），接收到的是随机信号的一个模拟样本信号 $x_a(t)$，但不能明确知道 $x_a(t)$ 的函数表达式，这时如何分析信号的频谱？在实际工程应用中，通过对接收信号进行采样、量化、截短等方式得到

N 点有限长的离散时间信号 $x(n)=x_N(n)$，然后用序列 $x(n)$ 的离散傅里叶变换对模拟信号 $x_a(t)$ 做近似的频谱分析，分析处理过程如图 5-6 所示，信号及其频谱变化如图 5-7 所示。

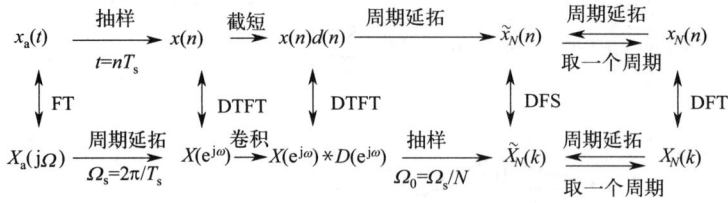

图 5-6　用离散傅里叶变换分析模拟信号频谱的过程

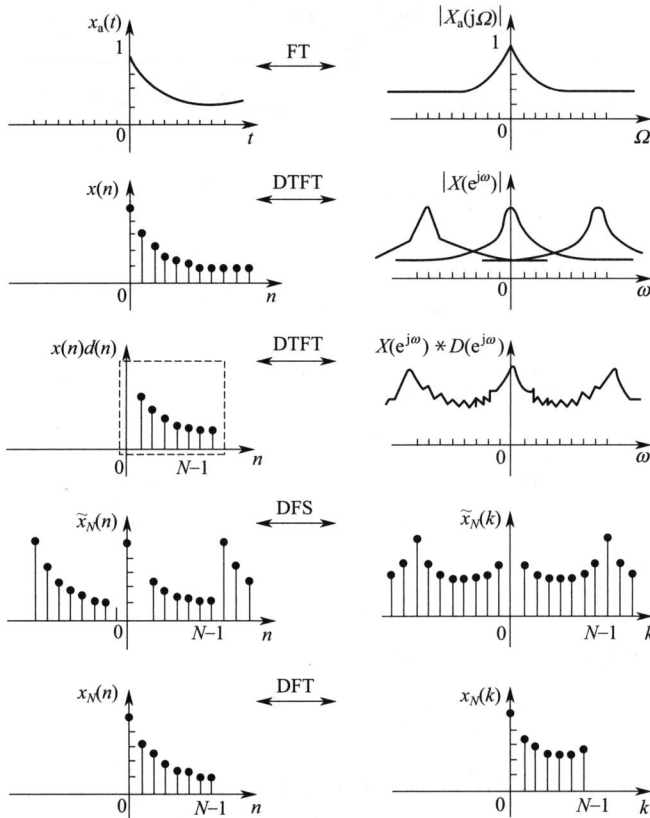

图 5-7　信号及其频谱变化

在上述信号分析处理过程中，为了分析及描述方便，我们做一些假设。假设模拟信号 $x_a(t)$ 的最高截止频率为 f_h，模拟最高截止角频率为 $\Omega_h=2\pi f_h$，采样频率为 f_s，模拟采样角频率为 $\Omega_s=2\pi f_s$，时域采样间隔为 T，窗函数 $d(n)$ 对应的时间长度为 T_0，序列 $x(n)=x_N(n)$ 的点数为 N，频域采样间隔（频率分辨率）为 F_0。则它们之间的关系如下：

$$\begin{cases} f_s \geqslant 2f_h, f_s=\dfrac{1}{T}, F_0=\dfrac{1}{T_0} \\ \\ f_s=NF_0, T_0=NT, N=\dfrac{f_s}{F_0}=\dfrac{T_0}{T} \end{cases} \qquad (5\text{-}67)$$

下面我们来分析模拟信号 $x_a(t)$ 的傅里叶变换，即频谱 $X_a(j\Omega) = \int_{-\infty}^{\infty} x_a(t) e^{-j\Omega t} dt$ 。

① 对于信号 $x_a(t)$，将变量 t 在时间轴上以 T 为间隔进行分段，分割点在 nT 处，$x_a(nT) = x_a(t)|_{t=nT} = x(n)(-\infty < n < \infty)$ 就是抽样序列。依据函数的积分特性有：

$$X_a(j\Omega) = \int_{-\infty}^{\infty} x_a(t) e^{-j\Omega t} dt \approx \sum_{n=-\infty}^{\infty} x_a(nT) e^{-j\Omega nT} T$$

② 将抽样序列用窗函数序列 $d(n) = R_N(n)$ 截短，窗函数 $d(n)$ 对应的时间长度为 T_0，得到 N 点有限长序列 $x_N(n) = x_a(nT) R_N(n)$，则频谱函数有如下近似表达：

$$X_a(j\Omega) \approx T \sum_{n=0}^{N-1} x_a(nT) e^{-j\Omega nT}$$

由于 $T \sum_{n=0}^{N-1} x_a(nT) e^{-j(\Omega + \frac{2\pi}{T})nT} = T \sum_{n=0}^{N-1} x_a(nT) e^{-j\Omega nT} e^{-j2n\pi} = T \sum_{n=0}^{N-1} x_a(nT) e^{-j\Omega nT}$，所以 $T \sum_{n=0}^{N-1} x_a(nT) e^{-j\Omega nT}$ 是关于 Ω 的周期函数，周期为 $\Omega_s = \dfrac{2\pi}{T}$。

③ 对 $X_a(j\Omega)$ 进行频域等间隔抽样，频域抽样间隔 $\Omega_0 = 2\pi F_0$，频域抽样将造成时域信号的周期延拓，时域周期为 $T_0 = \dfrac{1}{F_0}$，$\Omega_0 T = \dfrac{2\pi F_0}{f_s} = \dfrac{2\pi}{N}$，此时有：

$$\begin{aligned}
X_a(jk\Omega_0) &\approx T \sum_{n=0}^{N-1} x_a(nT) e^{-jk\Omega_0 nT} = T \sum_{n=0}^{N-1} x_a(nT) e^{-j\frac{2\pi}{N}kn} \\
&= T \, \mathrm{DFT}[x_a(nT) R_N(n)] \\
&= T \, \mathrm{DFT}[x_N(n)] = T X_N(k)
\end{aligned} \tag{5-68}$$

式（5-68）给出了模拟信号的频谱 $X_a(j\Omega)$ 在离散频率点 $\Omega = k\Omega_0$ 的近似值，即用截短后的有限长序列 $x_N(n)$ 的 DFT 计算得到的 N 点离散傅里叶变换 $X(k)$ 乘以 T，就等于频谱在频域抽样点处的值。

对于模拟信号 $x_a(t)$，它的频谱为 $X_a(j\Omega)$，假设其最高截止角频率为 $\Omega_h = 2\pi f_h$，用抽样角频率 $\Omega_s = \dfrac{2\pi}{T}(\Omega_s \geqslant 2\Omega_h)$ 对其进行理想抽样，则抽样信号 $\hat{x}_a(t) = x_a(t)\delta_T(t)$ 的傅里叶变换 $\hat{X}_a(j\Omega)$ 为：

$$\hat{X}_a(j\Omega) = \frac{1}{T} \sum_{k=-\infty}^{\infty} X_a[j(\Omega + k\Omega_s)]$$

抽样序列 $x(n) = x_a(nT)$ 的离散时间傅里叶变换为：

$$X_a(e^{j\omega}) = \frac{1}{T} \sum_{k=-\infty}^{\infty} X_a[j(\Omega + k\Omega_s)]\Big|_{\Omega = \frac{\omega}{T}} = \frac{1}{T} \sum_{k=-\infty}^{\infty} X_a[j(\frac{\omega + 2\pi k}{T})]$$

在满足抽样定理的条件下，在关于变量 ω 的一个周期内，$X_a(e^{j\omega}) = \dfrac{1}{T} X_a(\dfrac{j\omega}{T})$，即 $X_a(\dfrac{j\omega}{T}) = X_a(j\Omega) = T X_a(e^{j\omega})$。

而截短后的序列 $x_N(n) = x_a(nT) R_N(n)$ 的离散时间傅里叶变换 $X(e^{j\omega}) = X_N(e^{j\omega})$，$X_a(e^{j\omega}) \approx X(e^{j\omega})$，$x_N(n)$ 的 N 点离散傅里叶变换为 $X_N(k)$，则 $X(e^{j\omega})$ 可由内插函数获得：

$$X(e^{j\omega}) = \sum_{k=0}^{N-1} X_N(k) \phi_k(e^{j\omega})$$

通过以上分析，用有限长序列的离散傅里叶变换可以近似计算模拟信号的频谱：

$$X_a(j\Omega) = TX_a(e^{j\omega})$$

$$\approx TX_N(e^{j\omega}) = T\sum_{k=0}^{N-1} X_N(k)\phi_k(e^{j\omega}) \tag{5-69}$$

5.6.3 用离散傅里叶变换分析模拟信号的频谱的相关问题

在上一节分析了用离散傅里叶变换近似分析模拟信号频谱的方法。显然，分析精度取决于几个关键节点参数的选择，主要包括抽样频率和窗函数的选择。

（1）参数的选择

为了避免发生频谱混叠，要求抽样频率大于等于信号最高截止频率的 2 倍，即满足抽样条件 $\Omega_s \geqslant 2\Omega_h$，即满足 $T = \dfrac{1}{f_s} \leqslant \dfrac{1}{2f_h}$，在工程实践中一般取 $f_s = (2.5 \sim 3.0)f_h$，或者取 $f_s = (3 \sim 6)f_h$。

窗函数的类型和时间宽度 T_0 的选择对频谱分析的精度也有很大影响。$F_0 = \dfrac{1}{T_0}$ 称为频率分辨率或频率分辨力，在频域中表示能够分辨两个不同频率分量的能力，频率分辨力越小，分辨能力越强。显然固定抽样间隔 T，如果要提高频率分辨力，则要求增加观察的信号时长 T_0，频率分辨力只与 T_0 有关。

在信号最高截止频率 f_h 确定的条件下，理论上为不发生频谱混叠，取允许的最小抽样频率 $f_s = 2f_h$，由于 $N = \dfrac{f_s}{F_0}$，所以要提高频率分辨力必须增加抽样点数。

事实上，实际应用中我们不能准确知道接收信号的最高截止频率，需要用其他方法估计信号的最高截止频率。通常在抽样之前对接收信号做一个预处理，让信号通过一个低通滤波器，得到一个频带有限的信号，再进行后续操作。预处理会使信号失真，但这样的失真一般小于频谱混叠引起的失真。

例 5-7 将一数字信号处理器作频谱分析之用，抽样点数必须是 2 的整数幂，假定不采用任何特殊数据处理措施，设抽样频率为 $f_s = 8\text{kHz}$，要求频率分辨率 $F_0 \leqslant 4\text{Hz}$。试确定：

① 信号最小记录长度 $T_{0\min}$；

② 允许处理的信号最高频率 f_h；

③ 在一个记录中的最少抽样点数 $N_{\min}$；

④ 抽样频率不变的情况下，如何将频率分辨率提高一倍使 $F_0 = 2\text{Hz}$，此时的抽样点数是多少？

解： ① $T_{0\min} = \dfrac{1}{F_0} = 0.25\text{s}$。

② $f_h \leqslant f_s/2 = 4\text{kHz}$。

③ $N_{\min} \geqslant \dfrac{f_s}{F_0} = T_{0\min} \times 8 \times 10^3 = 2000$。

④ 将频率分辨率提高一倍的办法，就是将最小记录长度增加一倍，即

$$T'_{0\min} = 2T_{0\min} = 0.5\text{s}$$

抽样频率不变的情况下，最少抽样点数加倍，即：

$$N'_{min}=T'_{0min}/T=2N_{min}\geqslant4000$$

因此取抽样点数 $N=2^{12}=4096$。

（2）频谱泄漏问题

用离散傅里叶变换近似分析模拟信号频谱的过程中，对抽样序列 $x_1(n)=x_a(nT)$ 用窗函数序列 $w(n)$ 进行截短，截短后序列 $x_2(n)=x_N(n)=x_a(nT)w(n)$。由离散时间傅里叶变换的频域卷积定理知，时域信号相乘，频域频谱卷积。频谱卷积将造成拖尾现象，称为频谱泄漏，也就是频谱卷积后，频谱在最高截止频率之外产生了新的频率分量，如图 5-8 所示，其中，$X_1(\omega)=\pm|X_1(e^{j\omega})|$，$X_2(\omega)=\pm|X_2(e^{j\omega})|$，$W(\omega)=\pm|W(e^{j\omega})|$，$X_1(\omega)$、$W(\omega)$、$X_2(\omega)$ 分别是频谱的幅度函数。详细的频谱分析将在窗函数设计的章节中讨论。

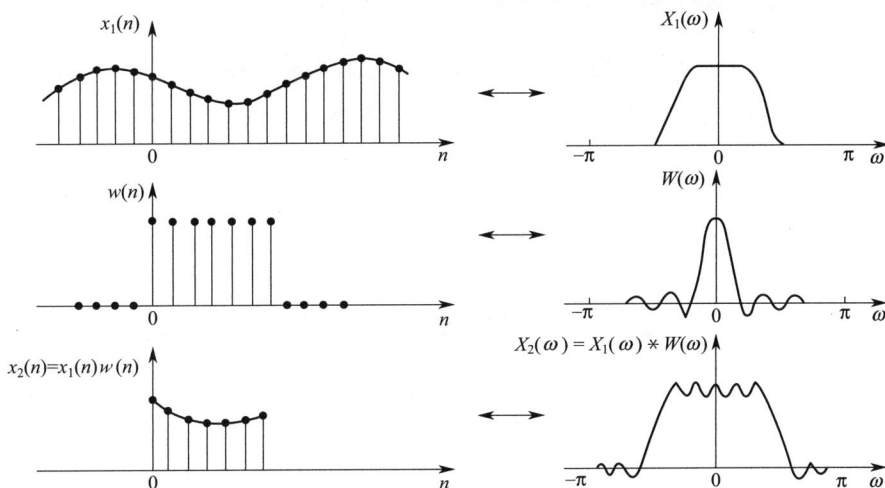

图 5-8　频谱泄漏

减少频谱泄漏的方法主要有两种，一是增加窗函数的窗口时间长度，即窗口宽度，二是选用合适的窗函数类型，使窗函数 $w(n)$ 的幅度频谱中旁瓣的幅度尽可能地小。

（3）栅栏效应

在用离散傅里叶变换做频谱分析时，一般只是计算频率为 $F_0=\dfrac{1}{T_0}$ 的整数倍处的离散频谱值，谱线间隔为 $\Omega_0=\dfrac{2\pi}{NT}$，$\omega_0=\dfrac{2\pi}{N}$，在两个谱线之间的情况却不知道，这相当于通过一个栅栏观察景象，故称作栅栏效应。如图 5-9 所示。如果要减小谱线间隔，对于 N 点的 $x_N(n)$，可以做 M 点的离散傅里叶变换，$M>N$，相当于在序列 $x_N(n)$ 的后面补充 $M-N$ 个 0 做 M 点的离散傅里叶变换，此时谱线间隔为 $\Omega_0=\dfrac{2\pi}{MT}$，$\omega_0=\dfrac{2\pi}{M}$，间隔变小，谱线变密。

通过补零方式再做离散傅里叶变换得到了间隔更小的离散频谱，虽然改善了栅栏效应，但实际上，由于没有增加信号的实际长度，即 T_0 没有发生变换，所以没有改变频谱的频率分辨力 $F_0=\dfrac{1}{T_0}$。

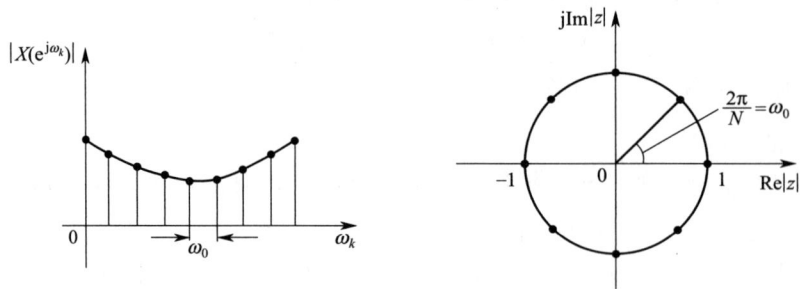

图 5-9　栅栏效应

本章小结

本章是本课程的重点章节，内容既是全书的重点也是全书的难点，主要内容包括有限长序列的离散傅里叶变换（DFT）的定义、性质，与离散傅里叶级数（DFS）、z 变换、离散时间傅里叶变换的关系，DFT 的应用。

（1）周期序列的离散傅里叶级数的定义

周期为 N 的周期序列 $\widetilde{x}(n)$，它的离散傅里叶级数（DFS）的定义如下：

$$\begin{cases} \text{正变换：} \quad \widetilde{X}(k) = \sum_{n=0}^{N-1} \widetilde{x}(n) \mathrm{e}^{-\mathrm{j}\frac{2\pi}{N}kn} \\[2mm] \text{逆变换：} \quad \widetilde{x}(n) = \frac{1}{N}\sum_{k=0}^{N-1} \widetilde{X}(k) \mathrm{e}^{\mathrm{j}\frac{2\pi}{N}nk} \end{cases}$$

（2）离散傅里叶变换的定义

① DFT 的定义。对于有限长序列 $x(n)(0 \leqslant n \leqslant N-1)$，它的 N 点离散傅里叶变换的定义如下：

$$\begin{cases} \text{正变换：} \quad X(k) = \sum_{n=0}^{N-1} x(n) \mathrm{e}^{-\mathrm{j}\frac{2\pi}{N}kn}, k = 0,1,\cdots,N-1 \\[2mm] \text{逆变换：} \quad x(n) = \frac{1}{N}\sum_{k=0}^{N-1} X(k) \mathrm{e}^{\mathrm{j}\frac{2\pi}{N}nk}, n = 0,1,\cdots,N-1 \end{cases}$$

② DFT 与 z 变换、DTFT 之间的关系。对于有限长序列 $x(n)$ $(0 \leqslant n \leqslant N-1)$，设它的 z 变换为 $X(z)$，离散时间傅里叶变换为 $X(\mathrm{e}^{\mathrm{j}\omega})$，则有：

$$X(z) \Big|_{z=\mathrm{e}^{\mathrm{j}\frac{2\pi}{N}k}} = \sum_{n=0}^{N-1} x(n) \mathrm{e}^{-\mathrm{j}\frac{2\pi}{N}kn} = X(k), k = 0,1,\cdots,N-1$$

$$X(\mathrm{e}^{\mathrm{j}\omega}) \Big|_{\omega=\frac{2\pi}{N}k} = X(k), k = 0,1,\cdots,N-1$$

③ 离散傅里叶变换与离散傅里叶级数之间的关系。由有限长序列 $x(n)(0 \leqslant n \leqslant N-1)$ 可以得到周期为 N 的周期序列 $\widetilde{x}(n)$，记为：

$$\widetilde{x}(n) = \sum_{k=-\infty}^{\infty} x(n+kN) = x((n))_N$$

从周期为 N 的周期序列 $\widetilde{x}(n)$ 中可以得到一个有限长序列 $x(n)(0 \leqslant n \leqslant N-1)$：

$$x(n) = \begin{cases} \widetilde{x}(n), & 0 \leqslant n \leqslant N-1 \\ 0, & \text{其他} \end{cases}$$

有限长序列 $x(n)$ 的离散傅里叶变换 $X(k)$ 与周期序列 $\widetilde{x}(n)$ 的离散傅里叶级数 $\widetilde{X}(k)$ 之间的关系如下：

$$X(k) = \widetilde{X}(k)R_N(n) = \sum_{n=0}^{N-1} x(n)e^{-j\frac{2\pi}{N}kn}, 0 \leqslant k \leqslant N-1$$

如果对有限长序列 $x(n)(0 \leqslant n \leqslant N-1)$ 做 M 周期延拓叠加（$M > N$）得到周期为 M 的周期序列 $\widetilde{x}(n)$，则有：

$$X(k) = \widetilde{X}(k)R_M(n) = \sum_{n=0}^{N-1} x(n)e^{-j\frac{2\pi}{M}kn}, 0 \leqslant k \leqslant M-1$$

此时的 $X(k)(0 \leqslant k \leqslant M-1)$ 是在序列 $x(n)$ 的后面补充 $M-N$ 个 0 后再做 M 点离散傅里叶变换的结果。

（3）离散傅里叶变换的主要性质

有限长序列 $x(n)(0 \leqslant n \leqslant N-1)$ 的离散傅里叶变换为 $X(k)(0 \leqslant k \leqslant N-1)$，将傅里叶变换对简单表示为 $x(n) \leftrightarrow X(k)$，下面列举几个重要且有难度的性质。

① 圆周移位特性：

$$x_m(n) = x((n+m))_N R_N(n) \leftrightarrow W_N^{-mk} X(k)$$

② 调制特性：

$$x(n)W_N^{nl} \leftrightarrow X_l(k) = X((k+l))_N R_N(k)$$

③ 实数序列 $x(n)$ 的 DFT：当序列 $x(n)$ 是实数序列时，$x(n)$ 的离散傅里叶变换 $X(k)$ 满足圆周共轭对称条件：

$$X(k) = X^*((N-k))_N R_N(k)$$

④ 时域圆周卷积定理：序列 $x_1(n)$ 和 $x_2(n)$ 都是点数为 N 的序列，$\text{DFT}[x_1(n)] = X_1(k)$，$\text{DFT}[x_2(n)] = X_2(k)$，则序列 $x_1(n)$ 和 $x_2(n)$ 的 N 点圆周卷积的离散傅里叶变换为 $X_1(k)X_2(k)$，即有：

$$\text{DFT}[x_1(n) \textcircled{N} x_2(n)] = X_1(k)X_2(k)$$

⑤ Parseval 定理：设点数为 N 的序列 $x(n)$，$x(n) \leftrightarrow X(k)$，则有序列的能量计算公式：

$$\sum_{n=0}^{N-1} |x(n)|^2 = \frac{1}{N}\sum_{n=0}^{N-1} |X(k)|^2$$

⑥ 内插公式：设点数为 N 的序列 $x(n)$，它的 N 点离散傅里叶变换为 $X(k)$，z 变换为 $X(z)$，离散时间傅里叶变换为 $X(e^{j\omega})$，则有如下内插公式：

$$X(z) = \sum_{k=0}^{N-1} X(k)\phi_k(z)$$

$$X(e^{j\omega}) = \sum_{k=0}^{N-1} X(k)\phi_k(e^{j\omega})$$

$$\phi_k(z) = \frac{1-z^{-N}}{N(1-W_N^{-k}z^{-1})}$$

$$\phi_k(e^{j\omega}) = \phi\left(\omega - k\frac{2\pi}{N}\right)$$

$$\phi(\omega) = \phi_0(\omega) = \frac{1}{N} \times \frac{\sin \frac{N\omega}{2}}{\sin \frac{\omega}{2}} e^{-j\left(\frac{N-1}{2}\right)\omega}$$

⑦ 频域抽样理论：假设离散时间信号 $x(n)$ 的离散时间傅里叶变换为 $X(e^{j\omega})$，对 $X(e^{j\omega})$ 在频域进行等间隔抽样，在一个周期内采样点数为 N，则采样频率点可以表示为 $\omega = \frac{2\pi}{N}k$（$k \in \mathbf{Z}$，$\mathbf{Z}$ 表示整数集合），得到以 N 为周期的离散频谱 $\widetilde{X}(k)$，则有：

$$\widetilde{x}_N(n) = \text{IDFS}[\widetilde{X}(k)] = \sum_{r=-\infty}^{\infty} x(n+rN) = x((n))_N$$

频域抽样定理：如果序列 $x(n)$ 是点数为 M 的有限长序列，对它的离散时间傅里叶变换 $X(e^{j\omega})$ 只在一个周期内进行 N 点等间隔抽样（$N \geqslant M$），得到 N 点离散频谱 $X(k)$（$0 \leqslant k \leqslant N-1$），则从离散频谱 $X(k)$ 可以正确恢复序列 $x(n)$：

$$x(n) = \text{IDFT}[X(k)]$$

（4）用离散傅里叶变换分析模拟信号频谱的参数关系

假设模拟信号 $x_a(t)$ 的最高截止频率为 f_h，模拟最高截止角频率为 $\Omega_h = 2\pi f_h$，采样频率为 f_s，模拟采样角频率为 $\Omega_s = 2\pi f_s$，时域采样间隔为 T，窗函数 $d(n)$ 对应的时间长度为 T_0，截短后的序列 $x_N(n) = x_a(nT)d(n)$ 的点数为 N，频域采样间隔（频率分辨率）为 F_0，则它们之间的关系如下：

$$\begin{cases} f_s \geqslant 2f_h, f_s = \dfrac{1}{T}, F_0 = \dfrac{1}{T_0} \\ f_s = NF_0, T_0 = NT, N = \dfrac{f_s}{F_0} = \dfrac{T_0}{T} \end{cases}$$

设模拟信号 $x_a(t)$ 的频谱为 $X_a(j\Omega)$，抽样序列 $x_a(nT)$ 截短后的序列的离散傅里叶变换为 $X_N(k)$，则有：

$$X_a(jk\Omega_0) \approx TX_N(k)$$

习题5

5.1 求周期正弦序列 $\widetilde{x}(n) = \sin(\frac{5}{8}\pi n)$ 的离散傅里叶级数 $\widetilde{X}(k)$。

5.2 已知序列 $x(n) = 2\delta(n) + \delta(n-1) - 3\delta(n-2) - \delta(n-3) + 2\delta(n-4)$，试求下列序列，并画出波形。

（1）$x_1(n) = x((n))_5 R_5(n)$；　　　　（2）$x_2(n) = x((n))_6 R_6(n)$；

（3）$x_3(n) = x((n))_4 R_4(n)$；　　　　（4）$x_4(n) = x((n-2))_5 R_5(n)$；

（5）$x_5(n) = x((2-n))_5 R_5(n)$。

5.3 已知离散时间信号 $x(n) = a^n u(n)$，其中 $0 < a < 1$，将序列 $x(n)$ 做 N 周期延拓得到周期序列 $\widetilde{x}(n) = \sum_{k=-\infty}^{\infty} x(n+kN)$。

（1）求序列 $x(n)$ 的离散时间傅里叶变换 $X(e^{j\omega})$；

(2) 求周期序列 $\tilde{x}(n)$ 的离散时间傅里叶级数 $\tilde{X}(k)$；

(3) 说明 $\tilde{X}(k)$ 与 $X(e^{j\omega})$ 之间的关系；

(4) 求有限长序列 $x_1(n)=\tilde{x}(n)R_N(n)$ 的离散傅里叶变换 $X_1(k)$。

5.4 已知复数序列 $y(n)=x_1(n)+jx_2(n)$ 的 8 点 DFT 为：

$$Y(k)=\{1-3j,-2+4j,3+7j,-4-5j,2+5j,-1-2j,4-8j,6j\}$$

试确定实数序列 $x_1(n)$ 和 $x_2(n)$ 的 8 点离散傅里叶变换 $X_1(k)$ 和 $X_2(k)$。

5.5 设序列 $x(n)=R_4(n)$，周期延拓后得周期序列 $\tilde{x}(n)=x((n))_8$，试求周期序列 $\tilde{x}(n)$ 的离散傅里叶级数 $\tilde{X}(k)$，并作图表示 $\tilde{x}(n)$ 和 $\tilde{X}(k)$。

5.6 设 $\tilde{x}(n)$ 是周期为 N 的周期序列，则它也是周期为 $2N$ 的周期序列，若 $\tilde{X}(k)=\sum\limits_{n=0}^{N-1}\tilde{x}(n)W_N^{nk}$，$\tilde{X}_1(k)=\sum\limits_{n=0}^{2N-1}\tilde{x}(n)W_{2N}^{nk}$，试用 $\tilde{X}(k)$ 表示 $\tilde{X}_1(k)$。

5.7 已知序列 $x(n)=\delta(n)+2\delta(n-2)+\delta(n-3)+3\delta(n-4)$。

(1) 试求线性卷积 $x(n)*x(n)$；　　(2) 求 5 点圆周卷积 $x(n)⑤x(n)$；

(3) 求 10 点圆周卷积 $x(n)⑩x(n)$。

5.8 设 $x(n)=R_4(n)$，$\tilde{x}(n)=x((n))_6$，试求 $\tilde{X}(k)$，并作图表示 $\tilde{x}(n)$，$\tilde{X}(k)$。

5.9 设 $x(n)=\begin{cases}n+1,0\leqslant n\leqslant 4\\0,\text{其他}\end{cases}$，$h(n)=R_4(n-2)$，令 $\tilde{x}(n)=x((n))_6$，$\tilde{h}(n)=h((n))_6$，试求 $\tilde{x}(n)$ 与 $\tilde{h}(n)$ 的周期卷积，并作图。

5.10 试求以下有限长序列的 N 点 DFT（闭合形式表达式）。

(1) $x(n)=a\cos(\omega_0 n)R_N(n)$；　　(2) $x(n)=a^n R_N(n)$；

(3) $x(n)=\delta(n-n_0),0<n_0<N$；　(4) $x(n)=nR_N(n)$。

5.11 已知 $x_1(n)$ 是 50 点的有限长序列，非零值范围 $0\leqslant n\leqslant 39$，$x_2(n)$ 是 15 点的有限长序列，非零值范围 $3\leqslant n\leqslant 12$，序列 $x_1(n)$ 和 $x_2(n)$ 的 40 点圆周卷积为 $y(n)=\sum\limits_{m=0}^{39}x_1(m)x_2((n-m))_{40}R_{40}(n)$，试分析 $y(n)$ 的值中 n 的哪个范围对应于 $x_1(n)*x_2(n)$ 的值。

5.12 设有两个序列 $x(n)=\begin{cases}x(n),0\leqslant n\leqslant 5\\0,\text{其他}\end{cases}$，$y(n)=\begin{cases}y(n),0\leqslant n\leqslant 14\\0,\text{其他}\end{cases}$，各作 15 点的 DFT，然后将两个 DFT 相乘，再求乘积的 DFT，设所得结果为 $f(n)$，问 $f(n)$ 的哪些点（用序号 n 表示）对应于 $x(n)*y(n)$ 应该得到的点。

5.13 设有一个频谱分析用的信号处理器，抽样点数要求为 2 的正整数幂，假定没有采用任何特殊的数据处理措施，要求频率分辨率 $F_0\leqslant 5\text{Hz}$，如果抽样的时间间隔为 0.2ms，试确定：

(1) 信号的最小记录长度；

(2) 所允许处理的信号的最高截止频率；

(3) 在一个记录中的最少抽样点数。

5.14 $X(k)$ 表示 N 点序列 $x(n)$ 的 N 点 DFT，证明：

(1) 如果 $x(n)$ 满足 $x(n)=-x(N-1-n)$，则 $X(0)=0$；

(2) 当 N 为偶数时，如果 $x(n)=x(N-1-n)$，则 $X(N/2)=0$。

5.15 分别计算以下各序列的 N 点 DFT，序列为：

(1) $x(n)=R_N(n)$；　　　　　　(2) $x(n)=\delta(n)$；

(3) $x(n)=e^{j\omega_0\pi}R_N(n)$；　　　　(4) $x(n)=e^{j\frac{2\pi}{N}mn}R_N(n),0<m<N$；

(5) $x(n)=\cos(\omega_0 n)R_N(n)$；　　(6) $x(n)=R_m(n),0<m<N$。

5.16 设 $x_1(n)=R_5(n)$，求：

(1) $X_1(e^{j\omega})=\text{DTFT}[x_1(n)]$，画出它的幅频特性及相频特性（标出坐标值）；

(2) $X_1(k)=\text{DFT}[x_1(n)]$，画出它的幅频特性；

(3) $X_2(k)=\text{DFT}[x_1((n))_{10}R_{10}(n)]$，画出它的幅频特性；

(4) $X_3(k)=\text{DFT}[(-1)^n x_1((n))_{10}R_{10}(n)]$，画出它的幅频特性；

(5) $x_5(n)=\text{IDFT}[\text{Im}[X_2(k)]]$；

(6) $x_7(n)=\text{IDFT}[W_{10}^{-2k}X_2(k)X_2(k)]$。

5.17 设 $x(n)=\{2,1,3,0,4\}$，$y(n)=\{3,0,4,2,1\}$。

(1) 求 $X(e^{j\omega})=\text{DTFT}[x(n)]$；$X(k)=\text{DFT}[x(n)]$，5 点；$Y(k)=\text{DFT}[y(n)]$，5 点。

(2) 讨论 $Y(k)$ 与 $X(k)$ 及 $X(e^{j\omega})$ 的关系。

5.18 已知长度为 N 的序列 $x(n)$，$0\leqslant n\leqslant N-1$，序列 $x(n)$ 的 N 点离散傅里叶变换为 $X(k)$，序列 $x_1(n)=\begin{cases}x(n),&0\leqslant n\leqslant N-1\\0,&N\leqslant n\leqslant 2N-1\end{cases}$，$x_2(n)=\begin{cases}x(n),&0\leqslant n\leqslant N-1\\-x(n-N),&N\leqslant n\leqslant 2N-1\end{cases}$，$x_3(n)=\begin{cases}x(n),&0\leqslant n\leqslant N-1\\0,&N\leqslant n\leqslant rN-1\end{cases}$，$r\geqslant 2$，分别是长度为 $2N$、$2N$、rN 的有限长序列，$x_1(n)$、$x_2(n)$ 的 $2N$ 点离散傅里叶变换分别为 $X_1(k)$ 和 $X_2(k)$，$x_3(n)$ 的 rN 点离散傅里叶变换为 $X_3(k)$。

(1) 试确定由 $X_1(k)$ 得到 $X(k)$ 的最简单可行的关系式。

(2) 如果 $X(k)$ 已知，能否确定 $X_2(k)$？试说明理由。

(3) 试确定由 $X_3(k)$ 得到 $X(k)$ 的最简单可行的关系式。

5.19 设 $x(n)$ 为有限长序列，$0\leqslant n\leqslant N-1$，$X(k)=\text{DFT}[x(n)]$，$0\leqslant k\leqslant N-1$，若 $y(n)=x((n))_N R_{rN}(n)$，r 为正整数，$Y(k)=\text{DFT}[y(n)]$，$0\leqslant k\leqslant rN-1$，试用 $X(k)$ 表示 $Y(k)$。

5.20 已知 $x(n)$ 是 N 点实数序列，$y(n)=x(N-1-n)$，$h(n)=(-1)^n x(n)$，$X(k)=\text{DFT}[x(n)]$，$Y(k)=\text{DFT}[y(n)]$，$H(k)=\text{DFT}[h(n)]$，试用 $X(k)$ 表示 $Y(k)$、$H(k)$。

参考答案

第6章

快速傅里叶变换（FFT）

在上一章讨论了有限长序列的傅里叶变换，即离散傅里叶变换，是信号分析与处理的有效手段，其在工程实践中能够具有广泛的应用，是因为它可以实现快速计算。1965年 Cooley 和 Tukey 发表的《机器计算傅里叶级数的一种算法》，第一次给出了傅里叶变换实现快速计算的算法原理，至今已经有了非常成熟的各种快速算法。这一章介绍快速傅里叶变换算法的基本原理，重点介绍按时间抽选的基-2 算法和按频率抽选的基-2 算法及其他基本算法原理。

6.1 ⊙ 离散傅里叶变换的矩阵形式

6.1.1 离散傅里叶变换的矩阵表达形式

对于有限长序列 $x(n)$ $(n=0,1,\cdots,N-1)$，它的 N 点离散傅里叶变换为 $X(k)$ $(0 \leqslant k \leqslant N-1)$，离散傅里叶变换对 $x(n) \leftrightarrow X(k)$ 满足：

$$\begin{cases} 正变换： & X(k) = \sum_{n=0}^{N-1} x(n) W_N^{kn} \\ 逆变换： & x(n) = \dfrac{1}{N} \sum_{k=0}^{N-1} X(k) W_N^{-nk} \end{cases} \tag{6-1}$$

式中，$W_N = \mathrm{e}^{-\mathrm{j}\frac{2\pi}{N}}$ 是常数，是单位圆上的一个复数点。如果把 N 点有限长序列 $x(n)$ $(n=0,1,\cdots,N-1)$ 记成列向量形式 $\boldsymbol{x}(n) = [x(0)\ x(1)\ \cdots\ x(N-1)]^{\mathrm{T}}$，则有：

$$X(k) = x(0) W_N^{0k} + x(1) W_N^{1k} + x(2) W_N^{2k} + \cdots + x(N-1) W_N^{(N-1)k}$$

$$= [1\ W_N^k\ W_N^{2k}\ \cdots\ W_N^{(N-1)k}] \begin{bmatrix} x(0) \\ x(1) \\ x(2) \\ \vdots \\ x(N-1) \end{bmatrix}, 0 \leqslant k \leqslant N-1 \tag{6-2}$$

如果将 N 点离散频谱 $X(k)$ 记成列向量形式 $\boldsymbol{X}(k) = [X(0)\ X(1)\ \cdots\ X(N-1)]^{\mathrm{T}}$，则有 N 点离散傅里叶变换的矩阵表达形式：

$$\begin{bmatrix} X(0) \\ X(1) \\ X(2) \\ \vdots \\ X(N-1) \end{bmatrix} = \begin{bmatrix} 1 & 1 & 1 & \cdots & 1 \\ 1 & W_N^1 & W_N^2 & \cdots & W_N^{(N-1)} \\ 1 & W_N^2 & W_N^4 & \cdots & W_N^{2(N-1)} \\ \vdots & \vdots & \vdots & & \vdots \\ 1 & W_N^{(N-1)} & W_N^{2(N-1)} & \cdots & W_N^{(N-1)(N-1)} \end{bmatrix} \begin{bmatrix} x(0) \\ x(1) \\ x(2) \\ \vdots \\ x(N-1) \end{bmatrix} \tag{6-3}$$

简记为 $\boldsymbol{X}(k) = \boldsymbol{A}_N \boldsymbol{x}(n)$，其中，$\boldsymbol{A}_N$ 是 N 阶可逆的复数矩阵：

$$\boldsymbol{A}_N = \begin{bmatrix} 1 & 1 & 1 & \cdots & 1 \\ 1 & W_N^1 & W_N^2 & \cdots & W_N^{(N-1)} \\ 1 & W_N^2 & W_N^4 & \cdots & W_N^{2(N-1)} \\ \vdots & \vdots & \vdots & & \vdots \\ 1 & W_N^{(N-1)} & W_N^{2(N-1)} & \cdots & W_N^{(N-1)(N-1)} \end{bmatrix} \tag{6-4}$$

显然，离散傅里叶变换的逆变换也可以写成矩阵形式 $\boldsymbol{x}(n) = \boldsymbol{A}_N^{-1} \boldsymbol{X}(k)$，其中，逆矩阵 $\boldsymbol{A}_N^{-1}$ 的表达式为：

$$\boldsymbol{A}_N^{-1} = \frac{1}{N} \begin{bmatrix} 1 & 1 & 1 & \cdots & 1 \\ 1 & W_N^{-1} & W_N^{-2} & \cdots & W_N^{-(N-1)} \\ 1 & W_N^{-2} & W_N^{-4} & \cdots & W_N^{-2(N-1)} \\ \vdots & \vdots & \vdots & & \vdots \\ 1 & W_N^{-(N-1)} & W_N^{-2(N-1)} & \cdots & W_N^{-(N-1)(N-1)} \end{bmatrix} \tag{6-5}$$

6.1.2 直接计算傅里叶变换的计算量

要完成有限长序列 $x(n)$（$n = 0, 1, \cdots, N-1$）的 N 点离散傅里叶变换 $X(k)$（$0 \leqslant k \leqslant N-1$）的计算，由式（6-2）可知，计算完成一个 $X(k)$ 需要 N 次复数乘法和 $N-1$ 次复数加法，这样完成全部计算共需要 N^2 次复数乘法和 $N(N-1)$ 次复数加法。

设有两个复数 $z_1 = a_1 + \mathrm{j}b_1$，$z_2 = a_2 + \mathrm{j}b_2$，则有：

$$z_1 z_2 = (a_1 + \mathrm{j}b_1)(a_2 + \mathrm{j}b_2) = (a_1 a_2 - b_1 b_2) + j(a_1 b_2 + b_1 a_2)$$
$$z_1 + z_2 = (a_1 + \mathrm{j}b_1) + (a_2 + \mathrm{j}b_2) = (a_1 + a_2) + \mathrm{j}(b_1 + b_2)$$

由此可见，完成 1 次复数乘法运算需要完成 4 次实数乘法和 2 次实数加法运算，而完成 1 次复数加法运算只需要 2 次实数加法运算，所以乘法运算量的大小是需要重点考虑的运算量。

当 N 很大时，完成离散傅里叶变换的运算量就很大，如当 $N = 2^{10} = 1024$ 时，则需要完成 1048576 次（一百多万次）复数乘法运算，N 越大，实时处理对硬件的要求越高。

要想提高离散傅里叶变换的计算效率，就要想办法减少乘法和加法的运算次数，从而实现离散傅里叶变换的快速计算，即快速傅里叶变换（fast fourier transform，FFT）。下面首先讨论傅里叶变换的基-2 快速算法原理。

6.2 ➲ 按时间抽选的基-2快速傅里叶变换（DIT-FFT）

6.2.1 复系数 W_N 整数幂的特性

由式（6-3）离散傅里叶变换的矩阵形式可以看出，完成离散傅里叶变换的相关运算涉及与复系数 $W_N = e^{-j\frac{2\pi}{N}}$ 的整数幂有关的复数乘法和加法运算。利用复数 $W_N = e^{-j\frac{2\pi}{N}}$ 整数幂的相关运算特性就有可能优化算法效率，减少完成离散傅里叶变换使用的总的复数乘法和加法运算次数。

容易证明复数 $W_N = e^{-j\frac{2\pi}{N}}$ 的整数幂 $W_N^{nk} = e^{-j\frac{2\pi}{N}nk}$ 有如下性质：

① 满足对称特性：$(W_N^{nk})^* = W_N^{-nk}$。

② 满足周期特性：如果把 n 看作变量，则 W_N^{nk} 是关于变量 n 的周期指数型序列，周期为 N。同样道理，如果把 k 看作变量，则 W_N^{nk} 是关于变量 k 的周期指数型序列，周期为 N。

$$W_N^{(n+N)k} = e^{-j\frac{2\pi}{N}(n+N)k} = e^{-j\frac{2\pi}{N}nk} e^{-j\frac{2\pi}{N}Nk} = e^{-j\frac{2\pi}{N}nk} = W_N^{nk}$$

$$W_N^{n(k+N)} = e^{-j\frac{2\pi}{N}n(k+N)} = e^{-j\frac{2\pi}{N}nk} e^{-j\frac{2\pi}{N}nN} = e^{-j\frac{2\pi}{N}nk} = W_N^{nk}$$

所以有：

$$W_N^{(n+N)k} = W_N^{n(k+N)} = W_N^{nk} \tag{6-6}$$

③ 满足可约特性：

$$W_{mN}^{mnk} = W_N^{nk} \quad , \quad W_N^{nk} = W_{N/m}^{nk/m} \tag{6-7}$$

由复系数 $W_N = e^{-j\frac{2\pi}{N}}$ 的上述特性容易推出如下几个结果：

$$W_N^{Nk} = W_N^{Nn} = e^{-j\frac{2\pi}{N}Nn} = 1$$

$$W_N^{n(N-k)} = W_N^{(N-n)k} = W_N^{-nk}$$

$$W_N^{N/2} = -1$$

$$W_N^{(k+N/2)} = -W_N^k$$

6.2.2 按时间抽选的基-2快速傅里叶变换算法原理

充分利用 W_N^{nk} 的运算特性，在计算傅里叶变换时就有可能减少乘法和加法的运算次数，从而提高运算效率。下面分析按时间抽选的基-2快速傅里叶变换 DIT-FFT 算法原理。

对于一个有限长序列 $x(n)$，通过后面补 0 的方式，可以将序列 $x(n)$ 看成是点数为 $N = 2^L$ 的序列，其中，$L \geq 2$ 是正整数，$x(n)$ 的 N 点离散傅里叶变换为 $X(k)$（$k = 0, 1, \cdots, N-1$）。

按照变量 n 的奇偶性，从 N 点序列 $x(n)$ 中抽取出两个短的子序列，变量 n 为偶数时对应的子序列记为 $x_1(r)$，变量 n 为奇数时对应的子序列记为 $x_2(r)$，它们的点数都为 $\frac{N}{2} = 2^{L-1}$：

$$x_1(r) = x(n) = x(2r), n = 2r, r = 0, 1, \cdots, \frac{N}{2} - 1$$

$$x_2(r) = x(n) = x(2r+1), n = 2r+1, r = 0, 1, \cdots, \frac{N}{2} - 1$$

将 $x_1(r)$ 和 $x_2(r)$ 的 $\dfrac{N}{2}$ 点离散傅里叶变换分别记为 $X_1(k)$、$X_2(k)$ （$k=0$，1，$\cdots$，$\dfrac{N}{2}-1$)，如果 $X_1(k)$、$X_2(k)$ 中的变量 k 允许取所有整数，则 $X_1(k)$ 和 $X_2(k)$ 是以 $\dfrac{N}{2}$ 为周期的离散频谱。对于 N 点序列 $x(n)$ 的 N 点离散傅里叶变换 $X(k)$ （$k=0$，1，$\cdots$，$N-1$）有如下结果：

$$
\begin{aligned}
X(k) &= \sum_{n\text{为偶}} x(n)W_N^{nk} + \sum_{n\text{为奇}} x(n)W_N^{nk} \\
&= \sum_{r=0}^{\frac{N}{2}-1} x(2r)W_N^{2rk} + \sum_{r=0}^{\frac{N}{2}-1} x(2r+1)W_N^{(2r+1)k} \\
&= \sum_{r=0}^{\frac{N}{2}-1} x_1(r)(W_N^2)^{rk} + W_N^k \sum_{r=0}^{\frac{N}{2}-1} x_2(r)(W_N^2)^{rk} \\
&= \sum_{r=0}^{\frac{N}{2}-1} x_1(r)W_{\frac{N}{2}}^{rk} + W_N^k \sum_{r=0}^{\frac{N}{2}-1} x_2(r)W_{\frac{N}{2}}^{rk} \\
&= X_1(k) + W_N^k X_2(k)
\end{aligned}
\tag{6-8}
$$

对于所有的 $k=0$，1，$\cdots$，$N-1$，$X(k)=X_1(k)+W_N^k X_2(k)$ 都是成立的。

由式(6-8)知，对于离散频谱 $X(k)$ 的前一半，即当 $k=0$，1，$\cdots$，$\dfrac{N}{2}-1$ 时，显然有：

$$
X(k) = X_1(k) + W_N^k X_2(k), k=0,1,\cdots,\frac{N}{2}-1
\tag{6-9}
$$

对于离散频谱 $X(k)$ 的后一半，即当 $k=\dfrac{N}{2}$，$\dfrac{N}{2}+1$，$\dfrac{N}{2}+2$，$\cdots$，$N-1$ 时，$X(k)$ 可以表示成 $X\left(\dfrac{N}{2}+r\right)$ （$r=0$，1，$\cdots$，$\dfrac{N}{2}-1$)，由式(6-8)及 $X_1(k)$ 和 $X_2(k)$ 的周期性知：

$$
\begin{aligned}
X\left(\frac{N}{2}+r\right) &= X_1\left(\frac{N}{2}+r\right) + W_N^{\frac{N}{2}+r} X_2\left(\frac{N}{2}+r\right) \\
&= X_1(r) - W_N^r X_2(r), r=0,1,\cdots,\frac{N}{2}-1
\end{aligned}
\tag{6-10}
$$

由式(6-9)和式(6-10)可知，N 点序列 $x(n)$ 的离散傅里叶变换 $X(k)$ 的计算，可以转化成两个 $\dfrac{N}{2}$ 点短序列的 $\dfrac{N}{2}$ 点离散傅里叶变换及它们的合成运算。

将式(6-9)和式(6-10)合在一起，$X(k)$ 的计算可以表示成如下形式的运算：

$$
\begin{cases}
X(k) = X_1(k) + W_N^k X_2(k) \\
X\left(\dfrac{N}{2}+k\right) = X_1(k) - W_N^k X_2(k)
\end{cases}
, k=0,1,\cdots,\frac{N}{2}-1
\tag{6-11}
$$

对应于每一个 k，将上述运算表示成图形的形式，称为蝶形运算，如图6-1所示。

式(6-11)对应的运算，共计对应 $\dfrac{N}{2}$ 个蝶形运算。

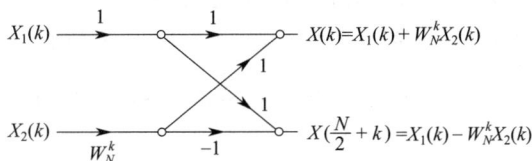

図 6-1 蝶形运算图

由于两个短序列 $x_1(r)$ 和 $x_2(r)$ 是在时域，按照变量 n 的奇偶性从序列 $x(n)$ 中抽取出来的，另一方面取 N 是 2 的幂次，$N=2^L$，所以把由这种算法思想得到的快速傅里叶算法称为按时间抽选的基-2 快速傅里叶变换算法。

下面讨论一下，经过一次处理后，完成 $X(k)$ 的运算量是多少。一个蝶形运算图需要 1 次复数乘法运算和 2 次复数加法运算，完成 $\frac{N}{2}$ 个蝶形运算图共计需要 $\frac{N}{2}$ 次复数乘法运算和 N 次复数加法运算；完成 $X_1(k)$ 的计算共需要 $\left(\frac{N}{2}\right)^2=\frac{N^2}{4}$ 次复数乘法运算和 $\frac{N}{2}\left(\frac{N}{2}-1\right)=\frac{N^2}{4}-\frac{N}{2}$ 次复数加法运算；完成 $X_2(k)$ 的计算共需要 $\left(\frac{N}{2}\right)^2=\frac{N^2}{4}$ 次复数乘法运算和 $\frac{N}{2}\left(\frac{N}{2}-1\right)=\frac{N^2}{4}-\frac{N}{2}$ 次复数加法运算。所以完成 $X(k)$ 的全部运算共需要 $\frac{N^2}{2}+\frac{N}{2}\approx\frac{N^2}{2}$ 次复数乘法运算和 $N\left(\frac{N}{2}-1\right)+N=\frac{N^2}{2}$ 次复数加法运算。由此可见经过一次优化处理后运算量差不多减少一半。

如果将短序列 $x_1(r)$ 和 $x_2(r)$ 的 $\frac{N}{2}$ 点离散傅里叶变换计算按照上述原理再进行处理，每个序列按照其变量 r 的奇偶性，就可以各自抽取出 2 个 $\frac{N}{4}$ 点短序列。则序列 $x_1(r)$ 和 $x_2(r)$ 的离散傅里叶变换可以各自转化成 2 个 $\frac{N}{4}$ 点子序列的离散傅里叶变换的计算及对应的蝶形运算（分别对应 $\frac{N}{4}$ 个蝶形运算），总的运算量再减少一半，如此优化下去，最终将转化成 $\frac{N}{2}$ 个 2 点子序列的傅里叶变换。

设序列 $x(n)$ 是 2 点序列，表示成 $\boldsymbol{x}(n)=[x(0)\ x(1)]$，则它的 2 点离散傅里叶变换可以表示为：

$$\begin{cases} X(0)=\sum\limits_{n=0}^{1}x(n)W_2^{n\times 0}=x(0)W_2^0+x(1)W_2^0=x(0)+W_N^0x(1) \\ X(1)=\sum\limits_{n=0}^{1}x(n)W_2^{n\times 1}=x(0)W_2^0+x(1)W_2^1=x(0)-W_N^0x(1) \end{cases}$$

即有：

$$\begin{cases} X(0)=x(0)+W_N^0x(1) \\ X(1)=x(0)-W_N^0x(1) \end{cases} \tag{6-12}$$

由此可见，与图 6-1 类似，2 点序列的离散傅里叶变换也可以用蝶形运算图来表示。

例 6-1 画出 8 点序列 $x(n)$ 的按时间抽选的基-2 快速傅里叶变换计算的流图。

解： 8 点按时间抽选的基-2 快速傅里叶变换计算的流图如图 6-2 所示，由于 $N = 2^L = 2^3$，$L = 3$，所以它由 $L = 3$ 级运算构成，每级有 $\frac{N}{2} = 4$ 个蝶形运算。

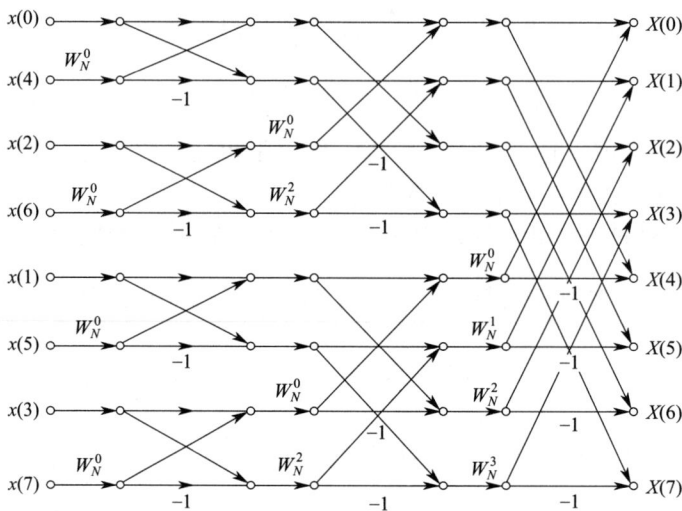

图 6-2　8 点序列按时间抽选的基-2 快速傅里叶变换计算流图

6.2.3　按时间抽选的基-2 快速傅里叶变换算法的运算量

按时间抽选的基-2 快速傅里叶变换算法计算 $N = 2^L$ 点序列 $x(n)$ 的离散傅里叶变换 $X(k)$ 时，快速计算流图中共有 L 级蝶形运算，每级运算共有 $\frac{N}{2}$ 个蝶形运算图，每个蝶形运算图包含 1 次复数乘法运算和 2 次复数加法运算。所以，按时间抽选的基-2 快速傅里叶变换算法总的计算量为：

$$\begin{cases} \text{复数乘法运算次数：} m_F = \dfrac{N}{2}L = \dfrac{N}{2}\log_2 N \\ \text{复数加法运算次数：} a_F = NL = N\log_2 N \end{cases} \tag{6-13}$$

把直接计算与按时间抽选的基-2 快速傅里叶变换计算进行比较，它们需要的乘法运算次数比为：

$$\frac{m_F(\text{DFT})}{m_F(\text{DIT-FFT})} = \frac{N^2}{\dfrac{N}{2}\log_2 N} = \frac{2N}{\log_2 N} \tag{6-14}$$

比值越大，快速算法的效率越高。例如，当 $N = 2^{10}$ 时，$\dfrac{m_F(\text{DFT})}{m_F(\text{DIT-FFT})} = \dfrac{1048576}{5120} \approx 205$，当 $N = 2^{11}$ 时，$\dfrac{m_F(\text{DFT})}{m_F(\text{FFT})} \approx 372$。由此可见，$N = 2^L$ 越大，按时间抽选的基-2 快速傅里叶变换算法的效率越高。

6.2.4 按时间抽选的基-2快速傅里叶变换算法流图的特点

（1）原位运算

在按时间抽选的基-2快速傅里叶变换算法计算 $N=2^L$ 点序列 $x(n)$ 的离散傅里叶变换 $X(k)$ 的流图中，有 L 级蝶形运算，从第1级到第 L 级。每一级有 N 个输入数据，占用 N 个输入行，可以标记为第0行、第1行，直到第 $N-1$ 行，称为行标。第一级运算完成后输出 N 个数据，每个输出的行数据可以占用输入的行数据所在的存储位置，所以称为原位运算。假设第 m 级中的某个蝶形运算图所在的上行标为 k，下行标为 j，输入数据为 $X_{m-1}(k)$，$X_{m-1}(j)$，输出数据为 $X_m(k)$，$X_m(j)$，满足如下形式：

$$\begin{cases} X_m(k)=X_{m-1}(k)+X_{m-1}(j)W_N^r \\ X_m(j)=X_{m-1}(k)-X_{m-1}(j)W_N^r \end{cases} \tag{6-15}$$

如图6-3所示，输出数据 $X_m(k)$ 将占用 $X_{m-1}(k)$ 所在的存储位置。如果需要保留中间的计算数据，就需要额外的存储空间。

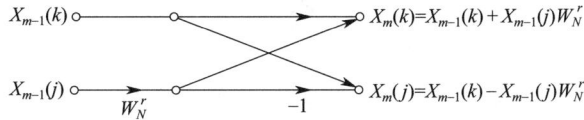

图6-3　蝶形结构中数据的原位存储

（2）输入原始数据的倒位序规律

将 N 点序列 $x(n)$ 的值按自然顺序排序，记为 $\boldsymbol{x}(n)=[x(0)\ x(1)\ x(2)\ \cdots\ x(N-1)]$。由按时间抽选的基-2快速傅里叶变换算法原理知道，第一次优化中，按照序列 $x(n)$ 的变量 n 的奇偶性，从 $x(n)$ 中抽取出2个子序列 $x_1(n)$ 和 $x_2(n)$，第一次优化后，再依据变量 n 的奇偶性，从 $x_1(n)$，$x_2(n)$ 中分别抽取出子序列 $x_{11}(n)$、$x_{12}(n)$ 和 $x_{21}(n)$、$x_{22}(n)$，如此下去，最终得到 $\dfrac{N}{2}$ 个2点子序列，它们的排序 $x(i_0)$，$x(i_1)$，$x(i_2)$，$\cdots$，$x(i_{N-1})$ 就符合倒位序规律。当 $N=2^L$ 时，序列 $x(n)$ 的变量 n 的二进制表示为 $n=(n_{L-1}\,n_{L-2}\cdots n_2\,n_1\,n_0)_2$，变量 n 对应的倒位序记为 n'，则 n' 的二进制表示为 $n'=(n_0\,n_1\,n_2\cdots n_{L-2}\,n_{L-1})_2$。例如，当 $N=2^3$ 时，$n(0 \leqslant n \leqslant 7)$ 的自然序与倒位序之间的关系如表6-1所示。

表6-1　整数 $n(0 \leqslant n \leqslant 7)$ 的自然序与倒位序

自然序 n	二进制 $(n_2\,n_1\,n_0)_2$	倒位序二进制 $(n_0\,n_1\,n_2)_2$	n 对应的倒位序 n'
0	$(0\,0\,0)_2$	$(0\,0\,0)_2$	0
1	$(0\,0\,1)_2$	$(1\,0\,0)_2$	4
2	$(0\,1\,0)_2$	$(0\,1\,0)_2$	2
3	$(0\,1\,1)_2$	$(1\,1\,0)_2$	6
4	$(1\,0\,0)_2$	$(0\,0\,1)_2$	1
5	$(1\,0\,1)_2$	$(1\,0\,1)_2$	5
6	$(1\,1\,0)_2$	$(0\,1\,1)_2$	3
7	$(1\,1\,1)_2$	$(1\,1\,1)_2$	7

在 8 点序列 $x(n)$ 按时间抽选的基-2 快速傅里叶变换的计算流图中，输入数据满足倒位序规律，它们的排序为 $x(0)$，$x(4)$，$x(2)$，$x(6)$，$x(1)$，$x(5)$，$x(3)$，$x(7)$，而输出的 8 点离散频谱符合正位序规律 $X(0)$，$X(1)$，$X(2)$，$X(3)$，$X(4)$，$X(5)$，$X(6)$，$X(7)$。

一般地，按时间抽选的基-2 快速傅里叶变换的流图中，输入数据满足倒位序规律，输出的频谱满足自然序规律。根据需要，按时间抽选的基-2 快速傅里叶变换的流图也可以变化成输入自然序，输出也为自然序的流图，如图 6-4 所示，也可以变化成其他类型的输入和输出顺序。

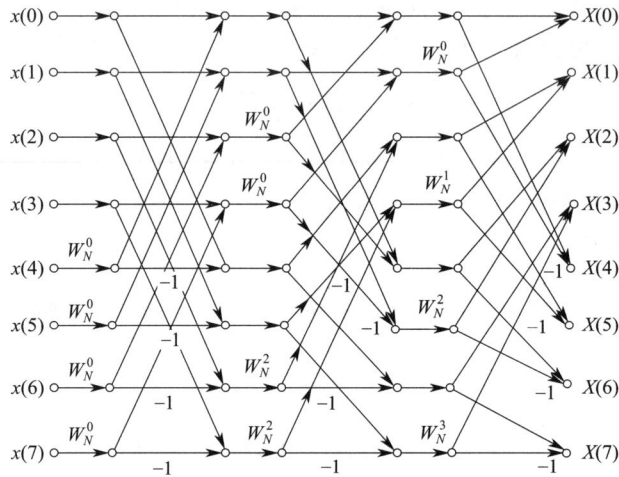

图 6-4　输入和输出均为自然序的按时间抽选的基-2 快速傅里叶变换计算流图

（3）蝶形运算输入节点间的距离

在按时间抽选的基-2 快速傅里叶变换算法计算 $N=2^L$ 点序列 $x(n)$ 的离散傅里叶变换 $X(k)$ 的流图中，有 L 级蝶形运算，每一级中蝶形运算的输入行间的距离与所在的级有关，每个蝶形运算图的输入行的起点也称为输入节点，输入行间的距离就是输入节点间的距离。

第 m 级中蝶形运算图中的输入节点间的距离为 2^{m-1}，第 m 级中的某个蝶形运算图，如果上行标为 k，则该蝶形运算图的下行标为 $k+2^{m-1}$。8 点序列 $x(n)$ 的按时间抽选的基-2 快速傅里叶变换计算流图中，第 1 级、第 2 级、第 3 级中，每个蝶形运算图输入节点间的距离分别为 $2^{1-1}=1$，$2^{2-1}=2$，$2^{3-1}=4$，如图 6-5 所示。

按时间抽选的基-2 快速傅里叶变换流图中，每一级中有 $\dfrac{N}{2}$ 个蝶形运算图，从上往下，第一组有 2^{m-1} 个蝶形运算图，上行标依次为 0，1，2，$\cdots$，$2^{m-1}-1$，第二组有 2^{m-1} 个蝶形运算图，上行标依次为 $2\times 2^{m-1}$，$2\times 2^{m-1}+1$，$2\times 2^{m-1}+2$，$\cdots$，$2\times 2^{m-1}+2^{m-1}-1$，依此类推。

（4）各级蝶形运算图中系数 W_N^r 的确定

在按时间抽选的基-2 快速傅里叶变换算法流图中，设第 m 级中的某个蝶形图的上行标为 k，则下行标为 $k+2^{m-1}$，该蝶形运算图的输入输出关系为：

$$\begin{cases} X_m(k)=X_{m-1}(k)+X_{m-1}(k+2^{m-1})W_N^r \\ X_m(k+2^{m-1})=X_{m-1}(k)-X_{m-1}(k+2^{m-1})W_N^r \end{cases} \tag{6-16}$$

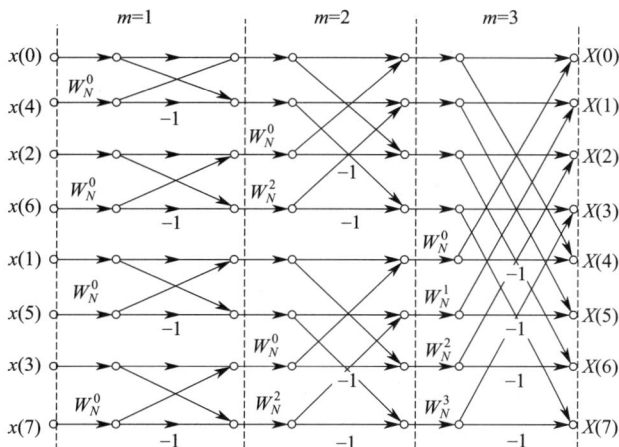

图 6-5 第 m 级蝶形运算图输入节点间的距离

式中，系数 W_N^r 由蝶形运算图的上行标值确定。将上行标 k 写成 L 位二进制码，然后左移 $L-m$ 位，在右边空出的位置补 0，去掉左边移出的部分，则保留的 L 位二进制码对应的整数就是 r 的值，从而确定了系数 W_N^r。

例如，当 $N=2^4=16$ 时，$L=4$，按时间抽选的基-2 快速傅里叶变换算法流图有 4 级蝶形运算，每级有 8 个蝶形运算图。在第 3 级的 8 个蝶形运算图中，上下行标分别为 0、4，1、5，2、6，3、7，8、12，9、13，10、14，11、15。第 6 个蝶形运算图的输入输出关系为：

$$\begin{cases} X_3(9)=X_{m-1}(9)+X_{m-1}(13)W_{16}^r \\ X_3(13)=X_{m-1}(9)-X_{m-1}(13)W_{16}^r \end{cases} \tag{6-17}$$

将上行标 $k=9$ 写成 4 位二进制码，$9=(1001)_2$，左移 $L-m=4-3=1$ 位，去掉左边移出的 1，右边补一个 0，得到二进制码 $(0010)_2$，对应的整数 $(0010)_2=2=r$，所以系数为 W_{16}^2。

（5）需要的存储单元

在按时间抽选的基-2 快速傅里叶变换算法计算 $N=2^L$ 点序列 $x(n)$ 的离散傅里叶变换 $X(k)$ 的流图中，由原位运算特性可知，共需要 N 个存储单元存储输入数据，另外还需要 $\dfrac{N}{2}=2^{L-1}$ 个存储单元存储系数 W_N^r。

6.3 ➡ 按频率抽选的基-2 快速傅里叶变换算法（DIF-FFT）

6.3.1 按频率抽选的基-2 快速傅里叶变换算法（DIF-FFT）原理

对于一个有限长序列 $x(n)$，通过后面补 0 的方式，可以将序列 $x(n)$ 看成点数为 $N=2^L$ 的序列，其中，$L \geq 2$ 是正整数，$x(n)$ 的 N 点离散傅里叶变换为 $X(k)(k=0,1,\cdots,N-1)$。

按频率抽选的基-2 快速傅里叶变换算法同样是利用 W_N^{nk} 的运算特性进行算法优化，只是分析的角度不同。

$$X(k) = \sum_{n=0}^{N-1} x(n) W_N^{nk}$$

$$= \sum_{n=0}^{\frac{N}{2}-1} x(n) W_N^{nk} + \sum_{n=N/2}^{N-1} x(n) W_N^{nk}$$

$$= \sum_{n=0}^{\frac{N}{2}-1} x(n) W_N^{nk} + \sum_{n=0}^{\frac{N}{2}-1} x(n+\frac{N}{2}) W_N^{(n+\frac{N}{2})k}$$

$$= \sum_{n=0}^{\frac{N}{2}-1} \left[x(n) + x(n+\frac{N}{2}) W_N^{\frac{N}{2}k} \right] W_N^{nk} \qquad (6\text{-}18)$$

由式(6-18) 知，$X(k) = \sum\limits_{n=0}^{\frac{N}{2}-1} \left[x(n) + x(n+\frac{N}{2}) W_N^{\frac{N}{2}k} \right] W_N^{nk}$ 对所有 $k=0, 1, 2, \cdots, N-1$

都是成立的。由于 $W_N^{\frac{N}{2}} = \mathrm{e}^{-\mathrm{j}\pi} = -1$，$W_N^{\frac{N}{2}k} = (-1)^k$，所以有：

$$X(k) = \sum_{n=0}^{\frac{N}{2}-1} \left[x(n) + (-1)^k x(n+\frac{N}{2}) \right] W_N^{nk}, k=0,1,\cdots,N-1 \qquad (6\text{-}19)$$

将 $X(k)$ 按照变量 k 的奇偶性分成两部分。

当 k 为偶数时，$k=2r$，$r=0, 1, 2, \cdots, \frac{N}{2}-1$，$(-1)^k=1$，此时有：

$$X(k) = X(2r) = \sum_{n=0}^{\frac{N}{2}-1} \left[x(n) + x(n+\frac{N}{2}) \right] W_N^{2nr}$$

$$= \sum_{n=0}^{\frac{N}{2}-1} \left[x(n) + x(n+\frac{N}{2}) \right] W_{\frac{N}{2}}^{nr} \qquad (6\text{-}20)$$

记 $x(n) + x(n+\frac{N}{2}) = x_1(n)(n=0,1,2,\cdots,\frac{N}{2}-1)$，$x_1(n)$ 的 $\frac{N}{2}$ 点离散傅里叶变换为 $X_1(r)$，则当 k 为偶数时有：

$$X(k) = X(2r) = X_1(r), r=0,1,2,\cdots,\frac{N}{2}-1 \qquad (6\text{-}21)$$

当 k 为奇数时，$k=2r+1$，$r=0, 1, 2, \cdots, \frac{N}{2}-1$，$(-1)^k=-1$，此时有：

$$X(k) = X(2r+1) = \sum_{n=0}^{\frac{N}{2}-1} \left[x(n) - x(n+\frac{N}{2}) \right] W_N^{n(2r+1)}$$

$$= \sum_{n=0}^{\frac{N}{2}-1} \left\{ \left[x(n) - x(n+\frac{N}{2}) \right] W_N^{n} \right\} W_{\frac{N}{2}}^{nr} \qquad (6\text{-}22)$$

记 $[x(n) - x(n+\frac{N}{2})] W_N^{n} = x_2(n)$ $(n=0, 1, 2, \cdots, \frac{N}{2}-1)$，$x_2(n)$ 的 $\frac{N}{2}$ 点离散傅里叶变换为 $X_2(r)$，则当 k 为奇数时有：

$$X(k)=X(2r+1)=X_2(r), r=0,1,2,\cdots,\frac{N}{2}-1 \qquad (6\text{-}23)$$

由式（6-21）和式（6-23）可知，将 $X(k)$ 按照变量 k 的奇偶性抽取出的两个频谱子序列 $X(2r)$ 和 $X(2r+1)$（$r=0$，1，2，$\cdots$，$\frac{N}{2}-1$）恰好分别是 $\frac{N}{2}$ 点子序列 $x_1(n)$ 和 $x_2(n)$ 的 $\frac{N}{2}$ 点离散傅里叶变换。而子序列 $x_1(n)$ 和 $x_2(n)$ 可以由序列 $x(n)$ 计算得到：

$$\begin{cases} x(n)+x\left(n+\dfrac{N}{2}\right)=x_1(n) \\[2mm] \left[x(n)-x\left(n+\dfrac{N}{2}\right)\right]W_N^n=x_2(n) \end{cases}, n=0,1,2,\cdots,\frac{N}{2}-1 \qquad (6\text{-}24)$$

式（6-24）的计算可以用图 6-6 所示的蝶形运算图实现。

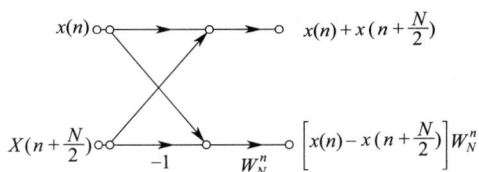

图 6-6　按频率抽选的基-2 快速傅里叶变换蝶形运算图

同按时间抽选的基-2 快速傅里叶变换优化算法一样，经过一次处理后，完成 $X(k)$ 的运算量分析如下：一个蝶形运算图需要 1 次复数乘法运算和 2 次复数加法运算，完成 $\frac{N}{2}$ 个蝶形运算图共计需要 $\frac{N}{2}$ 次复数乘法运算和 N 次复数加法运算；完成 $X_1(r)$ 的计算共需要 $\left(\dfrac{N}{2}\right)^2=\dfrac{N^2}{4}$ 次复数乘法运算和 $\dfrac{N}{2}\left(\dfrac{N}{2}-1\right)=\dfrac{N^2}{4}-\dfrac{N}{2}$ 次复数加法运算；完成 $X_2(r)$ 的计算共需要 $\left(\dfrac{N}{2}\right)^2=\dfrac{N^2}{4}$ 次复数乘法运算和 $\dfrac{N}{2}\left(\dfrac{N}{2}-1\right)=\dfrac{N^2}{4}-\dfrac{N}{2}$ 次复数加法运算。所以完成 $X(k)$ 的全部运算共需要 $\dfrac{N^2}{2}+\dfrac{N}{2}\approx\dfrac{N^2}{2}$ 次复数乘法运算和 $N\left(\dfrac{N}{2}-1\right)+N=\dfrac{N^2}{2}$ 次复数加法运算。由此可见经过一次优化处理后运算量差不多减少一半。

如此优化下去就得到了按频率抽选的基-2 快速傅里叶变换计算流图。完成全部运算需要的乘法次数和加法次数同按时间抽选的基-2 快速傅里叶变换算法的是一致的。按频率抽选的基-2 快速傅里叶变换算法总的计算量为：

$$\begin{cases} 复数乘法运算次数：m_F=\dfrac{N}{2}L=\dfrac{N}{2}\log_2 N \\[2mm] 复数加法运算次数：a_F=NL=N\log_2 N \end{cases} \qquad (6\text{-}25)$$

例 6-2　画出 8 点序列 $x(n)$ 的按频率抽选的基-2 快速傅里叶变换计算流图。

解：8 点序列按频率抽选的基-2 快速傅里叶变换计算流图如图 6-7 所示，由于 $N=2^L=2^3$，$L=3$，所以它由 $L=3$ 级运算构成，每级有 $\dfrac{N}{2}=4$ 个蝶形运算图。

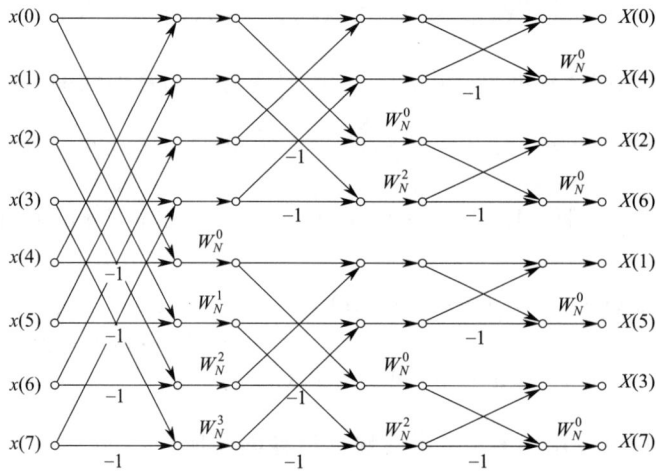

图 6-7 8点序列按频率抽选的基-2快速傅里叶变换计算流图

例 6-3 DIF-FFT 可用于处理天文观测数据，如射电望远镜接收到的信号。通过对这些信号进行频谱分析，可以检测和识别天体辐射的特征。给定一个长度为 8 的复数序列 $x(n)$，其中，n 满足 $0 \leqslant n < 8$。已知 $x(n) = \mathrm{e}^{\mathrm{j}\frac{2\pi}{8}n}$，求 $X(k)$。

解：根据 DFT 的定义，$X(k)$ 可以表示为：

$$X(k) = \sum_{n=0}^{7} x(n)\mathrm{e}^{-\mathrm{j}\frac{2\pi}{8}nk}$$

将 $x(n) = \mathrm{e}^{\mathrm{j}\frac{2\pi}{8}n}$ 代入上式，得到：

$$X(k) = \sum_{n=0}^{7} \mathrm{e}^{\mathrm{j}\frac{2\pi}{8}n}\mathrm{e}^{-\mathrm{j}\frac{2\pi}{8}nk}$$

利用复数指数的性质：

可以进一步化简为： $\mathrm{e}^{\mathrm{j}\theta}\mathrm{e}^{-\mathrm{j}\theta} = \mathrm{e}^{\mathrm{j}(\theta-\theta)} = \mathrm{e}^{0} = 1$

$$X(k) = \sum_{n=0}^{7} \mathrm{e}^{\mathrm{j}\frac{2\pi}{8}(n-nk)}$$

根据 $n - nk = n(1-k)$，我们可以写出：

$$X(k) = \sum_{n=0}^{7} \mathrm{e}^{\mathrm{j}\frac{2\pi}{8}n(1-k)}$$

当 $k=1$ 时，$1-k=0$，则每一项都为 $\mathrm{e}^{0}=1$，因此：

$$X(1) = \sum_{n=0}^{7} 1 = 8$$

当 $k \neq 1$ 时，可以将求和表达式重写为：

$$X(k) = \sum_{n=0}^{7} \mathrm{e}^{\mathrm{j}\frac{2\pi}{8}n(1-k)} = \sum_{n=0}^{7} \mathrm{e}^{\mathrm{j}\frac{2\pi}{8}n - \mathrm{j}\frac{2\pi}{8}nk}$$

这可以看作是一个等比数列求和。根据等比数列求和公式，上式中首项为 1，公比

为 $e^{j\frac{2\pi}{8}(1-k)}$。

因此：

$$X(k)=\frac{1-\left[e^{j\frac{2\pi}{8}(1-k)}\right]^8}{1-e^{j\frac{2\pi}{8}(1-k)}}$$

得到 $X(k)$ 的表达式，它是一个关于 k 的函数，具体值取决于 k 的值。特别是当 $k=1$ 时，$X(1)=8$，而对于其他 k 值，可以使用上述等比数列求和公式来计算。

6.3.2　按频率抽选的基-2快速傅里叶算法流图的特点

与按时间抽选的基-2快速傅里叶变换算法相似，按频率抽选的基-2快速傅里叶变换算法流图也有类似特点。

（1）原位运算

在按频率抽选的基-2快速傅里叶变换算法计算 $N=2^L$ 点序列 $x(n)$ 的离散傅里叶变换 $X(k)$ 的流图中，有 L 级蝶形运算，从第1级到第 L 级。每一级有 N 个输入数据，占用 N 个输入行，可以标记为第0行、第1行、……直到第 $N-1$ 行，简称为行标。第一级运算完成后输出 N 个数据，每个输出的行数据可以占用输入的行数据所在的存储位置，所以称为原位运算。假设第 m 级中的某个蝶形运算图所在的上行标为 k，下行标为 j，输入数据为 $X_{m-1}(k)$，$X_{m-1}(j)$，输出数据为 $X_m(k)$，$X_m(j)$，则满足如下形式：

$$\begin{cases}X_m(k)=X_{m-1}(k)+X_{m-1}(j)\\X_m(j)=\left[X_{m-1}(k)-X_{m-1}(j)\right]W_N^r\end{cases} \tag{6-26}$$

（2）蝶形运算图中两节点间的距离

在按频率抽选的基-2快速傅里叶变换算法计算 $N=2^L$ 点序列 $x(n)$ 的离散傅里叶变换 $X(k)$ 的流图中，有 L 级蝶形运算，每一级中蝶形运算图中的输入行间的距离与所在级有关，每个蝶形运算图的输入行的起点也称为输入节点，输入行间的距离就是输入节点间的距离。

第 m 级蝶形运算图中的输入节点间的距离为 $2^{L-m}=\dfrac{N}{2^m}$，第 m 级中的某个蝶形运算图，如果上行标为 k，则该蝶形运算图的下行标为 $k+2^{L-m}$。

（3）各级蝶形运算图中系数 W_N^r 的确定

在按频率抽选的基-2快速傅里叶变换算法流图中，设第 m 级中的某个蝶形运算图的上行标为 k，则下行标为 $k+2^{L-m}$，该蝶形运算图的输入输出关系为：

$$\begin{cases}X_m(k)=X_{m-1}(k)+X_{m-1}\left(k+\dfrac{N}{2^m}\right)\\X_m\left(k+\dfrac{N}{2^m}\right)=\left[X_{m-1}(k)-X_{m-1}\left(k+\dfrac{N}{2^m}\right)\right]W_N^r\end{cases} \tag{6-27}$$

式中，系数 W_N^r 由蝶形运算图的上行标值确定。将上行标 k 写成 L 位二进制码，然后左移 $m-1$ 位，在右边空出的位置补0，去掉左边移出的部分，则保留的 L 位二进制码对应的整数就是 r 的值，从而确定了系数 W_N^r。

（4）需要的存储单元

在按频率抽选的基-2快速傅里叶变换算法计算 $N=2^L$ 点序列 $x(n)$ 的离散傅里叶变换 $X(k)$ 的流图中，由原位运算特性可知，共需要 N 个存储单元存储输入数据，另外还需要 $\dfrac{N}{2}=2^{L-1}$ 个存储单元存储系数 W_N^r。

6.3.3 按时间抽选与按频率抽选的基-2快速傅里叶变换算法的比较

它们的相同点有：都具备原位运算的特点，完成全部运算需要的复数乘法运算次数和复数加法运算次数相同，说明两种算法的效率相同。它们的不同点主要是流图中的蝶形运算图不同。按时间抽选的算法的蝶形运算图如图6-8所示。

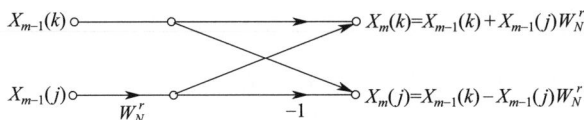

图 6-8 按时间抽选的算法的蝶形运算图

可以表示成如下的矩阵形式：

$$\begin{bmatrix} X_m(k) \\ X_m(j) \end{bmatrix} = \begin{bmatrix} 1 & W_N^r \\ 1 & -W_N^r \end{bmatrix} \begin{bmatrix} X_{m-1}(k) \\ X_{m-1}(j) \end{bmatrix} \tag{6-28}$$

按频率抽选的算法的蝶形运算图如图6-9所示。

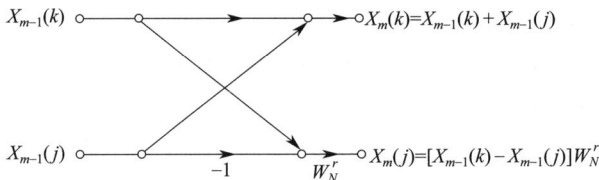

图 6-9 按频率抽选的算法的蝶形运算图

可以表示成如下的矩阵形式：

$$\begin{bmatrix} X_m(k) \\ X_m(j) \end{bmatrix} = \begin{bmatrix} 1 & 1 \\ W_N^r & -W_N^r \end{bmatrix} \begin{bmatrix} X_{m-1}(k) \\ X_{m-1}(j) \end{bmatrix} \tag{6-29}$$

比较式（6-28）和式（6-29）可知，对应的矩阵互为转置 $\begin{bmatrix} 1 & W_N^r \\ 1 & -W_N^r \end{bmatrix}^{\mathrm{T}} = \begin{bmatrix} 1 & 1 \\ W_N^r & -W_N^r \end{bmatrix}$。

对于一个计算流图，如果把流图中的所有箭头转向，系数不变，同时把原输入位置的数据换成输出数据，原输出位置的数据换成输入数据，这样得到的新的流图称为原来流图的转置，如图6-10（a）和图6-10（b）所示。

转置定理：一个计算流图的转置流图与原来的流图具有相同的运算量。

由图6-10（a）和图6-10（b）可以看出，按时间抽选的基-2快速傅里叶变换算法流图的转置，恰好是按频率抽选的基-2快速傅里叶变换算法流图。

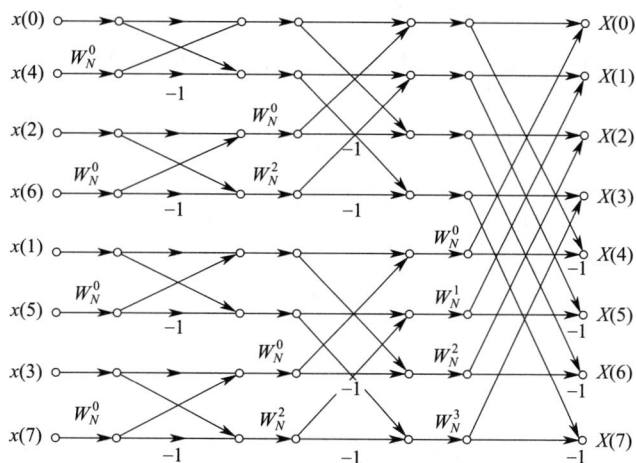

(a) 8点DIT-FFT流图

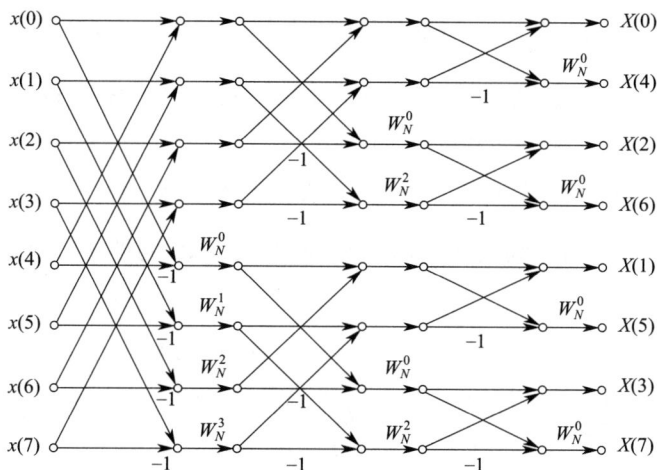

(b) 8点DIT-FFT流图的转置

图 6-10　8 点 DIT-FFT 流图及其转置

6.4 ⊙ 按时间抽选的其他快速算法原理

按时间抽选的基-2 快速傅里叶变换算法的基本原理是：将序列 $x(n)$ 的点数取为 $N=2^L$，然后按照 $x(n)$ 的变量的奇偶性，从序列 $x(n)$ 中抽取出 2 个子序列，求各自的 $\dfrac{N}{2}$ 点离散傅里叶变换，再用蝶形运算就能求出序列 $x(n)$ 的离散傅里叶变换 $X(k)$（$k=0$，1，2，…，$N-1$），如此下去最终化成 2 点序列的 2 点离散傅里叶变换及对应的蝶形运算。

事实上，依据序列 $x(n)$ 的点数的多少，还可以选择其他快速算法，如按时间抽选的基-4 快速傅里叶变换、按时间抽选的基-3 快速傅里叶变换，及其他混合基算法。虽然选用不同的基，但按时间抽选的算法原理都是类似的。下面简单介绍一下按时间抽选的基-4 快速傅里叶变换算法的原理。

通过补 0 的方式，将序列 $x(n)$ 的点数看作 N，$N=4^L$，则序列 $x(n)$ 中变量 n 的范

围是 $0 \leqslant n \leqslant N-1$。对 n 求模 4 的余，即 $n \bmod(4) = k$（$k = 0$，1，2，3）。按变量 n 模 4 的余，将同余对应的 $x(n)$ 抽取出来，将得到 4 个长度均为 $\frac{N}{4}$ 的子序列，$x_0(r) = x(4r)$，$x_1(r) = x(4r+1)$，$x_2(r) = x(4r+2)$，$x_3(r) = x(4r+3)$（$0 \leqslant r \leqslant \frac{N}{4}-1$），它们对应的 $\frac{N}{4}$ 点离散傅里叶变换分别为 $X_0(k)$，$X_1(k)$，$X_2(k)$，$X_3(k)$（$0 \leqslant k \leqslant \frac{N}{4}-1$），则对于序列 $x(n)$ 的 N 点离散傅里叶变换 $X(k)$ 有：

$$
\begin{aligned}
X(k) &= \sum_{n=0}^{N-1} x(n) W_N^{nk} \\
&= \sum_{r=0}^{\frac{N}{4}-1} x(4r) W_N^{4rk} + \sum_{r=0}^{\frac{N}{4}-1} x(4r+1) W_N^{(4r+1)k} + \sum_{r=0}^{\frac{N}{4}-1} x(4r+2) W_N^{(4r+2)k} + \sum_{r=0}^{\frac{N}{4}-1} x(4r+3) W_N^{(4r+3)k} \\
&= \sum_{r=0}^{\frac{N}{4}-1} x_0(r) W_{\frac{N}{4}}^{rk} + W_N^k \sum_{r=0}^{\frac{N}{4}-1} x_1(r) W_{\frac{N}{4}}^{rk} + W_N^{2k} \sum_{r=0}^{\frac{N}{4}-1} x_2(r) W_{\frac{N}{4}}^{rk} + W_N^{3k} \sum_{r=0}^{\frac{N}{4}-1} x_3(r) W_{\frac{N}{4}}^{rk} \\
&= \mathrm{DFT}[x_0(r)] + W_N^k \mathrm{DFT}[x_1(r)] + W_N^{2k} \mathrm{DFT}[x_2(r)] + W_N^{3k} \mathrm{DFT}[x_3(r)] \\
&= X_0(k) + W_N^k X_1(k) + W_N^{2k} X_2(k) + W_N^{3k} X_3(k)
\end{aligned}
\tag{6-30}
$$

式（6-30）对所有的 $0 \leqslant k \leqslant N-1$ 都是成立的。事实上 $X_i(k)$（$i = 0$，1，2，3）都可以看成以 $\frac{N}{4}$ 为周期的离散频谱。利用 $X_i(k)$ 的周期性及 W_N^{mk} 的性质，对于 $X(k)$ 有：

$$
\begin{bmatrix} X(k) \\ X(k+\frac{N}{4}) \\ X(k+\frac{N}{2}) \\ X(k+\frac{3N}{4}) \end{bmatrix}
=
\begin{bmatrix} 1 & 1 & 1 & 1 \\ 1 & -\mathrm{j} & -1 & \mathrm{j} \\ 1 & -1 & 1 & -1 \\ 1 & \mathrm{j} & -1 & -\mathrm{j} \end{bmatrix}
\begin{bmatrix} \mathrm{DFT}[x_0(r)] \\ W_N^k \mathrm{DFT}[x_1(r)] \\ W_N^{2k} \mathrm{DFT}[x_2(r)] \\ W_N^{3k} \mathrm{DFT}[x_3(r)] \end{bmatrix}, 0 \leqslant k \leqslant \frac{N}{4}-1
\tag{6-31}
$$

式（6-31）可以用图 6-11 所示的蝶形运算图表示。

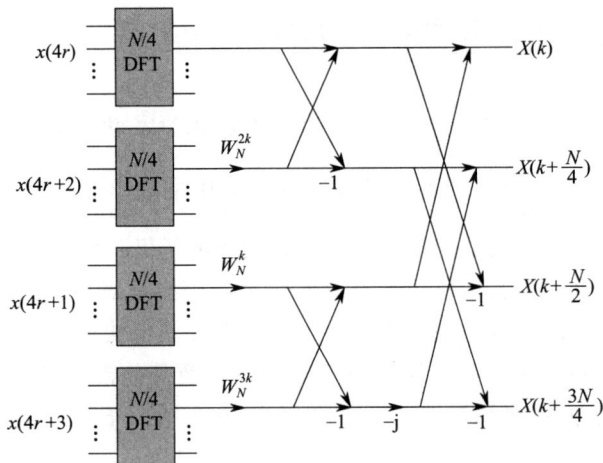

图 6-11　按时间抽选的基-4 快速傅里叶变换蝶形运算图

在计算 4 个 $\frac{N}{4}$ 点子序列 $x_0(r)$，$x_1(r)$，$x_2(r)$，$x_3(r)$ $\left(0\leqslant r\leqslant\frac{N}{4}-1\right)$ 的离散傅里叶变换时，可以继续用上述原理进行处理，变成更短的子序列的离散傅里叶变换及对应的蝶形运算，如此下去，最终变为 4 点序列的离散傅里叶变换及对应的蝶形运算，实现按时间抽选的基-4 快速傅里叶变换。4 点序列 $\boldsymbol{x}(n)=\left[x(0)\ x(1)\ x(2)\ x(3)\right]^{\mathrm{T}}$ 的傅里叶变换 $\boldsymbol{X}(k)$ $(k=0，1，2，3)$ 可以用下式计算：

$$\begin{bmatrix} X(0) \\ X(1) \\ X(2) \\ X(3) \end{bmatrix} = \begin{bmatrix} 1 & 1 & 1 & 1 \\ 1 & -\mathrm{j} & -1 & \mathrm{j} \\ 1 & -1 & 1 & -1 \\ 1 & \mathrm{j} & -1 & -\mathrm{j} \end{bmatrix} \begin{bmatrix} x(0) \\ x(1) \\ x(2) \\ x(3) \end{bmatrix} \tag{6-32}$$

这样，对于 $N=4^L$ 点序列 $x(n)$，完成快速傅里叶变换共需要 L 级运算，第一级是 $\frac{N}{4}$ 个 4 点离散傅里叶变换，后面的 $L-1$ 级运算，每级有 $\frac{N}{4}$ 个蝶形运算图，每个蝶形运算图需要 3 次复数乘法运算，所以完成全部运算共需要的复数乘法运算次数是：

$$m_{\mathrm{F}}=3\times\frac{N}{4}(L-1)\approx\frac{3}{8}N\log_2 N \tag{6-33}$$

由式（6-33）知，按时间抽选的基-4 快速傅里叶变换算法需要的复数乘法运算次数比按时间抽选的基-2 快速傅里叶变换算法需要的乘法运算次数 $\frac{1}{2}N\log_2 N$ 更少。

按时间抽选的基-3 快速傅里叶变换算法原理与按时间抽选的基-2、基-4 快速傅里叶变换算法原理都是类似的。

6.5 ⊙ 傅里叶逆变换的快速计算的实现

对于有限长序列 $x(n)(n=0，1，\cdots，N-1)$，它的 N 点离散傅里叶变换为 $X(k)(0\leqslant k\leqslant N-1)$，离散傅里叶变换对 $x(n)\leftrightarrow X(k)$ 满足：

$$\begin{cases} \text{正变换：} & X(k)=\sum_{n=0}^{N-1}x(n)W_N^{kn} \\ \text{逆变换：} & x(n)=\dfrac{1}{N}\sum_{k=0}^{N-1}X(k)W_N^{-nk} \end{cases}$$

从逆变换的计算公式可以看出，正变换与逆变换的计算区别不大。$x(n)$ 和 $X(k)$ 都是复数，正变换的系数是 W_N^{kn}，逆变换的系数是 W_N^{-nk}，还有一个常数 $\frac{1}{N}$。对正变换的快速算法流程（程序）做一个修改就能实现逆变换的快速计算：将 $X(k)$ 作为输入，$x(n)$ 作为输出，将系数 W_N^a 替换成 W_N^{-a}，最后的输出乘以常数因子 $\frac{1}{N}$，或者将每一级蝶形运算的输出乘以 $\frac{1}{2}$，这样用正变换的计算流图（程序）就可以实现逆变换的快速计算。

事实上，还可以直接调用傅里叶变换的快速计算程序实现傅里叶逆变换的计算。因为有

$(W_N^{-nk})^* = W_N^{nk}, (AB)^* = A^* B^*$，所以有：

$$x^*(n) = \left[\frac{1}{N}\sum_{k=0}^{N-1} X(k)W_N^{-nk}\right]^* = \frac{1}{N}\sum_{k=0}^{N-1} X^*(k)W_N^{nk}$$

$$x(n) = \frac{1}{N}\left[\sum_{k=0}^{N-1} X^*(k)W_N^{nk}\right]^* = \frac{1}{N}\{FFT[X^*(k)]\}^* \tag{6-34}$$

由式(6-34) 知，用傅里叶变换的快速计算子程序计算傅里叶逆变换的步骤如下：

① 取离散频谱 $X(k)$ 的共轭 $X^*(k)$，即将 $X(k)$ 的虚部乘以 -1；

② 调用 FFT 子程序，将 $X^*(k)$ 作为输入序列，计算 $FFT[X^*(k)]$；

③ 对 FFT 的输出结果再取共轭 $\left[\sum_{k=0}^{N-1} X^*(k)W_N^{nk}\right]^*$；

④ 结果再乘以常数 $\frac{1}{N}$，得到序列 $x(n) = \frac{1}{N}\{FFT[X^*(k)]\}^*$。

6.6 ⊙ 用快速傅里叶变换计算线性卷积和线性相关函数

6.6.1 线性卷积的快速计算

在第 5 章的第 5.6 节已经讨论过，设 $x(n)$ $(0 \leqslant n \leqslant L-1)$ 是点数为 L 的有限长序列，$h(n)$ $(0 \leqslant n \leqslant M-1)$ 是点数为 M 的有限长序列，则序列 $x(n)$ 和 $h(n)$ 的线性卷积 $y_1(n) = x(n) * h(n)(0 \leqslant n \leqslant L+M-1)$。当取 $N = 2^m \geqslant L+M-1$ 时，$x(n)$ 和 $h(n)$ 的 N 点圆周卷积 $y_c(n) = x(n)\text{Ⓝ}h(n) = y_1(n)$。利用圆周卷积定理及离散傅里叶变换的快速算法，可以通过以下四个步骤实现线性卷积的快速计算：

① 分别用 FFT 计算序列 $x(n)$ 和 $h(n)$ 的 N 点离散傅里叶变换 $X(k)$ 和 $H(k)$；

② 计算 $X(k)H(k)$；

③ 用 IFFT 计算圆周卷积 $y_c(n)$，$y_c(n) = IFFT[X(k)H(k)]$；

④ 当 $N \geqslant L+M-1$ 时，圆周卷积等于线性卷积，即 $y_c(n) = y_1(n) = x(n) * h(n)$。

用 FFT 计算 $y_1(n) = x(n) * h(n)$的流程如图 6-12 所示。

直接计算 L 点序列 $x(n)$ 和 M 点序列 $h(n)$ 的线性卷积 $y_1(n) = x(n) * h(n)$需要的复数乘法运算次数为 $m_d = LM$。如果序列 $h(n)$ 满足对称特性，即满足 $h(n) = \pm h(M-1-n)$，则完成线性卷积计算需要的乘法运算次数是

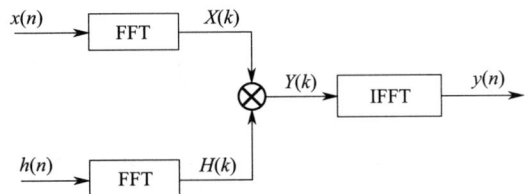

图 6-12 线性卷积的快速计算流程

$m_d = \frac{1}{2}LM$。

如果用 FFT 计算线性卷积，取 $N = 2^m \geqslant L+M-1$，则有：

① 计算 $H(k) = FFT[h(n)]$，需要 $\frac{N}{2}\log_2 N$ 次复数乘法运算；

② 计算 $X(k) = FFT[x(n)]$，需要 $\frac{N}{2}\log_2 N$ 次复数乘法运算；

③ 计算 $Y(k)=X(k)H(k)$，需要 N 次复数乘法运算；

④ 计算 $y(n)=\text{IFFT}[Y(k)]=y_1(n)$，需要 $\dfrac{N}{2}\log_2 N$ 次复数乘法运算。

可见，用 FFT 完成线性卷积的计算共需要总的复数乘法运算次数是 $m_{\text{F}}=N(1+\dfrac{3}{2}\log_2 N)$。直接计算线性卷积的复数乘法运算次数与用 FFT 计算线性卷积的复数乘法运算次数的比较如下：

$$K_{\text{m}}=\frac{m_{\text{d}}}{m_{\text{F}}}=\frac{ML}{2N(1+\dfrac{3}{2}\log_2 N)} \tag{6-35}$$

比值大小的讨论如下：

① 如果 $M\approx L$，则当 $N=L+M-1\approx 2M$ 时：

$$K_{\text{m}}=\frac{m_{\text{d}}}{m_{\text{F}}}\approx\frac{M^2}{4M\left[1+\dfrac{3}{2}\log_2(2M)\right]}=\frac{M}{10+6\log_2 M} \tag{6-36}$$

由式(6-36)知，当 $M=L=1024$ 时，$K_{\text{m}}\approx 15$；当 $M=L=4096$ 时，$K_{\text{m}}\approx 50$。

② 如果 $L\gg M$，则当 $N=L+M-1\approx L$ 时：

$$K_{\text{m}}=\frac{m_{\text{d}}}{m_{\text{F}}}\approx\frac{M}{2+3\log_2 L} \tag{6-37}$$

由式(6-37)知，随着 L 的增大，用 FFT 计算线性卷积的效率明显降低，这时需要对序列 $x(n)$ 适当进行分段处理，用重叠相加法就可以实现线性卷积的快速计算。

例 6-4 在地震学研究中，地震波的传播可以通过地下结构的脉冲响应来模拟。通过将地震事件的信号与地下模型的脉冲响应进行卷积，研究人员可以模拟地震波在地壳中的传播过程。使用 FFT 进行这种卷积计算，可以有效地分析和解释地震数据，帮助科学家更好地理解地球内部结构。已知两个信号序列 $x(n)$ 和 $h(n)$，分别为 $\{1,2,3\}$ 和 $\{0.5,0.5\}$，请使用快速傅里叶变换（FFT）计算它们的线性卷积。

解： 对信号序列 $x(n)$ 和 $h(n)$ 进行零填充，得到 $x'(n)=\{1,2,3,0\}$ 和 $h'(n)=\{0.5,0.5,0,0\}$。

将填充后的信号序列进行重排，根据偶数下标和奇数下标将其分为两部分，得到 $X_{\text{even}}(k)=\{x'(0),x'(2)\}$ 和 $X_{\text{odd}}(k)=\{x'(1),x'(3)\}$，$H_{\text{even}}(k)=\{h'(0),h'(2)\}$ 和 $H_{\text{odd}}(k)=\{h'(1),h'(3)\}$。

分别对 $X_{\text{even}}(k)$、$X_{\text{odd}}(k)$、$H_{\text{even}}(k)$ 和 $H_{\text{odd}}(k)$ 进行 FFT 计算，得到 $\text{FFT}[X_{\text{even}}(k)]$、$\text{FFT}[X_{\text{odd}}(k)]$、$\text{FFT}[H_{\text{even}}(k)]$ 和 $\text{FFT}[H_{\text{odd}}(k)]$。合并 $\text{FFT}[X_{\text{even}}(k)]$、$\text{FFT}[X_{\text{odd}}(k)]$、$\text{FFT}[H_{\text{even}}(k)]$ 和 $\text{FFT}[H_{\text{odd}}(k)]$，得到最终的频谱结果。对频谱结果进行快速傅里叶逆变换，得到线性卷积的结果。

最终的线性卷积结果为：

$$y(n)=\text{IFFT}[\{\text{FFT}[X_{\text{even}}(k)]\text{FFT}[H_{\text{even}}(k)],\text{FFT}[X_{\text{odd}}(k)]\text{FFT}[H_{\text{odd}}(k)]\}]$$

本题中信号序列的长度为 4，我们可以使用按时间抽选的基-2 快速傅里叶变换算法进行计算。

具体计算过程如下：

将 $X_{\text{even}}(k)$、$X_{\text{odd}}(k)$、$H_{\text{even}}(k)$ 和 $H_{\text{odd}}(k)$ 分别拆分为更小的子序列，例如：

$X_{\text{even}}(k)\rightarrow\{x'(0),x'(2)\}$ 和 $\{0,0\}$

$X_{odd}(k) \rightarrow \{x'(1), x'(3)\}$ 和 $\{0, 0\}$

$H_{even}(k) \rightarrow \{h'(0), h'(2)\}$ 和 $\{0, 0\}$

$H_{odd}(k) \rightarrow \{h'(1), h'(3)\}$ 和 $\{0, 0\}$

对每个子序列进行 FFT 计算，得到：

$FFT[\{x'(0), x'(2)\}] = \{FFT[X_{even}(k)](0), FFT[X_{even}(k)](1)\}$

$FFT[\{0, 0\}] = \{0, 0\}$

$FFT[\{x'(1), x'(3)\}] = \{FFT[X_{odd}(k)](0), FFT[X_{odd}(k)](1)\}$

$FFT[\{0, 0\}] = \{0, 0\}$

$FFT[\{h'(0), h'(2)\}] = \{FFT[H_{even}(k)](0), FFT[H_{even}(k)](1)\}$

$FFT[\{0, 0\}] = \{0, 0\}$

$FFT[\{h'(1), h'(3)\}] = \{FFT[H_{odd}(k)](0), FFT[H_{odd}(k)](1)\}$

$FFT[\{0, 0\}] = \{0, 0\}$

合并计算结果，得到最终的频谱结果：

$FFT[FFT[X_{even}(k)](k)] = \{FFT[X_{even}(k)](0), FFT[X_{even}(k)](1), 0, 0\}$

$FFT[FFT[X_{odd}(k)](k)] = \{FFT[X_{odd}(k)](0), FFT[X_{odd}(k)](1), 0, 0\}$

$FFT[FFT[H_{even}(k)](k)] = \{FFT[H_{even}(k)](0), FFT[H_{even}(k)](1), 0, 0\}$

$FFT[FFT[H_{odd}(k)](k)] = \{FFT[H_{odd}(k)](0), FFT[H_{odd}(k)](1), 0, 0\}$

对频谱结果进行乘法运算，得到：

$FFT(\{FFT[X_{even}(k)](k)FFT[H_{even}(k)](k), FFT[X_{odd}(k)](k)FFT[H_{odd}(k)](k)\}) = \{FFT[X_{even}(k)](0)FFT[H_{even}(k)](0), FFT[X_{even}(k)](1)FFT[H_{even}(k)](1), FFT[X_{odd}(k)](0)FFT[H_{odd}(k)](0), FFT[X_{odd}(k)](1)FFT[H_{odd}(k)](1)\}$

对乘法运算结果进行快速傅里叶逆变换，得到线性卷积的结果：

$y(n) = IFFT(\{FFT[X_{even}(k)](0)FFT[H_{even}(k)](0), FFT[X_{even}(k)](1)FFT[H_{even}(k)](1), FFT[X_{odd}(k)](0)FFT[H_{odd}(k)](0), FFT[X_{odd}(k)](1)FFT[H_{odd}(k)](1)\})$

因此，信号序列 $x(n)$ 和 $h(n)$ 的线性卷积结果为：

$$y(n) = \{1.5, 3, 1.5, 0\}$$

6.6.2 线性相关函数的快速计算

对于序列 $x(n)$ 和 $y(n)$，它们的线性相关函数是：

$$r_{xy}(n) = \sum_{m=-\infty}^{\infty} x(m)y^*(m-n) = \sum_{m=-\infty}^{\infty} x(m+n)y^*(m) \tag{6-38}$$

序列线性相关函数的计算可以转化成线性卷积的计算：

$$x(n) * y^*(-n) = \sum_{m=-\infty}^{\infty} x(m)y^*(m-n) = r_{xy}(n) \tag{6-39}$$

此时，$DFT[r_{xy}(n)] = R_{xy}(k) = X(k)Y^*(k)$，$r_{xy}(n) = IDFT[X(k)Y^*(k)]$。

而有限长序列的线性卷积可以用 FFT 实现计算，从而可以用 FFT 实现有限长序列的线性相关函数的快速计算。

设有 L 点序列 $x(n)$ 和 M 点序列 $y(n)$，通过补 0 的方式，将它们均看成 $N = 2^m$ 点序列，$N \geqslant L + M - 1$，则可以用 N 点按时间抽选的基-2 快速傅里叶变换计算它们的线性相关函数，计算步骤如下：

① 计算 $X(k) = \text{FFT}[x(n)]$；

② 计算 $Y(k) = \text{FFT}[y(n)]$；

③ 计算 $R_{xy}(k) = X(k)Y^*(k)$；

④ 计算 $r_{xy}(n) = \text{IDFT}[R_{xy}(k)]$。

点数相同的序列，线性相关函数快速计算的计算量与线性卷积快速计算的计算量相同。

本章小结

本章主要介绍了按时间抽选的基-2 快速傅里叶变换算法原理、按频率抽选的基-2 快速傅里叶变换算法原理及相关应用。重点及难点内容总结如下。

① 有限长序列 $x(n)$ $(n=0，1，\cdots，N-1)$ 的 N 点离散傅里叶变换 $X(k)$ $(0 \leqslant k \leqslant N-1)$ 的矩阵表达形式为：

$$\begin{bmatrix} X(0) \\ X(1) \\ X(2) \\ \vdots \\ X(N-1) \end{bmatrix} = \begin{bmatrix} 1 & 1 & 1 & \cdots & 1 \\ 1 & W_N^1 & W_N^2 & \cdots & W_N^{(N-1)} \\ 1 & W_N^2 & W_N^4 & \cdots & W_N^{2(N-1)} \\ \vdots & \vdots & \vdots & & \vdots \\ 1 & W_N^{(N-1)} & W_N^{2(N-1)} & \cdots & W_N^{(N-1)(N-1)} \end{bmatrix} \begin{bmatrix} x(0) \\ x(1) \\ x(2) \\ \vdots \\ x(N-1) \end{bmatrix}$$

② 按时间抽选的基-2 快速傅里叶变换计算有限长序列 $x(n)$ 的 $N=2^L$ 点离散傅里叶变换的运算量：

$$\begin{cases} \text{复数乘法运算次数}: m_F = \dfrac{N}{2}L = \dfrac{N}{2}\log_2 N \\ \text{复数加法运算次数}: a_F = NL = N\log_2 N \end{cases}$$

按频率抽选的基-2 快速傅里叶变换计算有限长序列 $x(n)$ 的 $N=2^L$ 点离散傅里叶变换的计算量与按时间抽选的基-2 快速傅里叶变换算法的计算量相同。

③ 按时间抽选的基-2 快速傅里叶变换计算有限长序列 $x(n)$ 的 $N=2^L$ 点离散傅里叶变换的流图共有 L 级运算，每级有 $\dfrac{N}{2}$ 个蝶形运算。第 m 级的蝶形运算图如图 6-13。

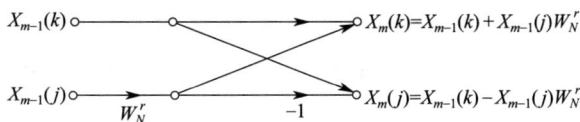

图 6-13　第 m 级的蝶形运算图

其中，$j = k + 2^{m-1}$，W_N^r 由 k 确定。

④ 用傅里叶变换的快速计算程序计算傅里叶逆变换的步骤如下：

（a）取离散频谱 $X(k)$ 的共轭 $X^*(k)$，即将 $X(k)$ 的虚部乘以 -1；

（b）调用 FFT 子程序，将 $X^*(k)$ 作为输入序列，计算 $\text{FFT}[X^*(k)]$；

(c) 对 FFT 的输出结果再取共轭 $\left[\sum\limits_{k=0}^{N-1} X^*(k)W_N^{nk}\right]^*$;

(d) 结果再乘以常数 $\dfrac{1}{N}$,得到序列 $x(n) = \dfrac{1}{N}\{\text{FFT}[X^*(k)]\}^*$。

⑤ 实现快速计算 L 点序列 $x(n)$ 和 M 点序列 $h(n)$ 线性卷积的步骤:

(a) 分别用 FFT 计算序列 $x(n)$ 和 $h(n)$ 的 $N(N=2^m \geqslant L+M-1)$ 点离散傅里叶变换 $X(k)$ 和 $H(k)$;

(b) 计算 $X(k)H(k)$;

(c) 用 IFFT 计算圆周卷积 $y_c(n)$,$y_c(n)=\text{IFFT}[X(k)H(k)]$;

(d) 圆周卷积等于线性卷积,即 $y_c(n)=y_1(n)=x(n)*h(n)$。

⑥ 实现 L 点序列 $x(n)$ 和 M 点序列 $y(n)$ 的线性相关函数的计算步骤如下:

(a) 计算 N($N=2^m \geqslant L+M-1$)点离散傅里叶变换 $X(k)=\text{FFT}[x(n)]$;

(b) 计算 N 点离散傅里叶变换 $Y(k)=\text{FFT}[y(n)]$;

(c) 计算 $R_{xy}(k)=X(k)Y^*(k)$;

(d) 计算 N 点离散傅里叶逆变换 $r_{xy}(n)=\text{IDFT}[R_{xy}(k)]$。

习题6

6.1 试画出序列 $x(n)$ 的 8 点基-2 DIT-FFT 的计算流图,并画出它的转置图。

6.2 试写出计算序列 $x(n)=\{x(0),x(1),\cdots,x(N-1)\}$ 的 N 点 DFT $X(k)$($k=0$,1,$\cdots$,$N-1$)的矩阵运算表达式。

6.3 如果一台通用计算机的速度为平均每次复乘 40ns,每次复加 5ns,用它来计算 512 点的 DFT$[x(n)]$:

(1) 直接计算需要多少时间?

(2) 用 FFT 运算需要多少时间?

(3) 若做 128 点快速卷积运算,所需最少时间是多少?

6.4 序列 $x_1(n)$ 长度为 180,序列 $x_2(n)$ 长度为 100,若用基-2 FFT 来计算两个序列的线性卷积,则 FFT 点数至少要取多少点?

6.5 请分别画出 16 点基-2 DIT-FFT 算法和 16 点基-2 DIF-FFT 算法的结构图,并指出算法总共需要进行多少次复数乘法和多少次复数加法。

6.6 $N=16$ 时,画出按频率抽选的基-2 FFT 流图(采用输入自然顺序,输出倒位序),统计所需乘法次数(乘 ±1、乘 ±j 都不计在内)。根据任一种流图确定序列 $x(n)=4\cos(n\pi/2)$($0 \leqslant n \leqslant 15$)的 DFT。

6.7 已知实序列 $x(n)$ 的长度为 N_1,即满足 $x(n)=\begin{cases} x(n), & 0 \leqslant n \leqslant N_1-1 \\ 0, & \text{其他} \end{cases}$,实序列 $h(n)$ 的长度为 N_2。两序列的线性卷积为 $y(n)=x(n)*h(n)$。

(1) 试确定序列 $y(n)$ 的长度;

(2) 按定义直接计算线性卷积,完成 $y(n)=x(n)*h(n)$ 的计算需要多少次实数乘法运算?

（3）利用基-2 DIT-FFT 计算 $y(n)=x(n)*h(n)$，给出计算 DFT、IDFT 的最小点数 N；

（4）如果 $N_1=N_2=\dfrac{N}{2}$，$N=2^l$，利用基-2 DIT-FFT 计算 $y(n)=x(n)*h(n)$，分析并计算完成卷积计算的实数乘法次数与（2）中直接计算卷积的实数乘法次数的比值。

6.8 设某数字信号处理程序可以计算 N 点序列 $x(n)$ 的 N 点 DFT $X(k)$，即程序的输入为 $x(n)$，输出为 $X(k)$。试设计一种方法利用该程序计算 IDFT，即输入为 $X(k)$，输出为 $x(n)$。

6.9 一个 M 点的有限长序列 $x(n)=\begin{cases}x(n), & 0\leqslant n\leqslant M-1 \\ 0, & \text{其他}\end{cases}$，我们希望计算求 z 变换 $X(z)=\sum\limits_{n=0}^{M-1}x(n)z^{-n}$ 在单位圆上 N 个等间隔点上的抽样，即在 $z=\mathrm{e}^{\mathrm{j}\frac{2\pi}{N}k}$（$k=0,1,\cdots,N-1$）上的抽样。试对下列情况，找出只用一个 N 点 DFT 就能计算 $X(z)$ 的 N 个抽样的方法，并证明：

（1）$N\leqslant M$；

（2）$N>M$。

6.10 某一模拟信号 $x_a(t)$ 是频率为 300Hz、450Hz、1.2kHz、2.5kHz 的正弦余弦信号的线性组合，此信号被 $f_s=2$kHz 的抽样频率抽样后，通过一个截止频率为 800Hz 的理想低通滤波器，输出为连续时间信号 $y_a(t)$，问重构信号 $y_a(t)$ 中所包含的频率分量。

6.11 设 $x(n)=[1,\underset{\uparrow}{2},1,2,1]$，$h(n)=[\underset{\uparrow}{1},2,2,1]$。

（1）在时域求 $y(n)=x(n)*h(n)$；

（2）用 FFT 流图法来求 $y(n)=x(n)*h(n)$，即求出 $H(k)$，$X(k)$，$Y(k)=H(k)X(k)$，$y(n)=\mathrm{IFFT}[Y(k)]$。

6.12 用解析法计算 $x_a(t)=\mathrm{e}^{-0.3t}$（$t\geqslant0$）的频谱 $X_a(\mathrm{j}\Omega)$。分别设 $T=0.5$，$T=0.05$，计算 $x(n)=\mathrm{e}^{-0.3nT}$ 的频谱。把后两种 $x(n)$ 的频谱与 $x_a(t)$ 的频谱进行比较，是否有因抽样而引起的重大频谱混叠现象。

6.13 用重叠相加法来完成以下的滤波功能。$h(n)$ 的长度为 $M=31$，信号 $x(n)$ 的长度为 $N_2=19000$，利用 $N=512$ 点的 FFT 算法，试讨论如何完成这一滤波运算。

6.14 同上题的数据，若用重叠相加法，问需要多少个 $N=512$ 点的 FFT 运算？

6.15 已知序列 $x(n)$，$0\leqslant n\leqslant626$，序列 $x(n)$ 的 DTFT 为 $X(\mathrm{e}^{\mathrm{j}\omega})$。试给出计算 $\omega_k=\dfrac{2\pi}{627}+\dfrac{2\pi k}{256}$（$k=0,1,\cdots,255$）时 $X(\mathrm{e}^{\mathrm{j}\omega})$ 值的方法。现有计算任何长度为 $N=2^l$ 的 FFT 程序可供调用，要求 l 尽可能小。

参考答案

第7章

离散时间系统的频域分析

在第 2 章已经讨论过，对于输入序列为 $x(n)$、输出序列为 $y(n)$ 的离散时间系统可用图 7-1 来描述。

描述线性时不变离散时间系统的数学模型，一般是 N 阶常系数线性差分方程：

图 7-1　离散时间系统框图

$$a_0 y(n) + a_1 y(n-1) + a_2 y(n-2) + \cdots + a_N y(n-N)$$
$$= b_0 x(n) + b_1 x(n-1) + \cdots + b_M x(n-M)$$

$$\sum_{k=0}^{N} a_k y(n-k) = \sum_{m=0}^{M} b_m x(n-m) \qquad (7\text{-}1)$$

式中，$a_k (k=0,1,2,\cdots,N)$，$b_m (m=0,1,2,\cdots,M)$ 都是常数；N 是差分方程的阶数，也就是离散时间系统的阶数。由式(7-1) 描述的 LTI（线性时不变）系统，如不做说明，默认系统的起始状态为零状态，即 $y(-N)=y(-N+1)=y(-N+2)=\cdots=y(-2)=y(-1)=0$。

在这一章中，利用单位冲激响应 $h(n)$ 的 z 变换、离散时间傅里叶变换，在频域中分析系统特性。

7.1 ○ 线性时不变（LTI）系统的系统函数

7.1.1　线性时不变系统的系统函数

设一个线性时不变系统的单位冲激响应是 $h(n)$，单位冲激响应 $h(n)$ 的 z 变换存在，记为 $H(z)$，如果 z 变换的收敛域包含单位圆，则单位冲激响应 $h(n)$ 的离散时间傅里叶变换存在，记为 $H(e^{j\omega})$，$H(e^{j\omega}) = H(z)\big|_{z=e^{j\omega}}$。把 $H(z)$ 称为线性时不变系统的系统函数，$H(e^{j\omega})$ 称为线性时不变系统的频域系统函数，亦称为系统的频率响应。

设 LTI 系统的激励输入为 $x(n)$，响应输出为 $y(n)$，则有：

$$y(n) = x(n) * h(n) \qquad (7\text{-}2)$$

由 z 变换的时域卷积定理 $Y(z) = X(z)H(z)$ 得：

$$H(z) = \frac{Y(z)}{X(z)} \qquad (7\text{-}3)$$

由离散时间傅里叶变换的时域卷积定理 $Y(e^{j\omega}) = X(e^{j\omega})H(e^{j\omega})$ 得：

$$H(\mathrm{e}^{\mathrm{j}\omega}) = \frac{Y(\mathrm{e}^{\mathrm{j}\omega})}{X(\mathrm{e}^{\mathrm{j}\omega})} \tag{7-4}$$

如果已知线性时不变系统输入输出关系的差分方程模型，如式(7-1)，则可以从差分方程模型得到系统函数 $H(z)$、频率响应 $H(\mathrm{e}^{\mathrm{j}\omega})$ 及单位冲激响应 $h(n)$。对式(7-1) 两边同时求 z 变换，则有：

$$\sum_{k=0}^{N} a_k z^{-k} Y(z) = \sum_{m=0}^{M} b_m z^{-m} X(z)$$

$$H(z) = \frac{Y(z)}{X(z)} = \frac{\displaystyle\sum_{m=0}^{M} b_m z^{-m}}{\displaystyle\sum_{k=0}^{N} a_k z^{-k}} \tag{7-5}$$

对系统函数式(7-5) 的分子分母求根，令 $\dfrac{b_0}{a_0} = K$，得到分子分母的因式分解：

$$H(z) = \frac{Y(z)}{X(z)} = K \frac{\displaystyle\prod_{m=1}^{M}(1 - c_m z^{-1})}{\displaystyle\prod_{k=1}^{N}(1 - d_k z^{-1})} \tag{7-6}$$

式中，K 是系统的增益常数；$c_m (m=1, 2, \cdots, M)$ 是系统函数 $H(z)$ 的零点；d_k $(k=1, 2, \cdots, N)$ 是系统函数 $H(z)$ 的极点。由此可见，除了系数 K 外，系统函数完全由它的零点、极点决定，改变零点、极点的位置，就能改变系统的系统函数和频率响应特性，即改变系统的性能。

如果系统函数 $H(z)$（及收敛域）已知，对其求 z 逆变换便可得到单位冲激响应 $h(n)$，系统函数限定在单位圆上就得到频率响应 $H(\mathrm{e}^{\mathrm{j}\omega})$。同样，如果已知系统函数 $H(z)$，从系统函数可以得到描述系统输入输出关系的差分方程模型。由此可见，描述系统特性时，给出系统函数 $H(z)$、频率响应 $H(\mathrm{e}^{\mathrm{j}\omega})$、单位冲激响应 $h(n)$ 或差分方程模型这四个条件之一，就能得到其他条件。

例 7-1 已知一个因果线性时不变系统的差分方程为：

$$y(n) - \frac{5}{6}y(n-1) + \frac{1}{6}y(n-2) = x(n) + \frac{1}{4}x(n-1)$$

① 求系统函数 $H(z)$，写出 $H(z)$ 的收敛域；
② 求该系统的单位冲激响应 $h(n)$；
③ 求系统的频率响应 $H(\mathrm{e}^{\mathrm{j}\omega})$。

解：① 对差分方程两边求 z 变换得：

$$Y(z) - \frac{5}{6}z^{-1}Y(z) + \frac{1}{6}z^{-2}Y(z) = X(z) + \frac{1}{4}z^{-1}X(z)$$

$$H(z) = \frac{1 + \dfrac{1}{4}z^{-1}}{1 - \dfrac{5}{6}z^{-1} + \dfrac{1}{6}z^{-2}} = \frac{1 + \dfrac{1}{4}z^{-1}}{\left(1 - \dfrac{1}{2}z^{-1}\right)\left(1 - \dfrac{1}{3}z^{-1}\right)}$$

系统函数的零点 $c_1 = -\dfrac{1}{4}$，$c_2 = 0$，极点 $d_1 = \dfrac{1}{2}$，$d_2 = \dfrac{1}{3}$。由于系统是因果系统，所

以收敛域为 $|z| > \dfrac{1}{2}$。

② 因为 $H(z) = \dfrac{9}{2} \times \dfrac{z}{z - \dfrac{1}{2}} - \dfrac{7}{2} \times \dfrac{z}{z - \dfrac{1}{3}}$，收敛域为 $|z| > \dfrac{1}{2}$，所以该系统的单位冲

激响应为：

$$h(n) = \left[\frac{9}{2}\left(\frac{1}{2}\right)^n - \frac{7}{2}\left(\frac{1}{3}\right)^n \right] u(n)$$

③ 因为收敛域是 $|z| > \dfrac{1}{2}$，包含单位圆，所以：

$$H(e^{j\omega}) = H(z)\big|_{z = e^{j\omega}} = \frac{1 + \dfrac{1}{4}z^{-1}}{1 - \dfrac{5}{6}z^{-1} + \dfrac{1}{6}z^{-2}}\bigg|_{z = e^{j\omega}} = \frac{1 + \dfrac{1}{4}e^{-j\omega}}{1 - \dfrac{5}{6}e^{-j\omega} + \dfrac{1}{6}e^{-2j\omega}}$$

例 7-2 已知一个线性时不变系统的系统函数为：

$$H(z) = \frac{4z^3 - 12z^2 - 10z}{z^3 - 2z^2 - 5z + 6}$$

求该系统的差分方程模型。

解：$H(z) = \dfrac{4z^3 - 12z^2 - 10z}{z^3 - 2z^2 - 5z + 6} = \dfrac{4 - 12z^{-1} - 10z^{-2}}{1 - 2z^{-1} - 5z^{-2} + 6z^{-3}} = \dfrac{Y(z)}{X(z)}$

$$(1 - 2z^{-1} - 5z^{-2} + 6z^{-3})Y(z) = (4 - 12z^{-1} - 10z^{-2})X(z)$$

$$Y(z) - 2z^{-1}Y(z) - 5z^{-2}Y(z) + 6z^{-3}Y(z) = 4X(z) - 12z^{-1}X(z) - 10z^{-2}X(z)$$

两边求 z 逆变换得该系统的差分方程模型：

$$y(n) - 2y(n-1) - 5y(n-2) + 6y(n-3) = 4x(n) - 12x(n-1) - 10x(n-2)$$

例 7-3 在音频处理中，噪声抑制是一个重要的步骤，特别是在语音通信和音频录制领域。例如，在移动通信中，环境噪声可能会干扰清晰的语音传输。为了提高语音质量，研究人员设计了基于离散时间系统的噪声抑制算法。这种方法已经在多种语音通信设备中得到应用，如手机、耳机和视频会议系统。然而，设计一个既能有效抑制噪声又不损害语音质量的滤波器仍然是一个挑战，尤其是在非平稳噪声环境和多变的语音特征的情况下。给定一个离散时间系统，其输入输出关系由以下差分方程描述：$y(n) - 0.5y(n-1) = x(n)$。其中，$x(n)$ 是系统的输入，$y(n)$ 是系统的输出。假设系统的初始条件为 $y(-1) = 0$。

① 求系统的 z 变换。
② 求系统函数 $H(z)$。
③ 分析系统的稳定性。

解：① 对差分方程两边同时进行 z 变换：

$$Y(z) - 0.5Y(z)z^{-1} = X(z)$$

这里使用了 z 变换的性质，即 $Z[y(n-k)] = Y(z)z^{-k}$。

② 从上面的方程中解出 $Y(z)$：$Y(z)(1 - 0.5z^{-1}) = X(z)$，解得 $Y(z) = \dfrac{X(z)}{1 - 0.5z^{-1}}$。

因此，系统函数 $H(z)$ 为：

$$H(z) = \frac{Y(z)}{X(z)} = \frac{1}{1 - 0.5z^{-1}}$$

③ 为了分析系统的稳定性，我们需要检查系统函数 $H(z)$ 的极点。

对于 $H(z) = \dfrac{1}{1 - 0.5z^{-1}}$，我们可以通过解方程 $1 - 0.5z^{-1} = 0$ 来找到极点：$z^{-1} = 2$，即 $z = 0.5$。由于极点 $z = 0.5$ 小于 1，因此系统是稳定的。

7.1.2　因果系统和稳定系统的频域判别

在 2.4 节已经讨论过，离散时间系统是因果系统的充分必要条件是：
$$h(n) = 0, n < 0 \tag{7-7}$$
离散时间系统是稳定系统的充分必要条件是单位冲激响应 $h(n)$ 满足绝对可和条件：
$$\sum_{n=-\infty}^{\infty} |h(n)| < \infty \tag{7-8}$$

由式(7-7)知，系统是因果系统的充分必要条件是单位冲激响应 $h(n)$ 是因果信号，满足 $h(n) = h(n)u(n)$，它是右边序列，所以因果系统的系统函数 $H(z)$ 的收敛域为 $R_- < |z| \leqslant \infty$，收敛域包含无穷远点 ∞。反之，如果系统的系统函数 $H(z)$ 的收敛域为 $R_- < |z| \leqslant \infty$，则说明系统的单位冲激响应 $h(n)$ 为右边序列，由于 $H(z)$ 的收敛域包含无穷远点 ∞，所以单位冲激响应 $h(n)$ 是因果信号，系统是因果系统。所以系统是因果系统的充分必要条件是：系统函数 $H(z)$ 的收敛域为 $R_- < |z| \leqslant \infty$。

系统函数 $H(z)$ 的收敛域是满足 $H(z) = \displaystyle\sum_{n=-\infty}^{\infty} h(n)z^{-n} < \infty$ 的复平面上的所有点 z，此时也满足条件 $\displaystyle\sum_{n=-\infty}^{\infty} |h(n)z^{-n}| < \infty$。如果收敛域包含单位圆，则在单位圆上满足 $\displaystyle\sum_{n=-\infty}^{\infty} |h(n)z^{-n}| = \sum_{n=-\infty}^{\infty} |h(n)e^{-jn\omega}| = \sum_{n=-\infty}^{\infty} |h(n)| < \infty$，由式(7-8)知此时系统是稳定的。反过来，如果系统是稳定的，则可以证明系统的收敛域必包含单位圆。由此可见，一个稳定的因果系统，其收敛域为：
$$R_- < |z| \leqslant \infty, R_- < 1 \tag{7-9}$$

由式(7-9)可知，一个因果稳定系统的收敛域是某个圆的外部区域，既包含单位圆，又包含无穷远点，所以因果稳定系统的系统函数的全部极点都在单位圆内。

7.2　线性时不变（LTI）系统的频率响应

对于一个线性时不变系统，它的单位冲激响应 $h(n)$ 的离散时间傅里叶变换 $H(e^{j\omega})$ 就是系统的频率响应，$H(e^{j\omega}) = \displaystyle\sum_{n=-\infty}^{\infty} h(n)e^{-j\omega n} = H(z)\big|_{z=e^{j\omega}}$。$H(e^{j\omega}) = |H(e^{j\omega})|e^{j\phi(\omega)}$，$|H(e^{j\omega})|$ 称为系统的幅度响应，$\phi(\omega) = \arg[H(e^{j\omega})]$ 称为系统的相位响应。

如果 LTI 系统的频率响应是 $H(e^{j\omega})$，激励输入是 $x(n)$，响应输出是 $y(n)$，则 $Y(e^{j\omega}) = $

$X(e^{j\omega})H(e^{j\omega})$，记 $Y(e^{j\omega})=|Y(e^{j\omega})|e^{j\phi_Y(\omega)}$，$X(e^{j\omega})=|X(e^{j\omega})|e^{j\phi_X(\omega)}$，由此可得：

$$|Y(e^{j\omega})|=|X(e^{j\omega})||H(e^{j\omega})| \tag{7-10}$$

$$\phi_Y(\omega)=\phi_X(\omega)+\phi(\omega) \tag{7-11}$$

由式(7-10)、式(7-11) 知，信号输入系统后，信号幅度被系统的幅度响应 $|H(e^{j\omega})|$ 加权，相位被系统的相位响应 $\phi(\omega)=\arg[H(e^{j\omega})]$ 修正。

已知一个 LTI 系统的频率响应为 $H(e^{j\omega})$，如果输入指数型序列 $x(n)=e^{jn\omega}$，系统的响应输出为 $y(n)$，则有：

$$
\begin{aligned}
y(n)=x(n)*h(n)&=\sum_{n=-\infty}^{\infty}x(m)h(n-m)\\
&=\sum_{n=-\infty}^{\infty}e^{jm\omega}h(n-m)=\sum_{k=-\infty}^{\infty}e^{j(n-k)\omega}h(k)\\
&=e^{jn\omega}\sum_{k=-\infty}^{\infty}e^{-jk\omega}h(k)=e^{jn\omega}H(e^{j\omega})
\end{aligned}
\tag{7-12}
$$

由式(7-12) 知，当输入序列为指数型序列 $x(n)=e^{jn\omega}$ 时，系统的响应输出恰好是输入序列和系统频率响应的乘积，这是线性时不变系统的一个重要特性。一般把这个特定的输入序列 $e^{jn\omega}$ 称为系统的特征函数，把 $H(e^{j\omega})$ 称为系统的特征值。

例 7-4 已知 LTI 系统的幅度响应是 $|H(e^{j\omega})|$，则输出信号的幅度响应 $|Y(e^{j\omega})|$ 与输入信号的幅度响应 $|X(e^{j\omega})|$ 之间的关系如图 7-2 所示。

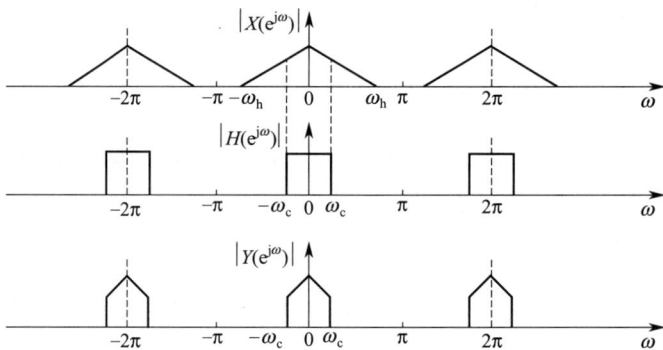

图 7-2 系统输入与输出的幅度响应

从图 7-2 可以看出，一个周期内，输入信号 $|\omega|$ 中高于 ω_c 的幅度分量被加权为零，也就是高于 ω_c 的分量全部被滤除了，所以习惯上把离散时间系统称为数字滤波器，简称为滤波器。

对于数字滤波器，在滤波器设计中通常需要讨论关于滤波器的三个常用参量：幅度平方响应、相位响应和群延时响应。

（1）幅度平方响应

数字滤波器的幅度平方响应定义为幅度响应的平方：

$$|H(e^{j\omega})|^2=H(e^{j\omega})H^*(e^{j\omega}) \tag{7-13}$$

一般来说，系统的单位冲激响应 $h(n)$ 是实函数，$H^*(e^{j\omega})=H(e^{-j\omega})$，所以有：

$$|H(e^{j\omega})|^2=H(z)H(z^{-1})\big|_{z=e^{j\omega}} \tag{7-14}$$

由式（7-14）知，如果 $z_0 = r\mathrm{e}^{\mathrm{j}\omega_0}$ 是 $H(z)H(z^{-1})$ 的一个极点，则 $z_0^{-1} = \dfrac{1}{r}\mathrm{e}^{-\mathrm{j}\omega_0}$ 也是 $H(z)H(z^{-1})$ 的一个极点，显然 $z_0^* = r\mathrm{e}^{-\mathrm{j}\omega_0}$、$(z_0^{-1})^* = \dfrac{1}{r}\mathrm{e}^{\mathrm{j}\omega_0}$ 也是 $H(z)H(z^{-1})$ 的极点。把点 $z_0 = r\mathrm{e}^{\mathrm{j}\omega_0}$ 与 $(z_0^{-1})^* = \dfrac{1}{r}\mathrm{e}^{\mathrm{j}\omega_0}$ 称为关于单位圆共轭镜像对称的一对点，显然 $z_0^* = r\mathrm{e}^{-\mathrm{j}\omega_0}$ 与 $z_0^{-1} = \dfrac{1}{r}\mathrm{e}^{-\mathrm{j}\omega_0}$ 是关于单位圆共轭镜像对称的一对点。所以 $H(z)H(z^{-1})$ 的极点既是共轭的，又是以单位圆共轭镜像对称的。如图 7-3，如果 $z = a$ 是 $H(z)H(z^{-1})$ 的一个极点，则 a^*、$\dfrac{1}{a} = a^{-1}$、$\dfrac{1}{a^*}$ 都是 $H(z)$ $H(z^{-1})$ 的极点。

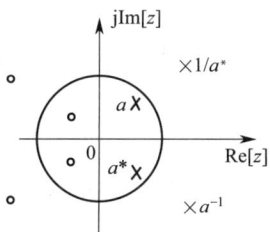

图 7-3　$H(z)H(z^{-1})$ 的极点分布

（2）相位响应

数字滤波器的相位响应为 $\phi(\omega) = \arg[H(\mathrm{e}^{\mathrm{j}\omega})]$。数字滤波器的频率响应 $H(\mathrm{e}^{\mathrm{j}\omega})$ 也可以表示成实部加虚部的形式，$H(\mathrm{e}^{\mathrm{j}\omega}) = |H(\mathrm{e}^{\mathrm{j}\omega})|\mathrm{e}^{\mathrm{j}\phi(\omega)} = \mathrm{Re}[H(\mathrm{e}^{\mathrm{j}\omega})] + \mathrm{jIm}[H(\mathrm{e}^{\mathrm{j}\omega})]$，可以得到相位响应的表达式：

$$\phi(\omega) = \arctan\left\{\frac{\mathrm{Im}[H(\mathrm{e}^{\mathrm{j}\omega})]}{\mathrm{Re}[H(\mathrm{e}^{\mathrm{j}\omega})]}\right\} \tag{7-15}$$

由于 $H^*(\mathrm{e}^{\mathrm{j}\omega}) = |H(\mathrm{e}^{\mathrm{j}\omega})|\mathrm{e}^{-\mathrm{j}\phi(\omega)}$，$\dfrac{H(\mathrm{e}^{\mathrm{j}\omega})}{H^*(\mathrm{e}^{\mathrm{j}\omega})} = \mathrm{e}^{\mathrm{j}2\phi(\omega)}$，所以有：

$$\phi(\omega) = \frac{1}{2\mathrm{j}}\ln\left[\frac{H(\mathrm{e}^{\mathrm{j}\omega})}{H^*(\mathrm{e}^{\mathrm{j}\omega})}\right] = \frac{1}{2\mathrm{j}}\ln\left[\frac{H(z)}{H(z^{-1})}\right]_{z=\mathrm{e}^{\mathrm{j}\omega}} \tag{7-16}$$

由此可见，相位响应也可以由系统函数 $H(z)$ 计算得到。

（3）群延时响应

一个线性时不变系统，它的群延时响应定义为相位响应 $\phi(\omega) = \arg[H(\mathrm{e}^{\mathrm{j}\omega})]$ 对变量 ω 求导数的负值，记为 $\tau(\omega)$ 或者 $\tau(\mathrm{e}^{\mathrm{j}\omega})$，定义如下：

$$\tau(\mathrm{e}^{\mathrm{j}\omega}) = -\frac{\mathrm{d}\phi(\omega)}{\mathrm{d}\omega} \tag{7-17}$$

可以证明 $\tau(\mathrm{e}^{\mathrm{j}\omega}) = -\mathrm{Re}\left[z\dfrac{\mathrm{d}H(z)}{\mathrm{d}z}\dfrac{1}{H(z)}\right]_{z=\mathrm{e}^{\mathrm{j}\omega}}$。如果群延时响应为常数，则该系统称为线性相位系统，此时相位响应 $\phi(\omega) = \arg[H(\mathrm{e}^{\mathrm{j}\omega})] = -\alpha\omega + \beta$，群延时 $\tau(\mathrm{e}^{\mathrm{j}\omega}) = \alpha$。如果 $\alpha > 0$，$\beta = 0$，则 $\phi(\omega) = -\alpha\omega$，此时相位响应是一条过原点的具有负斜率的直线，这样的离散系统称为第一类线性相位系统。

我们关注的线性相位理想数字滤波器有理想低通滤波器、理想高通滤波器、理想带通滤波器和理想带阻滤波器。

（a）线性相位理想低通滤波器。线性相位理想低通滤波器的频率响应为：

$$H_{\mathrm{d}}(\mathrm{e}^{\mathrm{j}\omega}) = \begin{cases} \mathrm{e}^{-\mathrm{j}\alpha\omega}, & -\omega_{\mathrm{c}} \leqslant \omega \leqslant \omega_{\mathrm{c}} \\ 0, & -\pi \leqslant \omega < -\omega_{\mathrm{c}},\ \omega_{\mathrm{c}} < \omega \leqslant \pi \end{cases} \tag{7-18}$$

它的单位冲激响应为：

$$h_d(n) = \frac{1}{2\pi} \int_{-\omega_c}^{\omega_c} e^{-j\alpha\omega} e^{j\omega n} d\omega = \frac{\omega_c}{\pi} \times \frac{\sin[\omega_c(n-\alpha)]}{\omega_c(n-\alpha)} \tag{7-19}$$

（b）线性相位理想高通滤波器。线性相位理想高通滤波器的频率响应为：

$$H_d(e^{j\omega}) = \begin{cases} e^{-j\alpha\omega}, & \omega_c \leqslant |\omega| \leqslant \pi \\ 0, & 0 \leqslant |\omega| < \omega_c \end{cases} \tag{7-20}$$

（c）线性相位理想带通滤波器。线性相位理想带通滤波器的频率响应为：

$$H_d(e^{j\omega}) = \begin{cases} e^{-j\alpha\omega}, & 0 < \omega_1 \leqslant |\omega| \leqslant \omega_2 < \pi \\ 0, & 0 \leqslant |\omega| < \omega_1, \omega_2 < |\omega| \leqslant \pi \end{cases} \tag{7-21}$$

（d）线性相位理想带阻滤波器。线性相位理想带阻滤波器的频率响应为：

$$H_d(e^{j\omega}) = \begin{cases} e^{-j\alpha\omega}, & 0 \leqslant |\omega| \leqslant \omega_1, \omega_2 \leqslant |\omega| \leqslant \pi \\ 0, & \omega_1 < |\omega| < \omega_2 \end{cases} \tag{7-22}$$

线性相位理想滤波器的幅度响应曲线如图 7-4 所示。

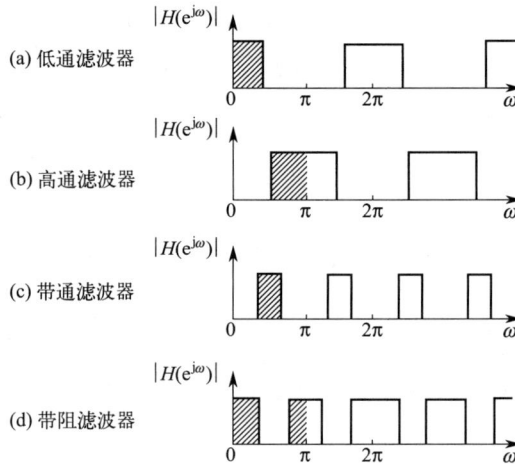

图 7-4 线性相位理想数字滤波器的幅度响应曲线

7.3 ➲ 线性时不变（LTI）系统频率响应的几何确定法

前面已经讨论过，如果线性时不变系统的系统函数 $H(z) = \dfrac{Y(z)}{X(z)} = \dfrac{\sum\limits_{m=0}^{M} b_m z^{-m}}{\sum\limits_{k=0}^{N} a_k z^{-k}}$ 的零点是

$c_m(m=1, 2, \cdots, M)$，极点是 $d_k(k=1, 2, \cdots, N)$，则系统函数的零极点形式为：

$$H(z) = \frac{Y(z)}{X(z)} = K \frac{\prod\limits_{m=1}^{M}(1 - c_m z^{-1})}{\prod\limits_{k=1}^{N}(1 - d_k z^{-1})} = K z^{N-M} \frac{\prod\limits_{m=1}^{M}(z - c_m)}{\prod\limits_{k=1}^{N}(z - d_k)} \tag{7-23}$$

因为 $H(e^{j\omega}) = H(z)\big|_{z=e^{j\omega}}$，所以频率响应的零极点表达形式为：

$$H(\mathrm{e}^{\mathrm{j}\omega}) = K\mathrm{e}^{\mathrm{j}(N-M)\omega}\frac{\displaystyle\prod_{m=1}^{M}(\mathrm{e}^{\mathrm{j}\omega}-c_m)}{\displaystyle\prod_{k=1}^{N}(\mathrm{e}^{\mathrm{j}\omega}-d_k)} = |H(\mathrm{e}^{\mathrm{j}\omega})|\mathrm{e}^{\mathrm{j}\arg[H(\mathrm{e}^{\mathrm{j}\omega})]} \quad (7\text{-}24)$$

频率响应的幅度响应为：

$$|H(\mathrm{e}^{\mathrm{j}\omega})| = |K|\frac{\displaystyle\prod_{m=1}^{M}|\mathrm{e}^{\mathrm{j}\omega}-c_m|}{\displaystyle\prod_{k=1}^{N}|\mathrm{e}^{\mathrm{j}\omega}-d_k|} \quad (7\text{-}25)$$

频率响应的相位响应为：

$$\arg[H(\mathrm{e}^{\mathrm{j}\omega})] = \arg[K] + \sum_{m=1}^{M}\arg[\mathrm{e}^{\mathrm{j}\omega}-c_m] - \sum_{k=1}^{N}\arg[\mathrm{e}^{\mathrm{j}\omega}-d_k] + (N-M)\omega \quad (7\text{-}26)$$

在 z 平面上将复数点用矢量表示，记 $\vec{\mathrm{e}^{\mathrm{j}\omega}}-\vec{c_m} = \vec{\rho}_m = \rho_m\mathrm{e}^{\mathrm{j}\theta_m}$（$m=1,2,\cdots,M$），$\vec{\mathrm{e}^{\mathrm{j}\omega}}-\vec{d_k} = \vec{l}_k = l_k\mathrm{e}^{\mathrm{j}\Phi_k}$（$k=1,2,\cdots,N$）。其中，$\vec{c}_m$ 称为零点矢量，$\vec{d}_k$ 称为极点矢量，$\vec{\rho}_m$ 是从零点 c_m 指向单位圆上点 $\mathrm{e}^{\mathrm{j}\omega}$ 的矢量，$\vec{l}_k$ 是从极点 d_k 指向单位圆上点 $\mathrm{e}^{\mathrm{j}\omega}$ 的矢量，如图 7-5 所示。

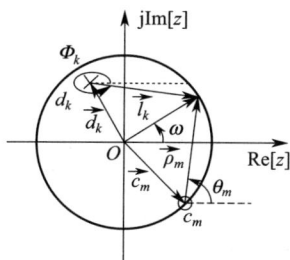

图 7-5 复数点的矢量表示

这样，幅度响应可以表示为：

$$|H(\mathrm{e}^{\mathrm{j}\omega})| = |K|\frac{\displaystyle\prod_{m=1}^{M}\rho_m}{\displaystyle\prod_{k=1}^{N}l_k} \quad (7\text{-}27)$$

相位响应可以表示为：

$$\arg[H(\mathrm{e}^{\mathrm{j}\omega})] = \arg[K] + \sum_{m=1}^{M}\theta_m - \sum_{k=1}^{N}\Phi_k + (N-M)\omega \quad (7\text{-}28)$$

由式(7-23)、式(7-24) 和式(7-25) 可见，幅度响应曲线完全由系统函数的零点、极点位置确定，简单说明如下：

① z^{N-M} 表示位于坐标原点处的零极点，它到单位圆上的点 $\mathrm{e}^{\mathrm{j}\omega}$ 的距离恒为 1，它对幅度响应的变化不起作用，只是给出线性相位分量 $(N-M)\omega$；

② 单位圆附近的零点对幅度响应的谷点的位置与深度有明显影响，当零点位于单位圆上时，对应频率点的幅度为零，频率响应的零点也可以在单位圆外；

③ 单位圆附近的极点对幅度响应的峰点位置和高度有明显影响，如果极点位于单位圆

外，系统是不稳定的。

例 7-5 已知一个线性时不变系统的系统函数为 $H(z)=\dfrac{z^2-1}{z^2-0.8z(\mathrm{e}^{\mathrm{j}\frac{\pi}{2}}+\mathrm{e}^{-\mathrm{j}\frac{\pi}{2}})+0.64}$，试画出其幅度响应 $|H(\mathrm{e}^{\mathrm{j}\omega})|$ 的曲线图。

解： 系统函数 $H(z)=\dfrac{z^2-1}{z^2-0.8z(\mathrm{e}^{\mathrm{j}\frac{\pi}{2}}+\mathrm{e}^{-\mathrm{j}\frac{\pi}{2}})+0.64}=\dfrac{(z-1)(z+1)}{(z-0.8\mathrm{e}^{\mathrm{j}\frac{\pi}{2}})(z-0.8\mathrm{e}^{-\mathrm{j}\frac{\pi}{2}})}$，它的

零点 $c_1=1$，$c_2=-1$，极点 $d_1=0.8\mathrm{e}^{\mathrm{j}\frac{\pi}{2}}$，$d_2=0.8\mathrm{e}^{-\mathrm{j}\frac{\pi}{2}}$，零点在单位圆上，极点靠近单位圆，如图 7-6 所示。

由于零点 $c_1=1$、$c_2=-1$ 在单位圆上，极点 $d_1=0.8\mathrm{e}^{\mathrm{j}\frac{\pi}{2}}$、$d_2=0.8\mathrm{e}^{-\mathrm{j}\frac{\pi}{2}}$ 靠近单位圆，所以幅度响应 $|H(\mathrm{e}^{\mathrm{j}\omega})|$ 在 $\omega=0$ 和 $\omega=\pi$ 处的值最小，为零，$|H(\mathrm{e}^{\mathrm{j}\omega})|$ 在 $\omega=\dfrac{\pi}{2}$ 和 $\omega=\dfrac{3\pi}{2}$ 处的值最大。幅度响应 $|H(\mathrm{e}^{\mathrm{j}\omega})|$ 的曲线图如图 7-7 所示。

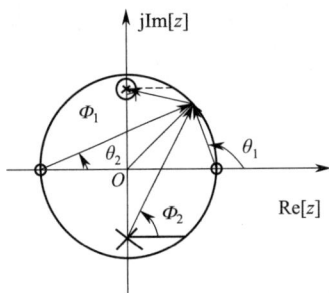

图 7-6　零点、极点位置　　　　　图 7-7　幅度响应 $|H(\mathrm{e}^{\mathrm{j}\omega})|$ 的曲线图

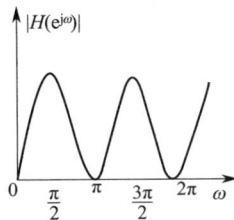

例 7-6 已知一阶因果系统的差分方程为 $y(n)=x(n)+ay(n-1)$ $(0<a<1)$，a 为实数，求该系统的单位冲激响应 $h(n)$ 和频率响应 $H(\mathrm{e}^{\mathrm{j}\omega})$。

解： 对差分方程两边求 z 变换得：

$$Y(z)=X(z)+az^{-1}Y(z)$$

$$Y(z)(1-az^{-1})=X(z)$$

$$H(z)=\frac{Y(z)}{X(z)}=\frac{1}{1-az^{-1}}=\frac{z}{z-a}$$

零点 $c_1=0$，极点 $d_1=a$，零点、极点如图 7-8 所示。

因为是因果系统，所以收敛域为 $|z|>|a|$，它的单位冲激响应为 $h(n)=a^nu(n)$。它的频率响应为：

$$H(\mathrm{e}^{\mathrm{j}\omega})=H(z)_{z=\mathrm{e}^{\mathrm{j}\omega}}=\frac{1}{1-a\mathrm{e}^{-\mathrm{j}\omega}}=\frac{1}{(1-a\cos\omega)+\mathrm{j}a\sin\omega}$$

它的幅度响应为 $|H(\mathrm{e}^{\mathrm{j}\omega})|=(1+a^2-2a\cos\omega)^{-\frac{1}{2}}$，相位响应为 $\arg[H(\mathrm{e}^{\mathrm{j}\omega})]=-\arctan\left(\dfrac{a\sin\omega}{1-a\cos\omega}\right)$。在几个频率点的值如下：

$$\omega: \qquad 0 \qquad \frac{\pi}{2} \qquad \pi \qquad \frac{3\pi}{2} \qquad 2\pi$$

$$|H(\mathrm{e}^{\mathrm{j}\omega})|: \qquad \frac{1}{1-a} \quad \frac{1}{\sqrt{1+a^2}} \quad \frac{1}{1+a} \quad \frac{1}{\sqrt{1+a^2}} \quad \frac{1}{1-a}$$

$$\arg[H(\mathrm{e}^{\mathrm{j}\omega})]: \qquad 0 \quad -\arctan a \quad 0 \quad \arctan a \quad 0$$

幅度响应和相位响应曲线如图 7-9 所示。

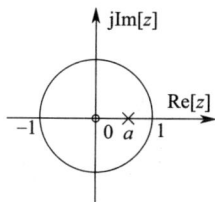

图 7-8 系统函数的零点、极点图

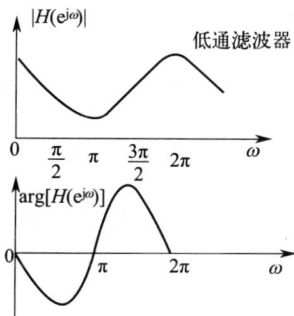

图 7-9 幅度响应和相位响应曲线

由幅度响应曲线可以看出，这是一个近似的低通滤波器。

7.4 ➲ 最小相位延时系统与全通滤波器

7.4.1 最小相位延时系统

在第 7.3 节已经讨论过，如果线性时不变系统的系统函数为 $H(z) = \dfrac{Y(z)}{X(z)} = \dfrac{\displaystyle\sum_{m=0}^{M} b_m z^{-m}}{\displaystyle\sum_{k=0}^{N} a_k z^{-k}}$，

系统函数的零点是 $c_m (m=1, 2, \cdots, M)$，极点是 $d_k (k=1, 2, \cdots, N)$，由式(7-23) 知，

频率响应的零极点表达形式为 $H(\mathrm{e}^{\mathrm{j}\omega}) = K\mathrm{e}^{\mathrm{j}(N-M)\omega} \dfrac{\displaystyle\prod_{m=1}^{M}(\mathrm{e}^{\mathrm{j}\omega} - c_m)}{\displaystyle\prod_{k=1}^{N}(\mathrm{e}^{\mathrm{j}\omega} - d_k)} = |H(\mathrm{e}^{\mathrm{j}\omega})|\mathrm{e}^{\mathrm{j}\arg[H(\mathrm{e}^{\mathrm{j}\omega})]}$，

$\dfrac{H(\mathrm{e}^{\mathrm{j}\omega})}{K}$ 相角的表达式为 $\arg\left[\dfrac{H(\mathrm{e}^{\mathrm{j}\omega})}{K}\right] = \displaystyle\sum_{m=1}^{M}\arg[\mathrm{e}^{\mathrm{j}\omega} - c_m] - \sum_{k=1}^{N}\arg[\mathrm{e}^{\mathrm{j}\omega} - d_k] + (N-M)\omega$。

现在考虑，如果数字角频率 ω 从 0 到 2π 变化，$\dfrac{H(\mathrm{e}^{\mathrm{j}\omega})}{K}$ 的相角如何变化？

如果极点 d_k 在单位圆内，当 ω 从 0 变化到 2π 时，极矢量 $\mathrm{e}^{\mathrm{j}\omega} - d_k$ 将以 d_k 为原点逆时针旋转一周，极矢量 $\mathrm{e}^{\mathrm{j}\omega} - d_k$ 的辐角将变化 2π 弧度。同样道理，如果零点 c_m 在单位圆内，当 ω 从 0 变化到 2π 时，零矢量的辐角将变化 2π 弧度。如果极点（零点）在单位圆外，当 ω 从 0 变化到 2π 时，极（零）矢量将以极点（零点）为原点摆动再回到原来位置，极（零）

矢量 $e^{j\omega}-d_k$（$e^{j\omega}-c_m$）的辐角将变化 0 弧度。所以当 ω 从 0 到 2π 变化时，只有单位圆内的零点、极点对系统相位的变化有影响：

$$\Delta\arg\left[\frac{H(e^{j\omega})}{K}\right]\Bigg|_{\Delta\omega=2\pi}=m_i\times2\pi-p_i\times2\pi+(N-M)\times2\pi \tag{7-29}$$

式中，单位圆内与单位圆外的零点数分别记为 m_i 和 m_o；单位圆内与单位圆外的极点数用 p_i 和 p_o 表示，满足条件 $M=m_i+m_o$，$N=p_i+p_o$。下面具体分析零点、极点的分布对系统相角变化的影响。

（1）系统是因果稳定系统

当系统是因果稳定系统时，系统函数 $H(z)$ 的全部极点都在单位圆内，此时 $p_i=N$，$p_o=0$，所以当 ω 从 0 变化到 2π 时，系统 $\dfrac{H(e^{j\omega})}{K}$ 的相角变化为：

$$\begin{aligned}\Delta\arg\left[\frac{H(e^{j\omega})}{K}\right]\Bigg|_{\Delta\omega=2\pi}&=m_i\times2\pi-p_i\times2\pi+(N-M)\times2\pi\\&=2\pi(m_i-p_i+N-M)=2\pi m_i-2\pi M\\&=-2\pi m_o\end{aligned} \tag{7-30}$$

由式（7-30）可以知道，这样的系统相角变化为负值，输入信号经系统处理后将延时输出，所以把这样的系统称为相位延时（滞后）系统。该系统又可以分为三种类型。

① 如果全部零点都在单位圆内，$m_o=0$，此时系统相角变化最小为 0，这样的系统称为最小相位延时系统，即零点、极点全部在单位圆内的因果稳定系统被称为最小相位延时系统，它的单位冲激响应记为 $h_{\min}(n)$。

② 如果全部零点都在单位圆外，$m_o=M$，此时系统相角变化最大为 $-2\pi M$，这样的系统称为最大相位延时系统，即极点全部在单位圆内、零点全部在单位圆外的因果稳定系统被称为最大相位延时系统。

③ 如果系统函数的零点一部分在单位圆内，一部分在单位圆外，$0<m_o<M$，此时系统相角变化为 $-2\pi m_o$，这样的系统称为一般相位延时系统，即全部极点在单位圆内、部分零点在单位圆外的因果稳定系统被称为一般相位延时系统。

（2）系统是逆因果稳定系统

如果系统的单位冲激响应 $h(n)$ 满足条件 $n>0$ 时，$h(n)=0$，则单位冲激响应 $h(n)$ 是一个左边序列，此时系统函数 $H(z)$ 的收敛域为 $|z|<z_+$，这样的系统称为逆因果系统。如果系统是稳定的，则收敛域包含单位圆，有 $z_+>1$，所以逆因果稳定的系统，其全部极点都在单位圆外，此时 $p_i=0$，$p_o=N$，由式（7-29）知，当 ω 从 0 到 2π 变化时，系统 $\dfrac{H(e^{j\omega})}{K}$ 的相角变化为：

$$\begin{aligned}\Delta\arg\left[\frac{H(e^{j\omega})}{K}\right]\Bigg|_{\Delta\omega=2\pi}&=m_i\times2\pi-p_i\times2\pi+(N-M)\times2\pi\\&=2\pi m_i+2\pi(N-M)\end{aligned} \tag{7-31}$$

一般情况下，系统总满足 $N>M$，因而对于这种系统，当 ω 从 0 变化到 2π 时，系统 $\dfrac{H(e^{j\omega})}{K}$ 的相角变化为正，这样的系统被称为相位超前系统，也可以分为三种类型。

① 如果全部零点都在单位圆内，$m_i=M$，此时系统相角变化最大，为 $2\pi N=2\pi p_o$，这

样的系统称为最大相位超前系统，即零点都在单位圆内、极点全部在单位圆外的逆因果稳定系统被称为最大相位超前系统。

② 如果全部零点都在单位圆外，$m_i = 0$，此时系统相角变化最小，为 $2\pi(N-M)$，这样的系统称为最小相位超前系统，即零点、极点全部在单位圆外的逆因果稳定系统被称为最小相位超前系统。

③ 如果系统函数的零点一部分在单位圆内，一部分在单位圆外，$0 < m_i < M$，此时系统相角变化为 $2\pi m_i + 2\pi(N-M)$，这样的系统称为一般相位超前系统，即全部极点在单位圆外、部分零点在单位圆内的逆因果稳定系统被称为一般相位超前系统。系统归纳如表 7-1 所示。

表 7-1 系统的归纳

系统	因果性	稳定性	零点	极点
最小相位延时系统	因果	稳定	单位圆内	单位圆内
最大相位延时系统	因果	稳定	单位圆外	单位圆内
最小相位超前系统	逆因果	稳定	单位圆外	单位圆外
最大相位超前系统	逆因果	稳定	单位圆内	单位圆外

在实际工程应用中，只能实现因果系统，所以一般情况下说的最小相位系统就是指最小相位延时系统。最小相位延时系统具有以下性质。

① 在幅度频率响应相同的所有系统中，最小相位延时系统具有最小的延时相位。

② 最小相位延时系统 $h_{\min}(n)$ 的能量集中在 $n=0$ 附近，而一般系统 $h(n)$ 的能量则集中在 $n>0$ 处。按照 DFT 形式下的帕什瓦定理，离散傅里叶变换幅度响应相同的各系统的总能量应当相同，如果 $h_{\min}(n)$、$h(n)$ 都是 N 点有限长序列，则有：

$$\sum_{n=0}^{m} |h(n)|^2 < \sum_{n=0}^{m} |h_{\min}(n)|^2, 0 \leqslant m < N-1 \tag{7-32}$$

$$\sum_{n=0}^{N-1} |h(n)|^2 = \sum_{n=0}^{N-1} |h_{\min}(n)|^2 \tag{7-33}$$

③ 在幅度响应相同的各系统中，最小相位系统对应的 $h_{\min}(0)$ 值最大：

$$|h_{\min}(0)| > |h(0)| \tag{7-34}$$

由式（7-32）知，取 $m=0$ 即可得到式（7-34）。

一个单位圆外的点 $a_0(|a_0|>1)$ 在系统函数中对应的因子是 $1-a_0 z^{-1}$。点 a_0 映射到单位圆内，保持幅度特性不变时的因子为 $-a_0^*(1-\dfrac{1}{a_0^*} z^{-1}) = z^{-1} - a_0^* \ (|a_0|>1)$。在下一节将证明 $(1-a_0 z^{-1})$ 与 $(z^{-1} - a_0^*)$ 的幅度响应是相同的，即满足 $\left| \dfrac{e^{-j\omega} - a^*}{1-a e^{-j\omega}} \right| = 1$。

④ 在幅度响应相同的系统中，只有唯一的一个最小相位延时系统。

⑤ 利用级联全通函数的办法，可将最小相位系统的零点映射到单位圆外，构成幅度响应相同的非最小相位延时系统，也就是说，非最小相位系统可以分解为最小相位系统与全通系统的级联。

7.4.2 全通滤波器

对于一个数字滤波器，如果它的频率响应的幅度响应值均为常数 K，则这样的滤波器就称为全通滤波器，全通滤波器的系统函数记为 $H_{ap}(z)$，频率响应记为 $H_{ap}(e^{j\omega})$，则全通滤波器的幅度响应满足：

$$|H_{ap}(e^{j\omega})| = K \tag{7-35}$$

全通滤波器的频率响应的表达式为：

$$H_{ap}(e^{j\omega}) = K e^{j\phi(\omega)} \tag{7-36}$$

式中，相位响应 $\phi(\omega) = \arg[H_{ap}(e^{j\omega})]$。如果相位响应是线性的，则 $\phi(\omega) = -\alpha\omega + \beta$，其中，$\alpha(\alpha > 0)$、$\beta$ 均为常数，此时它的群延时为 $\tau(e^{j\omega}) = \alpha$。

设一个线性相位的全通滤波器的频率响应的表达式为：

$$H_{ap}(e^{j\omega}) = e^{-j\alpha\omega} \tag{7-37}$$

则它的单位冲激响应 $h_{ap}(n)$ 为：

$$
\begin{aligned}
h_{ap}(n) &= \frac{1}{2\pi}\int_{-\pi}^{\pi} e^{-j\alpha\omega} e^{j\omega n} d\omega = \frac{1}{2\pi}\int_{-\pi}^{\pi} e^{j\omega(n-\alpha)} d\omega \\
&= \frac{1}{2\pi} \times \frac{e^{j\omega(n-\alpha)}}{j(n-\alpha)}\Big|_{-\pi}^{\pi} = \frac{1}{\pi(n-\alpha)} \times \frac{e^{j\pi(n-\alpha)} - e^{-j\pi(n-\alpha)}}{2j} \\
&= \frac{1}{\pi(n-\alpha)}\sin[\pi(n-\alpha)] = Sa[\pi(n-\alpha)]
\end{aligned} \tag{7-38}
$$

一个零点、极点均为实数的一阶全通滤波器的系统函数表达式为：

$$H_{ap}(z) = \frac{z^{-1} - a}{1 - az^{-1}} = \frac{1 - az}{z - a} \tag{7-39}$$

式中，a 为实常数，$0 < |a| < 1$。a 是系统函数的极点，在单位圆内；$a^{-1} = \dfrac{1}{a}$ 是系统函数的零点，在单位圆外，如图 7-10 所示。

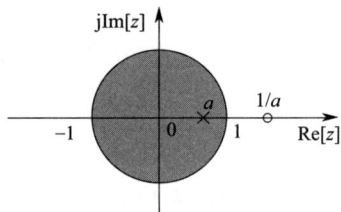

可以证明，$|H_{ap}(e^{j\omega})| = |H_{ap}(z)|_{z=e^{j\omega}} = \left|\dfrac{e^{-j\omega} - a}{1 - ae^{-j\omega}}\right| = 1$，所以它是一阶全通滤波器。事实上：

$$|H_{ap}(e^{j\omega})| = \left|\frac{e^{-j\omega} - a}{1 - ae^{-j\omega}}\right| = \left|e^{-j\omega}\frac{1 - ae^{j\omega}}{1 - ae^{-j\omega}}\right|$$

$$= |e^{-j\omega}|\frac{|1 - a\cos\omega - ja\sin\omega|}{|1 - a\cos\omega + ja\sin\omega|} = \frac{\sqrt{(1 - a\cos\omega)^2 + (-a\sin\omega)^2}}{\sqrt{(1 - a\cos\omega)^2 + (a\sin\omega)^2}}$$

$$= 1$$

一个零点、极点均为实数的二阶全通滤波器，它的系统函数表达式为：

$$H_{ap}(z) = \frac{z^{-1} - a}{1 - az^{-1}} \times \frac{z^{-1} - b}{1 - bz^{-1}} = \frac{1 - az}{z - a} \times \frac{1 - bz}{z - b} \tag{7-40}$$

式中，a、b 为实常数，$0 < |a| < 1$，$0 < |b| < 1$。a、b 是系统函数的极点，在单位圆内。$a^{-1} = \dfrac{1}{a}$、$b^{-1} = \dfrac{1}{b}$ 是系统函数的零点，在单位圆外。实数 a 和 $a^{-1} = \dfrac{1}{a}$ 是关于单位圆对称的点，显然有 $|H_{ap}(e^{j\omega})| = 1$。

图 7-10　一阶全通滤波器的零点、极点

一个零点、极点均为复数的二阶全通滤波器，它的零点、极点是共轭成对的，它的系统函数表达式为：

$$H_{ap}(z) = \frac{z^{-1} - a^*}{1 - az^{-1}} \times \frac{z^{-1} - a}{1 - a^* z^{-1}} \tag{7-41}$$

式中，a 为复数，$0 < |a| < 1$。a、a^* 是系统函数的极点，在单位圆内。$(a^{-1})^* = \frac{1}{a^*}$、$a^{-1} = \frac{1}{a}$ 是系统函数的零点，在单位圆外。复数 a 和 $\frac{1}{a^*}$ 是关于单位圆镜像对称的点，复数 a^* 和 $\frac{1}{a}$ 是关于单位圆镜像对称的点，如图 7-11 所示。

可以证明 $|H_{ap}(e^{j\omega})| = 1$，设 $a = re^{j\theta}$，则有：

$$|H_{ap}(e^{j\omega})| = \left| \frac{e^{-j\omega} - a^*}{1 - ae^{-j\omega}} \right| \left| \frac{e^{-j\omega} - a}{1 - a^* e^{-j\omega}} \right|$$

$$\left| \frac{e^{-j\omega} - a^*}{1 - ae^{-j\omega}} \right| = \left| \frac{e^{-j\omega} - re^{-j\theta}}{1 - re^{j\theta} e^{-j\omega}} \right| = |e^{-j\omega}| \left| \frac{1 - re^{j(\omega-\theta)}}{1 - re^{-j(\omega-\theta)}} \right|$$

$$= \left| \frac{1 - r\cos(\omega-\theta) - jr\sin(\omega-\theta)}{1 - r\cos(\omega-\theta) + jr\sin(\omega-\theta)} \right| = 1$$

同理可证 $\left| \dfrac{e^{-j\omega} - a}{1 - a^* e^{-j\omega}} \right| = 1$，所以有 $|H_{ap}(e^{j\omega})| = 1$。

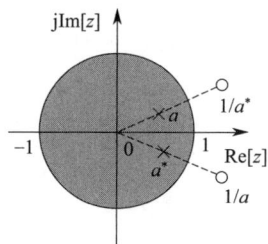

图 7-11　二阶全通系统的零点、极点

一个高阶的全通系统，零点、极点可以是实数，也可以是复数，可以由多个一阶全通子系统级联而成，每个一阶全通系统的极点和零点是关于单位圆镜像对称的，复数极点 a 和零点 $\frac{1}{a^*}$ 是关于单位圆镜像对称的，复数极点 a^* 和零点 $\frac{1}{a}$ 是关于单位圆镜像对称的。一个 N 阶全通系统的系统函数可以表示为：

$$H(z) = \pm \prod_{k=1}^{N} \frac{z^{-1} - a_k^*}{1 - a_k z^{-1}}$$

$$= \pm \frac{d_N + d_{N-1}z^{-1} + \cdots + d_1 z^{-(N-1)} + z^{-N}}{1 + d_1 z^{-1} + \cdots + d_{N-1} z^{-(N-1)} + d_N z^{-N}}$$

$$= \pm \frac{z^{-N} D(z^{-1})}{D(z)} \tag{7-42}$$

系统函数的极点是 $a_k = r_k e^{j\theta_k}$（$k = 0, 1, 2, \cdots, N-1$），是多项式 $D(z)$ 的根，多项式 $D(z)$ 的系数 d_k（$k = 1, 2, \cdots, N-1, N$）都是实数。对应的零点是 $\frac{1}{a_k^*} = \frac{1}{r_k} e^{j\theta_k}$（$k = 0, 1, 2, \cdots, N-1$），是 $D(z^{-1})$ 的根。

全通系统有以下两个方面的应用。

① 任何一个因果稳定（非最小相位延时）系统都可以表示成全通系统和最小相位延时系统的级联，即有：

$$H(z) = H_{\min}(z) H_{ap}(z) \tag{7-43}$$

例 7-7 设一个二阶因果系统的系统函数为 $H(z) = \dfrac{1-z_0^{-1}z^{-1}}{1-d_0z^{-1}} \times \dfrac{1-(z_0^{-1})^*z^{-1}}{1-d_0^*z^{-1}}$，其中，$|d_0|<1$，$|z_0|<1$，试将该系统表示成一个全通系统和一个最小相位延时系统的级联。

解： 系统函数的极点是一对共轭点 d_0、d_0^*，系统函数的零点是一对共轭点 $z_0^{-1}=\dfrac{1}{z_0}$、$(z_0^{-1})^*=(z_0^*)^{-1}=\dfrac{1}{z_0^*}$。由于 $|d_0|<1$，$|z_0|<1$，所以一对极点 d_0、d_0^* 在单位元内，一对零点 z_0^{-1}、$(z_0^*)^{-1}$ 在单位圆外，所以该系统是一个非最小相位的因果稳定系统。

零点 z_0^{-1} 和 $(z_0^*)^{-1}$ 关于单位圆镜像对称的点分别是 z_0^* 和 z_0。对系统函数做一个恒等变换，表示如下：

$$
\begin{aligned}
H(z) &= \frac{1-z_0^{-1}z^{-1}}{1-d_0z^{-1}} \times \frac{1-(z_0^*)^{-1}z^{-1}}{1-d_0^*z^{-1}}\\
&= \frac{1-z_0^{-1}z^{-1}}{1-d_0z^{-1}} \times \frac{1-(z_0^*)^{-1}z^{-1}}{1-d_0^*z^{-1}} \times \frac{(1-z_0z^{-1})(1-z_0^*z^{-1})}{(1-z_0z^{-1})(1-z_0^*z^{-1})}\\
&= \frac{1-z_0z^{-1}}{1-d_0z^{-1}} \times \frac{1-z_0^*z^{-1}}{1-d_0^*z^{-1}} \times \frac{(1-z_0^{-1}z^{-1})[1-(z_0^*)^{-1}z^{-1}]}{(1-z_0^*z^{-1})(1-z_0z^{-1})}\\
&= H_{\min}(z)H_{\mathrm{ap}}(z)
\end{aligned}
$$

式中，$H_{\min}(z) = \dfrac{1-z_0z^{-1}}{1-d_0z^{-1}} \times \dfrac{1-z_0^*z^{-1}}{1-d_0^*z^{-1}}$ 是最小相位延时系统的函数表达式，$H_{\mathrm{ap}}(z)=\dfrac{(1-z_0^{-1}z^{-1})[1-(z_0^*)^{-1}z^{-1}]}{(1-z_0^*z^{-1})(1-z_0z^{-1})}$ 是二阶全通系统的函数表达式。对于系统的频率响应，显然有：

$$
|H(\mathrm{e}^{\mathrm{j}\omega})| = |H_{\min}(\mathrm{e}^{\mathrm{j}\omega})|\,|H_{\mathrm{ap}}(\mathrm{e}^{\mathrm{j}\omega})| = |H_{\min}(\mathrm{e}^{\mathrm{j}\omega})|
$$

② 如果设计出的滤波器是非稳定的，可利用级联一个全通系统的办法将它变成一个稳定的系统。

例 7-8 设一个二阶因果系统的系统函数为 $H(z) = \dfrac{1-c_0z^{-1}}{1-d_0z^{-1}} \times \dfrac{1-c_0^*z^{-1}}{1-d_0^*z^{-1}}$，其中，$|d_0|>1$，试通过级联一个全通系统将该系统变成一个稳定系统。

解： 由于 $|d_0|>1$，所以系统函数 $H(z)$ 的两个共轭极点 d_0、d_0^* 在单位圆外，所以系统是不稳定的。利用共轭极点 d_0、d_0^* 及它们关于单位圆对称的点 $\dfrac{1}{d_0^*}$、$\dfrac{1}{d_0}$，点 $\dfrac{1}{d_0^*}=(d_0^*)^{-1}$、$\dfrac{1}{d_0}=(d_0)^{-1}$ 在单位圆内，可以构造一个二阶全通系统的系统函数 $H_{\mathrm{ap}}(z) = \dfrac{(1-d_0^*z^{-1})(1-d_0z^{-1})}{(1-d_0^{-1}z^{-1})[1-(d_0^*)^{-1}z^{-1}]}$，将原系统与该全通系统级联，通过零点、极点的抵消，将得到级联系统的系统函数 $H_1(z)$ 的表达式为：

$$
H_1(z) = H(z)H_{\mathrm{ap}}(z) = \frac{1-c_0z^{-1}}{1-d_0z^{-1}} \times \frac{1-c_0^*z^{-1}}{1-d_0^*z^{-1}} \times \frac{(1-d_0^*z^{-1})(1-d_0z^{-1})}{(1-d_0^{-1}z^{-1})[1-(d_0^*)^{-1}z^{-1}]}
$$

$$= \frac{(1-c_0 z^{-1})(1-c_0^* z^{-1})}{(1-d_0^{-1} z^{-1})[1-(d_0^*)^{-1} z^{-1}]}$$

显然，系统函数 $H_1(z)$ 是稳定的，而且有 $|H(e^{j\omega})|=|H_1(e^{j\omega})|$。这样通过级联一个全通系统的方法，将一个非稳定的系统变成了一个稳定的系统，且系统的幅度响应不变。

例 7-9 在无线通信中，信号在从发射器到接收器的路径上可能会经历多径传播，这会导致信号的不同副本在不同时间到达，引起信号失真和符号间干扰（ISI）。现有一个不稳定的通信信道，其系统函数为：

$$H(z) = \frac{1-0.5 z^{-1}}{1-2 z^{-1}}$$

① 试分析该信道的系统函数 $H(z)$ 的零点、极点分布，并解释它为什么不是一个稳定的最小相位延时系统。

② 为了补偿该信道的不稳定性，请设计一个全通均衡器 $H_a(z)$，设计的目标是使均衡器与信道级联后的新系统 $H_{total}(z)=H(z)H_a(z)$ 成为一个稳定的最小相位延时系统。

解： ① 该系统的零点为 $z_k=0.5$，极点为 $z_p=2$，极点在单位圆外，所以不是一个稳定的最小相位延时系统。

② 设计一个全通均衡器，它能抵消极点 $z_p=2$，并引入它的共轭倒数 $1/z_p^*=\frac{1}{2}$ 作为新的稳定极点。则全通均衡器的形式为：

$$H_a(z) = \frac{1-z_p z^{-1}}{z^{-1}-z_p^*} = \frac{1-2 z^{-1}}{z^{-1}-2}$$

则新系统 $H_{total}(z)=H(z)H_a(z)=\frac{1-0.5 z^{-1}}{z^{-1}-2}$ 是一个稳定的最小相位延时系统。

③ 可以作为相位均衡器（群延时均衡器）用。

对于一个无限长冲激响应（IIR）滤波器，其相位特性是非线性的（群延时不为常数），可用全通滤波器作为相位均衡器来校正系统的非线性相位，以得到线性相位，同时又不改变系统的幅度特性。

设有一个非线性相位的系统，系统函数为 $H_d(z)$，频率响应为 $H_d(e^{j\omega})=|H_d(e^{j\omega})|e^{j\varphi_d(\omega)}$。现在设计一个全通系统，通过和全通系统的级联，得到级联系统，系统函数为 $H(z)=H_{ap}(z)H_d(z)$，频率响应为 $H(e^{j\omega})=|H(e^{j\omega})|e^{j\varphi(\omega)}$。在保证幅度响应不变的前提下，可使级联后所得系统的相位响应近似为线性相位响应。设全通系统的系统函数为 $H_{ap}(z)$，频率响应为 $H_{ap}(e^{j\omega})=|H_{ap}(e^{j\omega})|e^{j\varphi_{ap}(\omega)}$，则有：

$$H(e^{j\omega}) = H_{ap}(e^{j\omega})H_d(e^{j\omega})$$
$$= |H_{ap}(e^{j\omega})||H_d(e^{j\omega})|e^{j[\varphi_{ap}(\omega)+\varphi_d(\omega)]} \tag{7-44}$$

它们的相位响应关系为 $\varphi(\omega)=\varphi_{ap}(\omega)+\varphi_d(\omega)$，群延时关系为 $\tau(\omega)=\tau_{ap}(\omega)+\tau_d(\omega)$。如果要求相位是线性相位，则应该满足 $\tau(\omega)=-\frac{d\varphi(\omega)}{d\omega}=\tau_{ap}(\omega)+\tau_d(\omega)=a$，其中，$a$ 为常数，利用最小平方误差准则将 $\Delta^2=[\tau(\omega)-\tau_0]^2=[\tau_{ap}(\omega)+\tau_d(\omega)-\tau_0]^2$ 优化到最小，从而得到近似线性相位的系统（滤波器）。

本章主要内容是系统函数与频率响应及其相关性质的介绍，重点和难点内容总结如下。

① 线性时不变离散时间系统的数学模型，一般是 N 阶常系数线性差分方程：

$$\sum_{k=0}^{N} a_k y(n-k) = \sum_{m=0}^{M} b_m x(n-m)$$

② 与差分方程对应的系统函数的表达式为：

$$H(z) = \frac{Y(z)}{X(z)} = \frac{\sum_{m=0}^{M} b_m z^{-m}}{\sum_{k=0}^{N} a_k z^{-k}} = K \frac{\prod_{m=1}^{M}(1 - c_m z^{-1})}{\prod_{k=1}^{N}(1 - d_k z^{-1})}$$

式中，K 是系统的增益常数；c_m（$m=1, 2, \cdots, M$）是系统函数 $H(z)$ 的零点；d_k（$k=1, 2, \cdots, N$）是系统函数 $H(z)$ 的极点。

③ 一个因果稳定系统的收敛域为：

$$R_- < |z| \leqslant \infty, R_- < 1$$

因果稳定系统的系统函数的全部极点都在单位圆内。

④ 系统的频率响应为：

$$H(e^{j\omega}) = K e^{j(N-M)\omega} \frac{\prod_{m=1}^{M}(e^{j\omega} - c_m)}{\prod_{k=1}^{N}(e^{j\omega} - d_k)} = |H(e^{j\omega})| e^{j\arg[H(e^{j\omega})]}$$

幅度响应 $|H(e^{j\omega})| = |K| \frac{\prod_{m=1}^{M}|e^{j\omega} - c_m|}{\prod_{k=1}^{N}|e^{j\omega} - d_k|} = |K| \frac{\prod_{m=1}^{M} \rho_m}{\prod_{k=1}^{N} l_k}$

单位圆附近的零点对幅度响应的谷点的位置与深度有明显影响，当零点位于单位圆上时，对应频率点的幅度为零。频率响应的零点也可以在单位圆外。单位圆附近的极点对幅度响应的峰点位置和高度有明显影响。

⑤ 数字滤波器的幅度平方响应定义为幅度响应的平方：

$$|H(e^{j\omega})|^2 = H(e^{j\omega}) H^*(e^{j\omega}) = H(z) H(z^{-1})|_{z=e^{j\omega}}$$

⑥ 相位响应的表达式：

$$\phi(\omega) = \arctan\left\{\frac{\text{Im}[H(e^{j\omega})]}{\text{Re}[H(e^{j\omega})]}\right\} = \frac{1}{2j} \ln\left[\frac{H(e^{j\omega})}{H^*(e^{j\omega})}\right] = \frac{1}{2j} \ln\left[\frac{H(z)}{H(z^{-1})}\right]_{z=e^{j\omega}}$$

⑦ 系统的群延时响应定义为相位响应 $\phi(\omega) = \arg[H(e^{j\omega})]$ 对变量 ω 求导数的负值：

$$\tau(e^{j\omega}) = -\frac{d\phi(\omega)}{d\omega}$$

⑧ 全通滤波器的频率响应的表达式为：

$$H_{ap}(e^{j\omega}) = K e^{j\phi(\omega)}$$

一个高阶的全通系统，零点、极点可以是实数，也可以是复数，可以由多个一阶全通子系统级联而成，每个一阶全通系统的极点和零点是关于单位圆镜像对称的，复数极点 a 和零点 $\dfrac{1}{a^*}$ 是关于单位圆镜像对称的，复数极点 a^* 和零点 $\dfrac{1}{a}$ 是关于单位圆镜像对称的。

⑨ 任何一个因果稳定（非最小相位延时）系统都可以表示成全通系统和最小相位延时系统的级联，即有：

$$H(z) = H_{\min}(z) H_{\mathrm{ap}}(z)$$

习题7

7.1 已知因果系统的系统函数为 $H(z) = \dfrac{z+1}{z^2 - 0.9z + 0.81} = \dfrac{z^{-1} + z^{-2}}{1 - 0.9z^{-1} + 0.81z^{-2}}$。求：

（1）频率响应表达式；

（2）差分方程表达式。

7.2 某离散时间 LTI 系统的频率响应为 $H(\mathrm{e}^{\mathrm{j}\omega}) = \dfrac{1 - 2\mathrm{e}^{-\mathrm{j}\omega}}{1 - \mathrm{e}^{-\mathrm{j}\omega}}$，$-\pi < \omega \leqslant \pi$，试求系统输入为 $x(n) = \sin\dfrac{n\pi}{4}$ 时系统的输出 $y(n)$。

7.3 一个因果线性移不变系统的单位冲激响应为 $h(n) = a^n u(n)$，$|a| < 1$，试用 z 变换求此系统的单位阶跃响应 $g(n)$。

7.4 一个因果线性移不变系统的系统函数为 $H(z) = (z^{-1} - a)/(1 - az^{-1})$，其中 a 为实数。

（1）问能使系统稳定的 a 值的范围。

（2）若 $0 < a < 1$，画出零点、极点图，并注明收敛域。

（3）证明这个系统是全通函数，即其频率响应的幅度为常数（这里，常数为 1）。

（4）写出系统的差分方程。

7.5 某离散时间 LTI 系统的单位冲激响应为 $h(n) = 0.2^n u(n)$。

（1）求该系统的频率响应 $H(\mathrm{e}^{\mathrm{j}\omega})$，并计算 $H(\mathrm{e}^{\mathrm{j}\omega})$ 在 $\omega = \dfrac{\pi}{3}$ 处的值；

（2）求系统输入为 $x(n) = u(n)$ 时系统的响应 $y(n)$。

7.6 某因果离散时间 LTI 系统的输入序列 $x(n)$ 和输出序列 $y(n)$ 满足差分方程：

$$y(n) - \frac{1}{2}y(n-1) = x(n) + 2x(n-1) + x(n-2)$$

求该系统的系统函数 $H(z)$、单位冲激响应 $h(n)$ 及频率响应 $H(\mathrm{e}^{\mathrm{j}\omega})$。

7.7 某离散时间系统的频率响应为 $H(\mathrm{e}^{\mathrm{j}\omega}) = \dfrac{1 - \mathrm{e}^{-\mathrm{j}2\omega} + \mathrm{e}^{-\mathrm{j}3\omega}}{1 + \dfrac{1}{2}\mathrm{e}^{-\mathrm{j}\omega} + \dfrac{3}{2}\mathrm{e}^{-\mathrm{j}2\omega}}$，试写出该系统输入

序列 $x(n)$ 和输出序列 $y(n)$ 满足的差分方程。

7.8 某因果离散时间 LTI 系统的输入序列 $x(n)$ 和输出序列 $y(n)$ 满足差分方程 $y(n) + \dfrac{1}{a}y(n-1) = x(n-1)$，其中 a 为常数。

（1）求该系统的单位冲激响应 $h(n)$；

（2）求确定系统稳定时，a 的取值范围；

（3）求系统的频率响应 $H(\mathrm{e}^{\mathrm{j}\omega})$，并画出幅度响应 $|H(\mathrm{e}^{\mathrm{j}\omega})|$ 和相位响应 $\arg[H(\mathrm{e}^{\mathrm{j}\omega})]$ 的曲线图；

（4）$|H(\mathrm{e}^{\mathrm{j}\omega})|$ 在区间 $0 \leqslant \omega < 2\pi$ 内有几个幅度峰值和谷值？并给出峰值和谷值的 ω 的取值。

7.9 某因果离散时间 LTI 系统的单位冲激响应为 $h(n)$，该系统的系统函数为

$$H(z)=\frac{1+z^{-1}}{1-\dfrac{1}{4}z^{-1}-\dfrac{1}{8}z^{-2}}.$$

（1）试确定 $H(z)$ 的收敛域；

（2）判断该系是否稳定；

（3）求系统的单位冲激响应 $h(n)$。

7.10 某因果离散时间 LTI 系统输入为 $x(n)=(\dfrac{1}{2})^{n}u(n)+2^{n}u(-n-1)$ 时，系统的响应为 $y(n)=(\dfrac{1}{2})^{n}u(n)-(\dfrac{3}{4})^{n}u(n)$。

（1）求该系统的系统函数 $H(z)$，画出 $H(z)$ 的零点、极点图并指出收敛域；

（2）求该系统的单位冲激响应 $h(n)$；

（3）写出描述输入序列 $x(n)$ 和输出序列 $y(n)$ 关系的差分方程；

（4）判断该系统的稳定性。

7.11 某因果离散时间 LTI 系统输入为 $x(n)=-\dfrac{1}{3}(\dfrac{1}{2})^{n}u(n)-\dfrac{4}{3}2^{n}u(-n-1)$ 时，系统的响应为 $y(n)$，$y(n)$ 的 z 变换为 $Y(z)=\dfrac{1-z^{-1}}{(1-\dfrac{1}{2}z^{-1})(1-\dfrac{1}{3}z^{-1})}$。

（1）求序列 $x(n)$ 的 z 变换为 $X(z)$；

（2）写出系统函数 $H(z)$ 的表达式；

（3）求 $Y(z)$ 的收敛域。

7.12 某因果离散时间 LTI 系统的系统函数为 $H(z)=\dfrac{(1-0.2z^{-1})(1-3z^{-1})}{(1-0.64z^{-2})}$。

（1）判断该系统的稳定性；

（2）求一个最小相位延时系统 $H_{\min}(z)$ 和一个全通系统 $H_{\mathrm{ap}}(z)$，使得 $H(z)=H_{\min}(z)H_{\mathrm{ap}}(z)$。

7.13 一个因果线性时不变系统，其系统函数在 z 平面有一对共轭极点 $z_{1,2}=\dfrac{1}{2}\mathrm{e}^{\pm\mathrm{j}\frac{\pi}{3}}$，在 $z=0$ 处有二阶零点，且有 $H(z)|_{z=1}=4$。

（1）求 $H(z)$ 及 $h(n)$；

（2）求系统的单位阶跃响应，即输入为 $u(n)$ 时的响应 $y(n)$；

（3）求输入信号为 $x(n)=10+5\cos(\dfrac{\pi}{2}n)$ 时的响应 $y(n)$。

参考答案

第**8**章

信号的抽样与重建

随着技术的不断进步与发展，数字化技术已经应用到信息处理与传输的各个领域，特别是在区块链、大数据、人工智能等新型技术领域得到了飞速的发展。在实际应用中，所有的连续时间信号都需要先通过抽样得到离散时间信号，再通过量化成为数字信号，进而做进一步的分析处理。信号的时域抽样理论为信号的数字化分析和处理奠定了理论基础。对于时域抽样，重点分析抽样信号的频谱变换及从抽样信号正确恢复原信号的条件。

8.1 ➲ 信号的时域抽样

对连续时间信号 $x_a(t)$ 进行时域抽样将得到离散时间信号，在实际工程应用中通常进行等间隔抽样，可通过模数转换器（ADC）将连续时间信号转换为数字信号，数字信号经过处理后再通过数模转换器（DAC）恢复成连续时间信号。

假定采样间隔为 $T=T_s$，也称为采样周期，对连续时间信号 $x_a(t)$ 进行等间隔采样，实质上是将信号 $x_a(t)$ 在各时间点 $t=nT$ 的值取出，这样就得到了离散时间信号 $x_a(nT)=x_a(t)|_{t=nT}$ $(n=0,\pm1,\pm2,\cdots)$，也可简记为序列 $x(n)$，对连续时间信号抽样后得到的抽样信号实质上是离散时间信号，也就是序列，称为抽样序列。可进一步分析抽样序列的离散时间傅里叶变换（DTFT）$X(e^{j\omega})$ 与模拟信号 $x_a(t)$ 的傅里叶变换 $X_a(j\Omega)$ 之间的关系。

为了便于分析时域抽样后信号频谱的变化，我们用数学模型方法对抽样后的时域信号进行频谱分析。对时域信号进行抽样就是用周期性脉冲 $p_T(t)$ 和信号进行相乘，乘积结果 $x_a(t)p_T(t)$ 实质上就是抽样信号，将抽样信号看成连续信号的形式，称为抽样信号。这样抽样结果有两种表达形式，一种是离散形式的抽样序列 $x_a(nT)=x(n)$，一种是连续形式的抽样信号 $x_a(t)p_T(t)$。用周期单位冲激序列 $\delta_T(t)$ 作为周期脉冲进行抽样，称为理想抽样，如果用脉宽为 τ，幅度为 1，周期为 T，$T>\tau$ 的周期矩形脉冲进行抽样，称为自然抽样。

8.1.1 理想抽样信号的频谱分析

用单位冲激序列 $\delta_T(t)$ 和连续时间信号 $x_a(t)$ 进行相乘得到抽样信号 $\hat{x}_a(t)$：

$$\hat{x}_a(t)=x_a(t)\delta_T(t) \tag{8-1}$$

$$\hat{x}_a(t) = x_a(t)\delta_T(t) = x_a(t)\sum_{n=-\infty}^{\infty}\delta(t-nT) = \sum_{n=-\infty}^{\infty}x_a(nT)\delta(t-nT) \qquad (8\text{-}2)$$

式(8-2)表明，抽样信号由一系列冲激信号叠加而成，对应于抽样点 nT 处的冲激信号的冲激强度恰为 $x_a(nT)$，是信号 $x_a(t)$ 在时刻 $t=nT$ 处的抽样值。所以用式(8-2)可以描述抽样信号 $\hat{x}_a(t)$。由于冲激信号可以认为是连续时间信号，所以式(8-2)是抽样信号表达的连续形式，这与实际抽样信号的离散形式 $x_a(nT)=x_a(t)|_{t=nT}$ 是等价的，即理想抽样信号有两种等价的表示方式：离散形式为 $x_a(nT)=x_a(t)|_{t=nT}$，连续形式为 $\hat{x}_a(t)=x_a(t)\delta_T(t)$。

设信号 $x_a(t)$ 的频谱密度函数为 $X_a(j\Omega)$，$x_a(t)\leftrightarrow X_a(j\Omega)$，$p_T(t)=\delta_T(t)\leftrightarrow P_T(j\Omega)=\Omega_s\sum_{n=-\infty}^{\infty}\delta(\Omega-n\Omega_s)$，$\Omega_s=\dfrac{2\pi}{T}$，再由频域卷积定理得抽样信号 $\hat{x}_a(t)$ 的频谱密度函数 $\hat{X}_a(j\Omega)$：

$$\begin{aligned}\hat{X}_a(j\Omega) &= \frac{1}{2\pi}X_a(j\Omega)*P_T(j\Omega) = \frac{1}{2\pi}X_a(j\Omega)*\Omega_s\sum_{n=-\infty}^{\infty}\delta(\Omega-n\Omega_s)\\ &= \frac{1}{2\pi}\Omega_s\sum_{n=-\infty}^{\infty}X_a(j\Omega)*\delta(\Omega-n\Omega_s)\\ &= \frac{1}{2\pi}\Omega_s\sum_{n=-\infty}^{\infty}X_a[j(\Omega-n\Omega_s)]\\ &= \frac{1}{T}\sum_{n=-\infty}^{\infty}X_a[j(\Omega-n\Omega_s)] \end{aligned} \qquad (8\text{-}3)$$

式中，T 是抽样间隔（采样周期，抽样周期）；$\Omega_s=\dfrac{2\pi}{T}$ 称为抽样角频率；$f_s=\dfrac{1}{T}$ 称为抽样频率。式(8-3)表明，理想抽样信号的频谱是原来信号频谱的周期性延拓叠加，并乘以常数 $\dfrac{1}{T}$，所以理想抽样信号 $\hat{x}_a(t)$ 的频谱密度函数 $\hat{X}_a(j\Omega)$ 是以抽样角频率 Ω_s 为周期的周期性频谱，$\hat{X}_a(j\Omega)=\dfrac{1}{T}\sum_{n=-\infty}^{\infty}X_a[j(\Omega-n\Omega_s)]$。

假定连续时间信号 $x_a(t)$ 是频带有限的信号，即频谱密度函数 $\hat{X}_a(j\Omega)$ 满足下列条件：

$$|X_a(j\Omega)| = \begin{cases} |X_a(j\Omega)|, & 0\leqslant|\Omega|\leqslant\Omega_h\\ 0, & \Omega_h<|\Omega| \end{cases} \qquad (8\text{-}4)$$

式中，$\Omega_h>0$，称为连续时间信号 $x_a(t)$ 的最高截止角频率，$\Omega_h=2\pi f_h$，f_h 称为连续时间信号 $x_a(t)$ 的最高截止频率。

分析式(8-3)可知，只要抽样间隔 T 足够小，则抽样信号的频谱周期 Ω_s 就足够大，原信号 $x_a(t)$ 的频谱在周期延拓叠加过程中不会发生频谱的重叠，即不会发生频谱混叠。显然，如果抽样角频率 $\Omega_s\geqslant 2\Omega_h$，或者满足 $T\leqslant\dfrac{1}{2f_h}$，则理想抽样信号 $\hat{x}_a(t)$ 的频谱密度函数 $\hat{X}_a(j\Omega)$ 不会发生混叠。对连续时间信号 $x_a(t)$ 进行理想抽样，如图 8-1 所示，抽样信号的幅度频谱如图 8-2 所示。

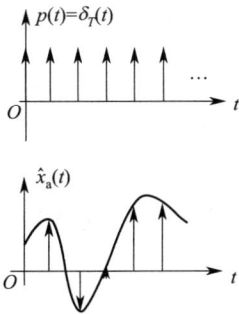

图 8-1 连续时间信号的理想采样

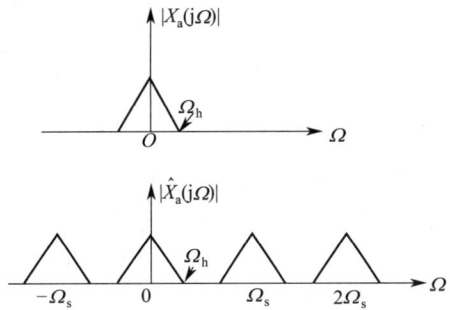

图 8-2 抽样信号的幅度频谱

8.1.2 理想抽样序列的频谱分析

由式(8-3) 知，抽样信号 $\hat{x}_a(t)$ 的频谱密度函数 $\hat{X}_a(j\Omega) = \dfrac{1}{T} \displaystyle\sum_{n=-\infty}^{\infty} X_a[j(\Omega - n\Omega_s)]$。

利用数字角频率与抽样角频率之间的关系 $\omega = \Omega T$，即 $\Omega = \dfrac{\omega}{T}$，得抽样序列 $x(n) = x_a(nT)$ 的频谱，即抽样序列的离散时间傅里叶变换为 $X(e^{j\omega})$ 满足下式：

$$X(e^{j\omega}) = \hat{X}_a(j\Omega)\,\big|_{\Omega=\frac{\omega}{T}} = \frac{1}{T} \sum_{n=-\infty}^{\infty} X_a[j(\Omega - n\Omega_s)]\,\big|_{\Omega=\frac{\omega}{T}}$$

$$= \frac{1}{T} \sum_{n=-\infty}^{\infty} X_a\left[j\left(\frac{\omega}{T} - n\frac{2\pi}{T}\right)\right]$$

$$= \frac{1}{T} \sum_{n=-\infty}^{\infty} X_a\left[j\left(\frac{\omega - 2\pi n}{T}\right)\right] \tag{8-5}$$

由式(8-5) 可知，抽样序列的频谱 $X(e^{j\omega})$ 是以数字角频率 ω 为变量的周期为 2π 的连续谱。

8.1.3 自然抽样信号的频谱分析

用脉宽为 τ、幅度为 1、周期为 $T(T > \tau)$ 的矩形脉冲 $p_T(t)$ 进行抽样，得抽样信号 $\hat{x}_a(t)$：

$$\hat{x}_a(t) = x_a(t) p_T(t)$$

周期矩形脉冲信号的频谱为：

$$P_T(j\Omega) = \Omega_s \tau \sum_{n=-\infty}^{\infty} \mathrm{Sa}\left(\frac{n\Omega_s \tau}{2}\right) \delta(\Omega - n\Omega_s) \tag{8-6}$$

由傅里叶变换的频域卷积定理，得自然抽样信号 $\hat{x}_a(t)$ 的频谱密度函数 $\hat{X}_a(j\Omega)$：

$$\hat{X}_a(j\Omega) = \frac{1}{2\pi} X_a(j\Omega) * P_T(j\Omega)$$

$$= \frac{1}{2\pi} X_a(j\Omega) * \left[\Omega_s \tau \sum_{n=-\infty}^{\infty} \mathrm{Sa}\left(\frac{n\Omega_s \tau}{2}\right) \delta(\Omega - n\Omega_s)\right]$$

$$= \frac{1}{2\pi} \Omega_s \tau \sum_{n=-\infty}^{\infty} \mathrm{Sa}\left(\frac{n\Omega_s \tau}{2}\right) \left[X_a(j\Omega) * \delta(\Omega - n\Omega_s)\right]$$

$$= \frac{1}{2\pi}\Omega_s\tau\sum_{n=-\infty}^{\infty}\mathrm{Sa}\left(\frac{n\Omega_s\tau}{2}\right)X_a[\mathrm{j}(\Omega-n\Omega_s)]$$

$$= \sum_{n=-\infty}^{\infty}\frac{\tau}{T}\mathrm{Sa}\left(\frac{n\Omega_s\tau}{2}\right)X_a[\mathrm{j}(\Omega-n\Omega_s)] \tag{8-7}$$

由式（8-7）知，自然抽样信号 $\hat{x}_a(t)$ 的频谱密度函数 $\hat{X}_a(\mathrm{j}\Omega)$ 同样是以抽样角频率 Ω_s 为周期进行周期延拓叠加而成的频谱，不同的是，延拓到中心为 $n\Omega_s$ 的频谱，其幅度要乘以系数 $\dfrac{\tau}{T}\mathrm{Sa}\left(\dfrac{n\Omega_s\tau}{2}\right)$，这个值与 $n\Omega_s$ 有关。由抽样函数的定义知 $\dfrac{\tau}{T}\mathrm{Sa}\left(\dfrac{n\Omega_s\tau}{2}\right)$ 在 $n=0$ 时有最大值 $\dfrac{\tau}{T}$，随着 n 的增大，$\dfrac{\tau}{T}\mathrm{Sa}\left(\dfrac{n\Omega_s\tau}{2}\right)$ 的绝对值越来越小。同理想抽样一样，对于频带有限的信号，如果抽样角频率 $\Omega_s\geqslant 2\Omega_h$，或者满足 $T\leqslant\dfrac{1}{2f_h}$，则自然抽样信号 $\hat{x}_a(t)$ 的频谱 $\hat{X}_a(\mathrm{j}\Omega)$ 不会发生混叠。对连续时间信号 $\hat{x}_a(t)$ 进行自然抽样，时域和频域的对应如图 8-3 所示。

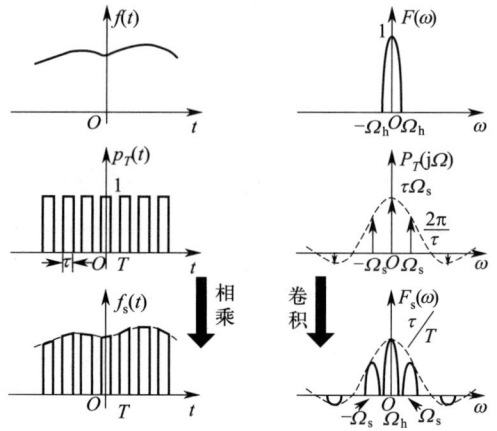

图 8-3　自然抽样信号的时域和频域关系

8.2 ➲ 抽样信号的恢复重建

由前面的分析可知，对于一个具有最高截止频率为 f_h 的频带有限信号 $\hat{x}_a(t)$，无论是理想抽样还是自然抽样，只要满足抽样间隔 $T\leqslant\dfrac{1}{2f_h}$，则抽样信号 $\hat{x}_a(t)$ 的频谱 $\hat{X}_a(\mathrm{j}\Omega)$ 不会发生混叠，在中心频率 $\Omega=0$ 处，对应一个包含原信号完整信息的频谱，在理想抽样下为 $\dfrac{1}{T}X_a(\mathrm{j}\Omega)$，在自然抽样下为 $\dfrac{\tau}{T}X_a(\mathrm{j}\Omega)$。因此抽样信号 $\hat{x}_a(t)$ 保留了原信号 $x_a(t)$ 的全部信息，可以由抽样信号 $\hat{x}_a(t)$ 正确恢复原信号 $x_a(t)$。从抽样信号恢复原信号的时域、频域分析如下。

设一个具有最高截止频率 f_h 的频带有限信号 $x_a(t)$，对信号 $x_a(t)$ 进行理想抽样，抽样间隔满足 $T\leqslant\dfrac{1}{2f_h}$，得到抽样信号 $\hat{x}_a(t)=x_a(t)\delta_T(t)$，抽样信号的频谱没有发生混叠，频谱为 $\hat{X}_a(\mathrm{j}\Omega)=\dfrac{1}{T}\sum_{n=-\infty}^{\infty}X_a[\mathrm{j}(\Omega-n\Omega_s)]$。将抽样信号输入一个合适的理想低通滤波器，则输出的就是原信号 $x_a(t)$，信号得以恢复。设理想低通滤波器的单位冲激响应为 $h(t)=h_d(t)$，它的傅里叶变换，即频谱密度函数为 $H_d(\mathrm{j}\Omega)$ 满足下式：

$$H_d(\mathrm{j}\Omega)=\begin{cases}T, & |\Omega|\leqslant\Omega_c \\ 0, & |\Omega|>\Omega_c\end{cases}, \Omega_h\leqslant\Omega_c<\frac{\Omega_s}{2} \tag{8-8}$$

其中，Ω_c 是理想低通滤波器的截止频率。

利用傅里叶变换的对称特性，可知 $H_d(j\Omega)$ 的逆变换 $h_d(t)$ 是抽样函数，如图 8-4 所示。

$$h_d(t) = T \frac{\Omega_c}{\pi} \mathrm{Sa}(\Omega_c t) \tag{8-9}$$

抽样信号 $\hat{x}_a(t)$ 经过理想低通滤波器的零状态输出为 $\tilde{x}_a(t) = \hat{x}_a(t) * h_d(t)$，由卷积定理知道输出信号 $\tilde{x}_a(t)$ 的频谱 $\tilde{X}_a(j\Omega)$ 满足：

$$\tilde{X}_a(j\Omega) = \left\{ \frac{1}{T} \sum_{n=-\infty}^{\infty} X_a[j(\Omega - n\Omega_s)] \right\} H_d(j\Omega) = X_a(j\Omega) \tag{8-10}$$

式(8-10) 说明，理想抽样信号 $\hat{x}_a(t)$ 经过理想低通滤波器后的输出就是完整的恢复出的原信号的频谱，因此可正确地恢复原信号 $x_a(t)$：

$$
\begin{aligned}
x_a(t) = \tilde{x}_a(t) &= \hat{x}_a(t) * h_d(t) \\
&= \left[\sum_{n=-\infty}^{\infty} x_a(nT)\delta(t - nT) \right] * T \frac{\Omega_c}{\pi} \mathrm{Sa}(\Omega_c t) \\
&= \sum_{n=-\infty}^{\infty} T \frac{\Omega_c}{\pi} \{ x_a(nT) \mathrm{Sa}[\Omega_c(t - nT)] \}
\end{aligned}
\tag{8-11}
$$

式(8-11) 说明，连续时间信号 $x_a(t)$ 恢复后可以展开成 Sa 函数的无穷级数，级数的系数由抽样值 $x_a(nT)$ 确定。也可以说在抽样信号 $\hat{x}_a(t)$ 的每个抽样点 nT 上画一个 Sa 函数波形 $T \frac{\Omega_c}{\pi} \mathrm{Sa}[\Omega_c(t - nT)]$，分别乘以 $x_a(nT)$ 后叠加的信号就是 $x_a(t)$，如图 8-5 所示。Sa 函数 $T \frac{\Omega_c}{\pi} \mathrm{Sa}[\Omega_c(t - nT)]$ 也可以称为信号恢复的内插函数，它与信号 $x_a(t)$ 本身无关。

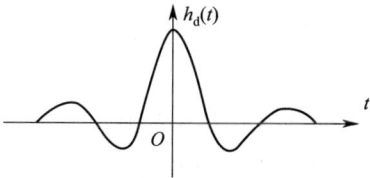

图 8-4　理想低通滤波器的单位冲激响应的波形　　　　图 8-5　理想抽样信号的恢复

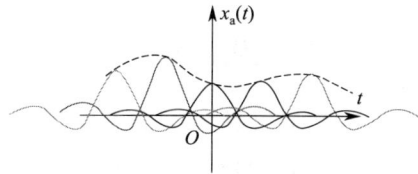

如果取合适的抽样间隔 T，使得 $T = \frac{1}{2f_h}$，即满足 $\Omega_s = 2\Omega_h = 2\Omega_c$，$T = \frac{2\pi}{\Omega_s} = \frac{\pi}{\Omega_c}$，此时则有 Sa 函数 $T \frac{\Omega_c}{\pi} \mathrm{Sa}[\Omega_c(t - nT)] = \mathrm{Sa}[\Omega_c(t - nT)]$。对于任意的 n，Sa 函数 $\mathrm{Sa}[\Omega_c(t - nT)]$ 在 $t = nT$ 处的值为 1，在其他任意抽样时刻 $t = kT(k \neq n)$ 处，$\mathrm{Sa}[\Omega_c(t - nT)] = 0$，即内插函数在除本抽样点外的其他抽样时刻点的值均为零，如图 8-6 所示。

此条件下，信号的恢复表达式简化为：

$$x_a(t) = \tilde{x}_a(t) = \sum_{n=-\infty}^{\infty} x_a(nT)\{ \mathrm{Sa}[\Omega_c(t - nT)] \} \tag{8-12}$$

式(8-12) 表明，在各个抽样时刻点 $t = nT$ 处，恢复信号 $\tilde{x}_a(t)$ 的值 $\tilde{x}_a(nT)$ 恰好等于

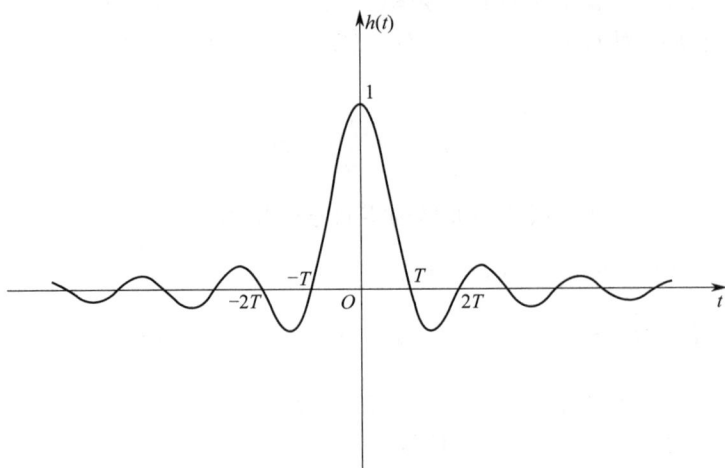

图 8-6　内插函数的过零点（$n=0$ 时）

抽样值 $\hat{x}_a(nT)$，在一般时刻点 t 处 $\tilde{x}_a(t)$ 的值等于各 Sa 函数值的线性组合值。

8.3 ⊃ 采样与重建的实际问题

前面对连续时间信号进行抽样和恢复的讨论都是在理想状态下的理论描述，而实际的数字系统在进行信号抽样和恢复的过程中要考虑很多实际的实现细节。通过电路实现信号的抽样和恢复时，实际电路是通过模数转换器（analog-to-digital converter，ADC）完成从连续时间信号到数字信号的转换，简称 A/D 转换。通过数模转换器（digital-to-analog converter，DAC）完成从数字信号到连续时间信号的转换工作，简称 D/A 转换。

8.3.1　ADC 量化误差

ADC 包括抽样保持和量化编码两个步骤。抽样保持电路实现在每个抽样时刻对连续时间信号进行抽样，并将该抽样值保持到下一个抽样时刻。量化编码电路选择与抽样保持电路输出接近的量化电平，并对该量化电平进行编码，从而实现将连续时间信号转化为数字信号的处理。一个理想的 ADC 将一个连续时间信号 $x_a(t)$ 转换为离散时间信号 $x(n)=x_a(t)|_{t=nT}$，其中，每个样本值都是精确的。但对于实际的数字信号处理而言，用来存储数值运算的数字值的存储器的字长是有限的，对于定点制和浮点制中的加法和乘法，运算结束后都会使字长增加。所以，需要对算术运算的结果进行量化处理，使之能够适合存储器指定的字长，最终得到的数字信号 $x_{ADC}(n)$ 是有限精度的，会引起量化误差。下面简单讨论一下定点制下的量化误差。

如果 ADC 的字长为 $B+1$ 位，则信号幅度值可以表示成 2^B 个量化间隔，其中，最高位表示数字值的正负号，其二进制点恰好在符号位的右边，如图 8-7 所示。

如果 ADC 的输入为单极性信号 $x_a(t)$，信号的幅度范围是 $[0，A]$，则量化步长为 $r=\dfrac{A}{2^B}=A\times 2^{-B}$，如图 8-8 所示。

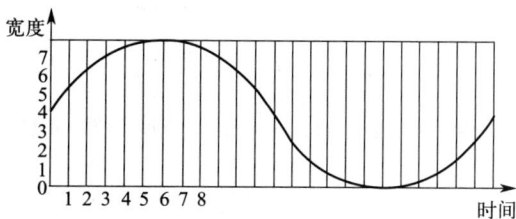

(a)

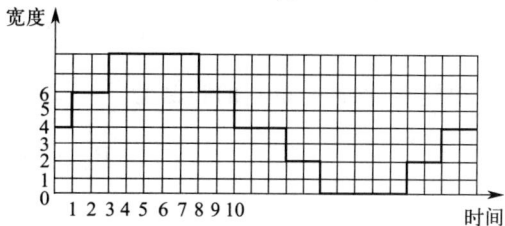

(b)

图 8-8　量化间隔

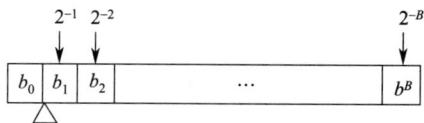

图 8-7　$B+1$ 位小数

精确的离散时间信号 $x(n)$ 可表示为：

$$x(n) = A \sum_{k=1}^{\infty} b_k \times 2^{-k}, b_k = 0, 1 \tag{8-13}$$

对于经过字长为 $B+1$ 位的 ADC 处理获得的数字信号，一般采用舍入或截尾的量化方法。ADC 的字长每增加 1 位，信噪比（signal-to-noise ratio，SNR）提高约 6dB，当量化处理的字长为 16 位时，量化噪声的功率比信号的功率低 106.8dB，人耳对声音的感知约为 100dB，因此，高质量的音频系统量化处理的字长最少应为 16 位。

8.3.2　DAC 转换误差

在许多实际的应用场合，需要将处理后的数字信号转换成连续时间信号，最简单的 D/A 转换是一个阶梯近似的过程，DAC 先对数字信号 $x_{ADC}(n) = y(n)$ 进行解码，在每个抽样时刻 $t = nT$，将数字信号转换为对应的连续时间信号 $y_0(t)|_{t=nT}$，并将该值保持到下一个抽样时刻（简称零阶保持器），再由补偿重构滤波器完成连续时间信号的滤波，从而将数字信号转换为连续时间信号，DAC 的工作过程如图 8-9 所示，下面对零阶保持器的工作原理进行分析。

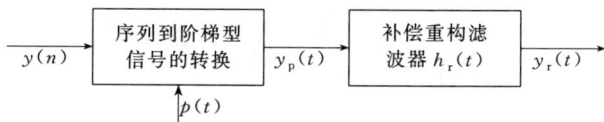

图 8-9　DAC 工作原理

在实际的信号恢复重建中，DAC 产生的不是理性的冲激串，而是周期性矩形脉冲 $p(t) = p_T(t)$，设矩形脉冲串中的一个矩形脉冲为：

$$p_1(t) = \begin{cases} E, & |t| \leqslant \dfrac{T_s}{2} \\ 0, & 其他 \end{cases} \tag{8-14}$$

$p(t) = p_T(t)$ 是由 $p_1(t)$ 周期延拓叠加得到的，有：

$$p(t) = \sum_{n=-\infty}^{\infty} p_1(t - nT_s) = p_1(t) * \sum_{n=-\infty}^{\infty} \delta(t - nT_s) \tag{8-15}$$

将序列 $x_{ADC}(n) = y(n)$ 转换为阶梯型信号 $y_p(t)$，则有：

$$y_p(t) = y(n)p(t) = y(n)p_1(t) * \sum_{n=-\infty}^{\infty} \delta(t - nT_s)$$

$$= p_1(t) * \sum_{n=-\infty}^{\infty} y(n)\delta(t - nT_s) \tag{8-16}$$

单矩形脉冲 $p_1(t)$ 的频谱为：

$$P_1(j\Omega) = ET_s \mathrm{Sa}\left(\frac{\Omega T_s}{2}\right) \tag{8-17}$$

注意到 $\hat{y}_a(t) = \sum_{n=-\infty}^{\infty} y(n)\delta(t - nT_s)$ 的频谱为：

$$\hat{Y}_a(j\Omega) = \frac{1}{T_s} \sum_{n=-\infty}^{\infty} Y_a[j(\Omega - n\Omega_s)] \tag{8-18}$$

由式（8-16）及卷积定理得阶梯型信号 $y_p(t)$ 的频谱为：

$$Y_p(j\Omega) = ET_s \mathrm{Sa}\left(\frac{\Omega T_s}{2}\right) \frac{1}{T_s} \sum_{n=-\infty}^{\infty} Y_a[j(\Omega - n\Omega_s)]$$

$$= E\mathrm{Sa}\left(\frac{\Omega T_s}{2}\right) \sum_{n=-\infty}^{\infty} Y_a[j(\Omega - n\Omega_s)] \tag{8-19}$$

如果矩形脉冲的幅度 $E = 1$，则有阶梯型信号 $y_p(t)$ 的频谱为：

$$Y_p(j\Omega) = \mathrm{Sa}\left(\frac{\Omega T_s}{2}\right) \sum_{n=-\infty}^{\infty} Y_a[j(\Omega - n\Omega_s)] \tag{8-20}$$

在式（8-20）中，$Y_a(j\Omega)$ 是无失真连续时间信号 $y_a(t)$ 的频谱，$y(n) = y_a(t)|_{t=nT}$。零阶保持器的频谱幅度特性与理想低通滤波器的有明显差别，在 $|\Omega| > \dfrac{\pi}{T_s}$ 的区域有较多的高频分量，表现在时域就是恢复出的模拟信号是阶梯型的。因此需要将 $y_p(t)$ 输入一个截止频率为 $\dfrac{\pi}{T_s}$ 的补偿重构滤波器，得到重建的恢复信号 $y_r(t)$。截止频率为 $\dfrac{\pi}{T_s}$ 的补偿重构滤波器的频谱特性为：

$$H_r(j\Omega) = \begin{cases} \dfrac{\Omega T_s}{2\sin\left(\dfrac{\Omega T_s}{2}\right)}, & |\Omega| \leqslant \dfrac{\pi}{T_s} \\ 0, & \text{其他} \end{cases} \tag{8-21}$$

$y_p(t)$ 通过补偿器后输出的信号频谱为：

$$Y_r(j\Omega) = Y_p(j\Omega)H_r(j\Omega) = \begin{cases} Y_a(j\Omega), & |\Omega| \leqslant \dfrac{\pi}{T_s} \\ 0, & \text{其他} \end{cases} \tag{8-22}$$

图 8-10 展示了将阶梯型信号 $y_p(t)$ 输入补偿重构滤波器后得到的重建恢复信号 $y_r(n)$ 的频谱，可以看出补偿器实现了从阶梯型信号到连续时间信号的无失真恢复。

抽样定理指出，在时域用一系列 Sa 函数作为内插函数可以无失真地恢复信号，这是理想状态，实际应用中并不可行，在实际应用中，除了上述采用零阶保持器的方法外，还可以用线性插值的方法对插值方式进行改善，以便减少信号恢复重建中的失真。

例 8-1 抽样信号的恢复重建。在数字音频技术中，声音信号的抽样和恢复重建是核心问题之一。例如，CD 音频系统就是一个实际应用奈奎斯特抽样定理的典型例子。CD 音频系统是抽样信号

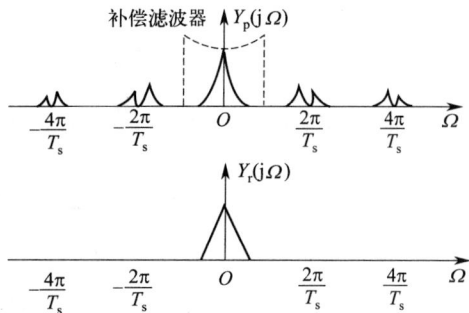

图 8-10 重建恢复信号 $y_r(n)$ 的频谱

恢复重建在实际科研中的应用案例，它展示了如何通过合理选择抽样频率和使用理想低通滤波器来无失真地恢复重建音频信号。假设有一个连续时间信号 $x(t)$，其频谱 $X(f)$ 在频率范围 $-100\,\text{Hz} \leqslant f \leqslant 100\,\text{Hz}$ 之外为 0，即 $X(f) = 0(|f| > 100\,\text{Hz})$。现在使用一个理想的抽样器对该信号进行抽样，抽样频率为 $f_s = 150\,\text{Hz}$。

① 确定抽样定理是否满足。

② 如果无失真恢复重建？请描述利用理想低通滤波器进行信号重建的过程。

解： ① 奈奎斯特抽样定理指出，为了避免混叠，抽样频率 f_s 必须大于等于信号的最高频率的两倍。对于信号 $x(t)$，最高频率为 100 Hz，因此需要的最小抽样频率为 $2 \times 100\,\text{Hz} = 200\,\text{Hz}$。由于实际抽样频率为 150 Hz，低于所需的 200 Hz，因此抽样频率不满足奈奎斯特抽样定理，理论上无法通过当前的抽样频率无失真地重建信号 $x(t)$。

② 尽管理论上无法无失真恢复重建信号，但如果忽略这一点，我们可以描述在满足奈奎斯特抽样定理的情况下如何使用理想低通滤波器进行信号恢复重建。

理想抽样：信号 $x(t)$ 被以 $f_s = 200\,\text{Hz}$ 或更高的频率抽样，产生抽样信号 $x_s(t)$。

理想低通滤波：为了从 $x_s(t)$ 重建 $x(t)$，需要使用一个截止频率为 100 Hz 的理想低通滤波器。这个滤波器可以滤除所有高于 100 Hz 的频率成分，包括由于欠采样可能引入的高频混叠成分。

输出重建信号：滤波器的输出将是原始信号 $x(t)$ 的一个精确复制品，前提是抽样频率符合奈奎斯特抽样定理。

本章小结

本章主要对信号的抽样和恢复重建过程中的频谱进行分析。抽样结果有两种形式，抽样信号 $\hat{x}_a(t) = x_a(t)p_T(t)$ 和抽样序列 $x(n) = x_a(nT) = x_a(t)|_{t=nT}$。重点及难点总结如下。

① 理想抽样信号 $\hat{x}_a(t)$ 的频谱密度函数 $\hat{X}_a(j\Omega)$：

$$\hat{X}_a(j\Omega) = \frac{1}{T} \sum_{n=-\infty}^{\infty} X_a[j(\Omega - n\Omega_s)]$$

② 自然抽样信号 $\hat{x}_a(t)$ 的频谱密度函数 $\hat{X}_a(j\Omega)$：

$$\hat{X}_a(j\Omega) = \sum_{n=-\infty}^{\infty} \frac{\tau}{T} \text{Sa}\left(\frac{n\Omega_s\tau}{2}\right) X_a[j(\Omega - n\Omega_s)]$$

③ 理想抽样序列的离散时间傅里叶变换为 $X(e^{j\omega})$，满足下式：

$$X(e^{j\omega}) = \frac{1}{T} \sum_{n=-\infty}^{\infty} X_a \left[j\left(\frac{\omega - n2\pi}{T}\right) \right]$$

④ 由理想抽样信号 $\hat{x}_a(t)$ 恢复重建原信号的内插公式：

$$x_a(t) = \sum_{n=-\infty}^{\infty} T \frac{\Omega_c}{\pi} \{ x_a(nT) Sa[\Omega_c(t - nT)] \}$$

⑤ 零阶保持器输出信号 $y_p(t)$ 的频谱：

$$Y_p(j\Omega) = Sa\left(\frac{\Omega T_s}{2}\right) \sum_{n=-\infty}^{\infty} Y_a[j(\Omega - n\Omega_s)]$$

⑥ 截止频率为 $\frac{\pi}{T_s}$ 的补偿滤波器的频谱特性为：

$$H_r(j\Omega) = \begin{cases} \dfrac{\Omega T_s}{2\sin\left(\dfrac{\Omega T_s}{2}\right)}, & |\Omega| \leqslant \dfrac{\pi}{T_s} \\ 0, & \text{其他} \end{cases}$$

习题8

8.1 以 1000 样本点/s 的抽样频率，对连续时间信号 $x_a(t) = \cos(\Omega_0 t)$ $(-\infty < t < \infty)$ 进行抽样，得到离散时间信号 $x(n) = \cos\left(\frac{\pi}{4}n\right)$，$-\infty < n < \infty$。问：$\Omega_0$ 的取值是否唯一？如果不唯一给出两种可能的取值。

8.2 周期为 1ms 的连续时间信号 $x_a(t)$，如果其傅里叶级数表示为 $x_a(t) = \sum_{n=-\infty}^{\infty} F_n e^{j\left(\frac{2\pi nt}{10^{-3}}\right)}$，且 $|n| > 9$，$F_n = 0$。以抽样间隔 $T_s = \frac{1}{6} \times 10^{-3}$s 对连续时间信号 $x_a(t)$ 进行抽样得到抽样序列 $x(n) = x_a\left(\frac{10^{-3}}{6}n\right)$。

(1) 抽样序列 $x(n)$ 是周期序列吗？如果是，周期是多少？

(2) 该抽样频率是否高于奈奎斯特抽样频率？

(3) 用 F_n 表示出周期序列的离散傅里叶级数的系数 $\tilde{X}(k)$。

8.3 假设连续时间信号 $x_a(t)$ 的最高截止频率为 $f_{max} = 3400$Hz，用抽样频率为 $f_s = 8000$Hz 对信号 $x_a(t)$ 进行抽样得到抽样序列 $x(n) = x_a\left(\frac{1}{f_s}n\right)$，求该序列在频率主值区间 $[-\pi, \pi]$ 中的最高截止角频率值 ω_{max}。

8.4 已知连续时间信号 $x_a(t) = 1 + 2\cos(8\pi t)$。

(1) 求信号 $x_a(t)$ 的频谱 $X(j\Omega)$，并画出其频谱图；

(2) 如果以 $f_s = 10$Hz 抽样频率对信号 $x_a(t)$ 进行抽样得到抽样序列 $x(n)$，画出抽样序列 $x(n)$ 的波形。

8.5 以抽样间隔 T_s 对周期连续时间信号 $x_a(t) = \cos(2\pi t)$ 进行抽样，得到抽样序列

$x(n) = x_a(nT_s)$。

（1）判断分别用 $T_s = 0.125s$、$T_s = 0.1s$、$T_s = 0.13s$、$T_s = \dfrac{4}{3}s$ 对周期信号 $x_a(t)$ 进行抽样时，抽样序列 $x(n)$ 的周期性；

（2）上述情况下，当抽样序列 $x(n)$ 是周期序列时它的一个周期包含多少个信号 $x_a(t)$ 的周期。

8.6 如果离散时间信号 $x(n) = e^{-j\omega_0 n} u(n)$ 的量化位数是 N 位，要保证量化台阶小于 0.001，则需要多少量化位数？

8.7 设数字滤波器的系统函数为 $H(z) = \dfrac{0.017221333z^{-1}}{1 - 1.7235682z^{-1} + 0.74081822z^{-2}}$，现用 8 位字长的寄存器来存放其系数，试求此时该滤波器的实际 $H(z)$ 的表达式。

参考答案

第9章

数字滤波器的基本结构

我们在分析系统时，默认系统是已知的，描述一个线性时不变离散时间系统的数学模型是 N 阶常系数线性差分方程：

$$\sum_{k=0}^{N} a_k y(n-k) = \sum_{m=0}^{M} b_m x(n-m) \tag{9-1}$$

式中，a_k ($k=0$，1，2，$\cdots$，N)、b_m ($m=0$，1，2，$\cdots$，M) 都是常数；N 是差分方程的阶数，也就是离散时间系统的阶数。除了表达输出、输入关系的差分方程外，还可以用系统的单位冲激响应 $h(n)$、系统函数 $H(z)$、频率响应 $H(e^{j\omega})$ 来表达一个离散时间系统的特征，这四个方式表达的系统特征是等价的，都可以用来分析线性时不变系统，其中，两个时域描述，两个频域描述，描述如下。

① 系统的差分方程模型：$\sum_{k=0}^{N} a_k y(n-k) = \sum_{m=0}^{M} b_m x(n-m)$。

② 系统函数与差分方程的关系：$H(z) = \dfrac{Y(z)}{X(z)} = \dfrac{\sum\limits_{m=0}^{M} b_m z^{-m}}{\sum\limits_{k=0}^{N} a_k z^{-k}}$。 $\tag{9-2}$

③ 单位冲激响应 $h(n)$ 的 z 变换 $H(z)$：$h(n) \leftrightarrow H(z)$。

④ $h(n)$ 的离散时间傅里叶变换 $H(e^{j\omega})$：$h(n) \leftrightarrow H(e^{j\omega}) = H(z)|_{z=e^{j\omega}}$。

由此可知，对于这四个描述系统的表达，只要已知其中一个，就可以等价地推出其他三个，它们之间两两可以互相推出。在离散时间系统的设计中，只要知道了描述系统的任何一种表达，就可以进行系统的软件或硬件设计。通常根据上述表达给出系统的结构设计，再进行系统的

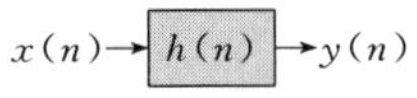

$$x(n) \rightarrow \boxed{h(n)} \rightarrow y(n)$$

图 9-1　数字滤波器

实现。离散时间系统的输入和输出信号都是数字信号，如图 9-1 所示，所以把离散时间系统称为数字滤波器，在这一章我们讨论两种类型的数字滤波器的结构。

9.1 ◆ 数字滤波器类型

依据单位冲激响应 $h(n)$ 的特征，可将数字滤波器分为两类，一类是无限长冲激响应（IIR）数字滤波器，一类是有限长冲激响应（FIR）数字滤波器。

9.1.1 无限长冲激响应（IIR）数字滤波器的特点

一个数字滤波器，如果它的单位冲激响应 $h(n)$ 是无限长的，即随着 n 的增大，在 $n \to \infty$ 时，$h(n)$ 仍有非零值，则这样的数字滤波器就称为无限长冲激响应数字滤波器（IIR 数字滤波器）。如果 IIR 数字滤波器的系统函数 $H(z) = \dfrac{\sum\limits_{m=0}^{M} b_m z^{-m}}{\sum\limits_{k=0}^{N} a_k z^{-k}}$ 中，$a_0 = 1$，则它的差分方程可以写成 $y(n) = \sum\limits_{m=0}^{M} b_m x(n-m) - \sum\limits_{k=1}^{N} a_k y(n-k)$，则系统函数 $H(z)$ 在有限 z 平面内（$0 < |z| < \infty$）一定有极点，至少有一个 $a_k \neq 0 (k=1,2,\cdots,N)$。在计算 n 时刻 $y(n)$ 值时，需要用到 n 时刻之前的输出值 $y(n-k)$，因此在结构上有输出到输入的反馈，是递归型结构。

当 IIR 数字滤波器的系统函数 $H(z) = \dfrac{\sum\limits_{m=0}^{M} b_m z^{-m}}{\sum\limits_{k=0}^{N} a_k z^{-k}} = \dfrac{b_0}{\sum\limits_{k=0}^{N} a_k z^{-k}}$ 时，在有限 z 平面上就只有极点，这样的系统称为全极点系统，也称为自回归（autoregressive，AR）系统。有限 z 平面上系统函数既有零点又有极点的 IIR 系统，称为零极点系统，又称为自回归滑动平均（ARMA）系统。

9.1.2 有限长冲激响应（FIR）数字滤波器的特点

一个数字滤波器，如果它的单位冲激响应 $h(n)$ 是有限长的，即非零值只有有限个，当 $n = 0$，1，2，$\cdots$，$N-1$ 时，有 $h(n)$ 满足 $h(n) \neq 0$，而当 $n \notin \{0,1,2,\cdots,N-1\}$ 时，都有 $h(n) = 0$，这样的数字滤波器就称为有限长冲激响应数字滤波器（FIR 数字滤波器）。FIR 数字滤波器的系统函数 $H(z) = \sum\limits_{n=0}^{M} h(n) z^{-n} = \sum\limits_{m=0}^{M} b_m z^{-m}$，与式（9-2）比较，$b_m = h(m)(m = 0,1,2,\cdots,M)$，而且 $a_0 = 1$，$a_k = 0 (k=1,2,\cdots,N)$。FIR 数字滤波器对应的差分方程模型为 $y(n) = x(n) * h(n) = \sum\limits_{m=0}^{M} b_m x(n-m)$，其中，$b_m = h(m)(m=0,1,2,\cdots,M)$。从系统结构上说，FIR 系统的输出是输入的组合运算，没有输出端到输入端的反馈，可以用非递归型结构实现。FIR 数字滤波器的系统函数在有限 z 平面上没有极点，它有一个 M 阶零点 $z = 0$，称为全零点系统，也称为滑动平均（moving average，MA）系统。

9.2 ⏵ 无限长冲激响应（IIR）数字滤波器的基本结构

一般的 IIR 数字滤波器的系统函数为 $H(z) = \dfrac{Y(z)}{X(z)} = \dfrac{\sum\limits_{m=0}^{M} b_m z^{-m}}{\sum\limits_{k=0}^{N} a_k z^{-k}} = K \dfrac{1 + \sum\limits_{m=1}^{M} b'_m z^{-m}}{1 + \sum\limits_{k=1}^{N} a'_k z^{-k}}$，其

中，$K = \dfrac{b_0}{a_0}$，是系统的增益常数。为了方便讨论，设 IIR 数字滤波器的系统函数为 $H(z) =$

$\dfrac{\sum\limits_{m=0}^{M} b_m z^{-m}}{1 - \sum\limits_{k=1}^{N} a_k z^{-k}}$，变换形式后为 $Y(z)\left(1 - \sum\limits_{k=1}^{N} a_k z^{-k}\right) = X(z)\left(\sum\limits_{k=0}^{M} b_k z^{-k}\right)$，等式两边求 z 逆

变换，即可得到系统对应的差分方程：

$$y(n) = \sum_{k=1}^{N} a_k y(n-k) + \sum_{k=0}^{M} b_k x(n-k) \tag{9-3}$$

由式（9-3）可知，数字滤波器的功能就是对输入序列 $x(n)$ 进行一定的运算操作，从而得到输出序列 $y(n)$，涉及的运算主要有三种：相加（加法）、单位延时和数乘（序列乘以常数）。在滤波器结构中三种运算的表示如图 9-2 所示，简洁表示如图 9-3 所示。所以数字滤波器就是将输入序列经过一系列运算变成输出序列 $y(n)$，从数学的角度看就是将输入序列 $x(n)$ 变换成输出序列 $y(n)$，这就是数字滤波器的滤波功能。

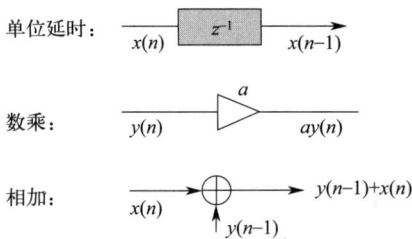

图 9-2　三种运算的表示

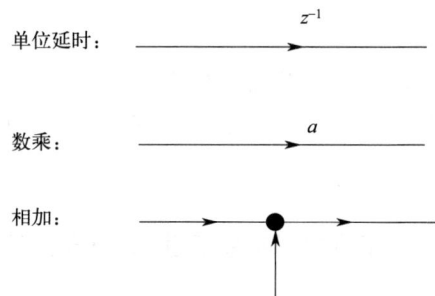

图 9-3　三种运算的简洁表示

例 9-1　已知一个离散时间系统的差分方程为 $y(n) = a_1 y(n-1) + a_2 y(n-2) + b_0 x(n)$，试画出该系统的结构图。

解： 由差分方程可以看出，输出序列 $y(n)$ 是三个序列的线性叠加，其中，$y(n-1)$、$y(n-2)$ 是 $y(n)$ 的反馈移位，由方程可以直接画出系统的结构，如图 9-4 所示。

由图 9-4 所示的滤波器结构给出相关节点的概念，如图 9-5 所示。

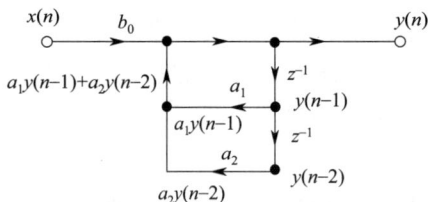

图 9-4　二阶 IIR 系统的结构

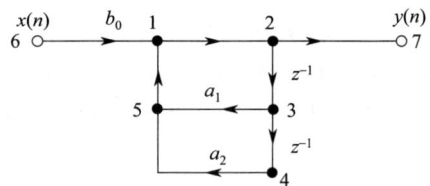

图 9-5　结构图中的节点

在图 9-5 所示的滤波器结构图中的节点的概念如下：

① 输入节点或源节点：输入序列 $x(n)$ 所处的节点，如图 9-5 中的节点 6。

② 输出节点或阱节点：输出序列 $y(n)$ 所处的节点，如图 9-5 中的节点 7。

③ 分支节点：有一个输入、一个或多个输出的节点，将信号值分配到每一个支路中，

如图 9-5 中的节点 2 和节点 3。

④ 相加器节点或和节点，有两个或两个以上输入的节点，如图 9-5 中的节点 1 和 5。

注意，当支路不标传输系数时，就认为其传输系数为 1，任何一个节点输出值等于所有输入支路的信号之和。

9.2.1　IIR 数字滤波器的直接型结构

如果无限长冲激响应数字滤波器的系统函数为 $H(z) = \dfrac{\displaystyle\sum_{m=0}^{M} b_m z^{-m}}{1 - \displaystyle\sum_{k=1}^{N} a_k z^{-k}}$，由式（9-3）知，

系统的差分方程为 $y(n) = \displaystyle\sum_{k=1}^{N} a_k y(n-k) + \sum_{k=0}^{M} b_k x(n-k)$，$y(n)$ 是 $\displaystyle\sum_{k=1}^{N} a_k y(n-k)$ 和

$\displaystyle\sum_{k=0}^{M} b_k x(n-k)$ 的和，第一项是输出序列 $y(n)$ 的移位线性组合，第二项是输入序列 $x(n)$ 的移位线性组合，由此可以画出滤波器的直接 Ⅰ 型结构，如图 9-6 所示。

由图 9-6 可以看出，第一个网络 $y_1(n) = \displaystyle\sum_{k=1}^{N} a_k y(n-k)$，对应子系统的系统函数 $H_1(z)$，这个网络实现系统函数的极点，即实现输出序列 $y(n)$ 的延时加权；第二个网络 $y_2(n) = \displaystyle\sum_{k=0}^{M} b_k x(n-k)$，对应子系统的系统函数 $H_2(z)$，实现系统函数的零点，即实现输入序列 $x(n)$ 的延时加权。整个系统是两个子系统 $H_1(z)$ 和

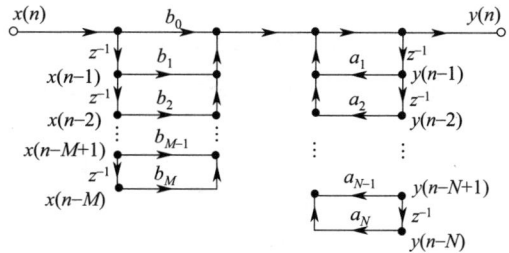

图 9-6　IIR 数字滤波器的直接 Ⅰ 型结构

$H_2(z)$ 的级联，系统函数 $H(z) = H_1(z) H_2(z)$。IIR 数字滤波器的结构图中包含了输出到输入的反馈，共需要 $N+M$ 个延时需要的存储单元。在前面的章节中知道，两个子系统的级联是可以交换级联次序的，交换后输出与输入关系不变，交换级联次序后系统的结构图如图 9-7 所示。

中间输出序列为：

$$x'(n) = \sum_{k=1}^{N} a_k x'(n-k) + x(n) \tag{9-4}$$

最终的输出序列为：

$$y(n) = \sum_{k=0}^{M} b_k x'(n-k) \tag{9-5}$$

由于 $x'(n)$ 所在的节点是分支节点，向下的输出是同一个信号序列 $x'(n)$，所以可以合并成一条支路，则交换级联次序后的结构可以修改为图 9-8 所示的直接 Ⅱ 型结构。

直接 Ⅱ 型结构的系统处理功能与直接 Ⅰ 型结构的系统处理功能是相同的，和直接 Ⅰ 型结构相比，它的优点是只需要 $N(N \geqslant M)$ 个延时需要的存储单元，比直接 Ⅰ 型结构需要的存储单元少。直接型结构有如下缺点。

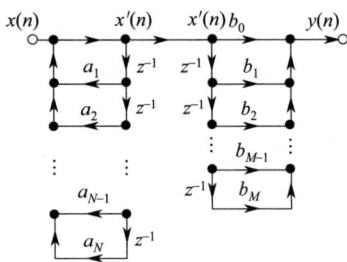

图 9-7　交换级联次序后的结构

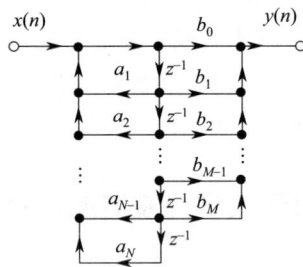

图 9-8　IIR 数字滤波器的直接 Ⅱ 型结构

① 系数 $a_k(k=1,2,\cdots,N)$、$b_m(m=0,1,2,\cdots,M)$ 对滤波器的性能控制作用不明显。这是因为它们与系统函数的零点、极点关系不明显。

② 极点对系数的变化过于灵敏，容易出现不稳定或产生较大误差情况。如果想调整滤波器的幅度响应特性，通过改变零点、极点的位置不易实现。

基于直接型结构的不足，我们分析其他结构类型。

9.2.2　IIR 数字滤波器的级联型结构

由代数学基本定理知道，一个实系数 N 次多项式 $f(x)=x^N+a_{N-1}x^{N-1}+\cdots+a_1x+a_0$ 在复数范围内一定有 N 个根 d_1，d_2，$\cdots$，d_N，此时有分解式 $f(x)=(x-d_1)(x-d_2)\cdots(x-d_N)$。对 IIR 数字滤波器的系统函数 $H(z)=\dfrac{\sum\limits_{k=0}^{M}b_kz^{-k}}{1-\sum\limits_{k=1}^{N}a_kz^{-k}}$ 中的分子、分母分别求根，则可以得到系统函数的 M 个零点和 N 个极点，再考虑到零点、极点是实数还是共轭复数，可以将系统表示成如下形式：

$$H(z)=A\frac{\prod\limits_{k=1}^{M_1}(1-p_kz^{-1})\prod\limits_{k=1}^{M_2}(1-q_kz^{-1})(1-q_k^*z^{-1})}{\prod\limits_{k=1}^{N_1}(1-c_kz^{-1})\prod\limits_{k=1}^{N_2}(1-d_kz^{-1})(1-d_k^*z^{-1})} \tag{9-6}$$

式中，p_k 是实数零点；q_k，q_k^* 是共轭零点；$M=M_1+2M_2$；c_k 是实数极点；d_k，d_k^* 是共轭极点；$N=N_1+2N_2$。

每一对一次因子 $(1-q_kz^{-1})(1-q_k^*z^{-1})$ 可以展开成一个实系数的二次因子 $1+\beta_{1k}z^{-1}+\beta_{2k}z^{-2}$，即有：

$$(1-q_kz^{-1})(1-q_k^*z^{-1})=1+\beta_{1k}z^{-1}+\beta_{2k}z^{-2} \tag{9-7}$$

而两个实根对应的一次因子相乘也是一个实系数的二次因子，一个实根对应的因子，如 $(1-c_kz^{-1})=(1-c_kz^{-1}+0\times z^{-2})$ 也可以看作一个退化的实系数二次因子，通过以上分析，IIR 数字滤波器的系统函数一定可以表示成如下形式：

$$H(z)=A\prod_k\frac{1+\beta_{1k}z^{-1}+\beta_{2k}z^{-2}}{1-\alpha_{1k}z^{-1}-\alpha_{2k}z^{-2}}=A\prod_k H_k(z) \tag{9-8}$$

式(9-8) 可以看成若干个二阶子系统函数 $H_k(z)(k=1,2,\cdots,s)$ 的乘积，也就是说 IIR 数字滤波器可以看成由若干个系统函数为 $H_k(z)(k=1,2,\cdots,s)$ 的系统级联形成的。如果 $M=N$，则级联的二阶子系统的个数为 $\left\lfloor\dfrac{N+1}{2}\right\rfloor$，$\left\lfloor\dfrac{N+1}{2}\right\rfloor$ 是 $\dfrac{N+1}{2}$ 的下取整，如图 9-9 所示。

如果有奇数个实数零点，则有一个二阶子系统中的系数 β_{2k} 等于零，如果有奇数个实数极点，则有一个二阶子系统中的系数 α_{2k} 等于零。每一个二阶子系统都称为一个二阶基本节。对于一个二阶基本节，当它的系统函数 $H(z)=A\dfrac{1+\beta_{11}z^{-1}+\beta_{21}z^{-2}}{1-\alpha_{11}z^{-1}-\alpha_{21}z^{-2}}$ 时，它的直接 II 型结构如图 9-10 所示。

图 9-9 IIR 数字滤波器的级联结构

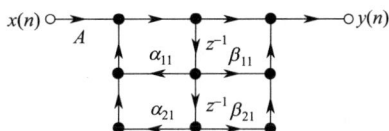

图 9-10 二阶基本节的直接 II 型结构

对于上述二阶基本节，当 β_{21}、α_{21} 有一个或两个同时为零时，就是退化的二阶基本节。当 $\beta_{21}=\alpha_{21}=0$ 时，对应的系统函数 $H(z)=A\dfrac{1+\beta_{11}z^{-1}}{1-\alpha_{11}z^{-1}}$，二阶基本节就退化为一阶基本节，如图 9-11 所示。

一个 6 阶 IIR 数字滤波器的系统函数为：

$$H(z)=A\frac{1+\beta_{11}z^{-1}+\beta_{21}z^{-2}}{1-\alpha_{11}z^{-1}-\alpha_{21}z^{-2}}\times\frac{1+\beta_{12}z^{-1}+\beta_{22}z^{-2}}{1-\alpha_{12}z^{-1}-\alpha_{22}z^{-2}}\times\frac{1+\beta_{13}z^{-1}+\beta_{23}z^{-2}}{1-\alpha_{13}z^{-1}-\alpha_{23}z^{-2}}$$

则它的级联型结构如图 9-12 所示。

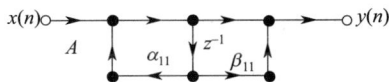

图 9-11 一阶基本节的直接 II 型结构

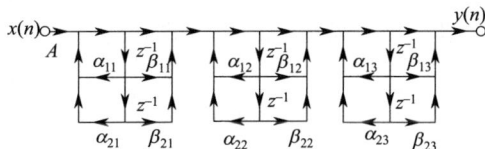

图 9-12 6 阶 IIR 数字滤波器的级联型结构

由上面的讨论可以看出，IIR 数字滤波器的级联型结构中，每个非退化的二阶基本节正好对应滤波器的一对极点和一对零点，所以 IIR 数字滤波器的级联型结构突出的优点是 β_{1k}、β_{2k} 仅影响第 k 对零点，α_{1k}、α_{2k} 仅影响第 k 对极点，这样就便于调节滤波器的频率特性，当调整一对极点或零点时，对其他二阶基本节对应的零点、极点没有影响。而且由实根对应的两个一次因式组成一个实系数二次因式的方法很多，由分子中的一个实系数二次因式与分母中的一个实系数二次因式组成二阶基本节对应的子系统的系统函数的方法也很多，子系统的级联次序也有很多方案，不同方案的系数灵敏度不同，因而对于配合与排列次序存在着优化问题。对于 IIR 数字滤波器还需要注意各级输出的幅度大小，变量值不能太大或太小，太大会产生溢出，太小则会降低信噪比，所以级联型结构各节之间要有电平的放大与缩小。级联型结构的缺点是容易造成误差传递。

9.2.3　IIR 数字滤波器的并联型结构

将滤波器的系统函数表示成若干子系统的系统函数的乘积，对应的就是级联型结构。如果将系统函数 $H(z)$ 表示成若干个子系统的系统函数的和的形式，对应的就是系统的并联型结构。根据系统函数 $H(z)$ 的极点情况可以将系统函数分解成如下形式：

$$H(z) = \frac{\sum\limits_{k=0}^{M} b_k z^{-k}}{1 - \sum\limits_{k=1}^{N} a_k z^{-k}}$$

$$= \sum_{k=1}^{N_1} \frac{A_k}{1 - c_k z^{-1}} + \sum_{k=1}^{N_2} \frac{B_k(1 - g_k z^{-1})}{(1 - d_k z^{-1})(1 - d_k^* z^{-1})} + \sum_{k=0}^{M-N} G_k z^{-k} \qquad (9\text{-}9)$$

式中，A_k，B_k，g_k，c_k，G_k 均为实数；d_k 与 d_k^* 是一对共轭极点。当 $M < N$ 时不含 $\sum\limits_{k=0}^{M-N} G_k z^{-k}$，当 $M = N$ 时 $\sum\limits_{k=0}^{M-N} G_k z^{-k} = G_0$。一般 IIR 数字滤波器皆满足 $M \leqslant N$ 的条件，式 (9-9) 表示系统是由 N_1 个一阶子系统、N_2 个二阶子系统以及延时加权单元并联组合而成的系统，如图 9-13 所示。

为了保持结构上的一致性，可将 $H(z)$ 中两个一阶实极点对应的形如 $\dfrac{A_k}{1 - c_k z^{-1}}$ 部分分式的和，合并成形如 $\dfrac{\gamma_{0k} + \gamma_{1k} z^{-1}}{1 - \alpha_{1k} z^{-1} - \alpha_{2k} z^{-2}}$ 的形式。则当 $M = N$ 时，系统函数 $H(z)$ 可以表示为：

$$H(z) = G_0 + \sum_{k=1}^{\left\lfloor \frac{N+1}{2} \right\rfloor} \frac{\gamma_{0k} + \gamma_{1k} z^{-1}}{1 - \alpha_{1k} z^{-1} - \alpha_{2k} z^{-2}} = G_0 + \sum_{k=1}^{\left\lfloor \frac{N+1}{2} \right\rfloor} H_k(z) \qquad (9\text{-}10)$$

设一个三阶的 IIR 数字滤波器的系统函数为：

$$H(z) = G_0 + \frac{\gamma_{01}}{1 - \alpha_{11} z^{-1}} + \frac{\gamma_{02} + \gamma_{12} z^{-1}}{1 - \alpha_{12} z^{-1} - \alpha_{22} z^{-2}} = H_1(z) + H_2(z) + H_3(z)$$

则该数字滤波器的并联型结构如图 9-14 所示。

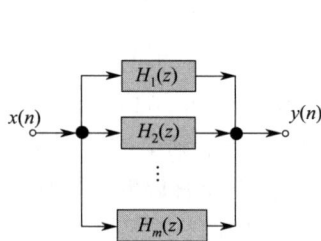

图 9-13　IIR 数字滤波器的并联型结构 1

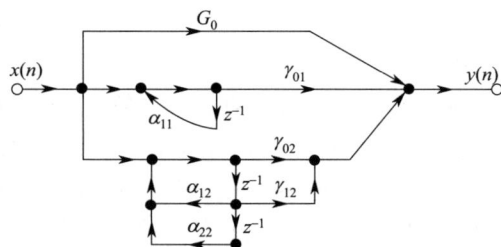

图 9-14　IIR 数字滤波器的并联型结构 2

并联型结构的优点是没有误差传递，各并联基本节的误差相互没有影响，所以一般情况下比级联型结构的误差要稍小一些。缺点是不易调整零点，并联型结构可以用调整 a_{1k}，a_{2k} 的办法来单独调整一对极点的位置，但是不能像级联型结构那样单独调整零点的位置。因此在要求准确传输零点的场合下，宜采用级联型结构，而在要求误差较小时，宜采用并联型结构。

9.2.4 转置定理

对于滤波器的结构，如果将原结构中所有支路方向加以倒转，且将输入和输出交换位置，则得到的结构称为原结构的转置结构，如图 9-15 所示。

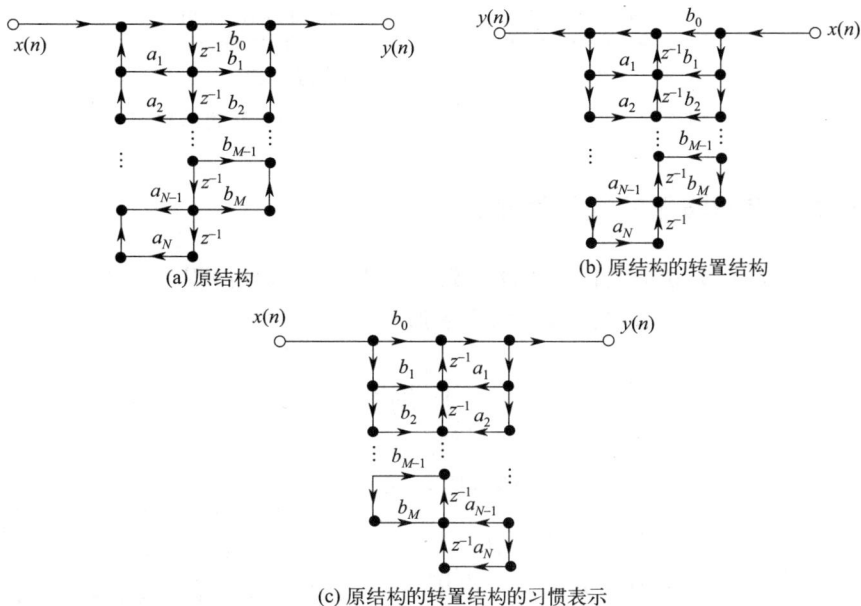

(a) 原结构

(b) 原结构的转置结构

(c) 原结构的转置结构的习惯表示

图 9-15　转置定理

转置定理：一个表示输出与输入关系的结构，它的转置结构对应的系统函数不发生改变，即转置结构与原结构具有相同的滤波器性能。

9.3 ⬆ 有限长冲激响应（FIR）数字滤波器的基本结构

一个 FIR 数字滤波器，它的单位冲激响应 $h(n)$ 是有限长的，即非零值只有有限个，当 $n=0$，1，2，$\cdots$，$N-1$ 时，有 $h(n)$ 满足 $h(n)\neq 0$，而当 $n\notin\{0,1,2,\cdots,N-1\}$ 时，都有 $h(n)=0$，它的系统函数为 $H(z)=\sum\limits_{n=0}^{N-1}h(n)z^{-n}$。系统对应的差分方程模型为：

$$y(n)=\sum_{m=0}^{N-1}h(m)x(n-m)$$
$$=h(0)x(n)+h(1)x(n-1)+\cdots+h(N-1)x(n-N+1) \qquad (9\text{-}11)$$

9.3.1 FIR 数字滤波器的直接型结构

由式（9-11）所示的差分方程可以直接画出 FIR 数字滤波器的直接型（横截型、卷积型）结构和它的转置结构，如图 9-16 所示。

(a) FIR数字滤波器的直接型结构

(b) FIR数字滤波器直接型结构的转置结构

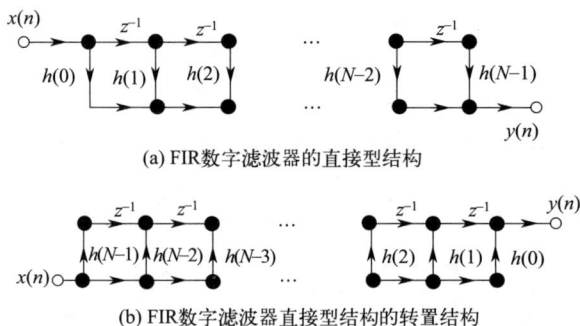

图 9-16　FIR 数字滤波器的直接型结构及其转置结构

9.3.2　FIR 数字滤波器的级联型结构

同 IIR 数字滤波器级联型结构的思路一致，依据系统函数的零点是实数零点还是共轭零点，将系统函数分解为实系数二次因子的乘积形式：

$$H(z) = \sum_{n=0}^{N-1} h(n) z^{-n} = \prod_{k=1}^{\left\lfloor \frac{N}{2} \right\rfloor} (\beta_{0k} + \beta_{1k} z^{-1} + \beta_{2k} z^{-2}) \tag{9-12}$$

式中，$\left\lfloor \dfrac{N}{2} \right\rfloor$ 是 $\dfrac{N}{2}$ 的下取整。当 N 为偶数时，$N-1$ 为奇数，这时因为有奇数个零点，所以 β_{2k} 中有一个为零，即有一个实系数二次因子退化为一次因子。式 (9-12) 说明，系统函数 $H(z)$ 可以表示成 $\left\lfloor \dfrac{N}{2} \right\rfloor$ 个子系

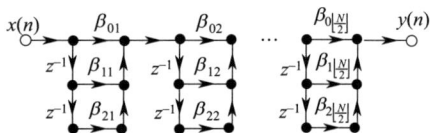

图 9-17　FIR 数字滤波器的级联型结构

统的系统函数 $H_k(z) = \beta_{0k} + \beta_{1k} z^{-1} + \beta_{2k} z^{-2} \left(k = 1, 2, \cdots, \left\lfloor \dfrac{N}{2} \right\rfloor \right)$ 的乘积，这样就得到 FIR 数字滤波器的级联型结构，如图 9-17 所示。

FIR 数字滤波器的级联型结构有如下特点：

① 每一节可控制一对零点，因而在需要控制传输零点时，可采用它；

② 所需的系数 β_{jk} 比卷积型的系数 $h(n)$ 多，乘法运算次数也多。

9.3.3　FIR 数字滤波器的频率抽样型结构

在第 5 章第 5.5.2 节中讨论过用 $X(k)$ 表示 $X(z)$ 的内插公式［式（5-61）］，可得由 $H(k)$ 表示 $H(z)$ 的内插公式为：

$$H(z) = (1 - z^{-N}) \frac{1}{N} \sum_{k=0}^{N-1} \frac{H(k)}{1 - W_N^{-k} z^{-1}} \tag{9-13}$$

由式（9-13）可知，$H(k)$ 为滤波器频率特性的抽样，此式为频率抽样型结构的表达式，这种结构由两部分级联组成。

① 第一部分对应的子系统的系统函数记为 $H_c(z) = 1 - z^{-N}$，这是一个 FIR 子系统，称为 N 阶梳状滤波器，它由 N 节延时单元构成，如图 9-18 所示。

系统函数 $H_c(z) = 1 - z^{-N}$ 有 N 个零点 $z_i (i = 0, 1, \cdots, N-1)$，恰好是复平面单位圆上

的 N 个等分点：

$$z_i = e^{j\frac{2\pi}{N}i}, i = 0, 1, \cdots, N-1 \tag{9-14}$$

N 阶梳状滤波器的频率响应为：

$$H_c(e^{j\omega}) = 1 - e^{-j\omega N} = 2je^{-j\frac{\omega N}{2}}\sin\left(\frac{\omega N}{2}\right) \tag{9-15}$$

它的幅度响应为：

$$|H_c(e^{j\omega})| = 2\left|\sin\left(\frac{\omega N}{2}\right)\right| \tag{9-16}$$

N 阶梳状滤波器的幅度响应的波形如图 9-19 所示。

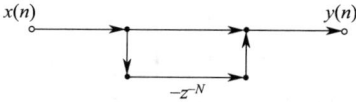

图 9-18　N 阶梳状滤波器

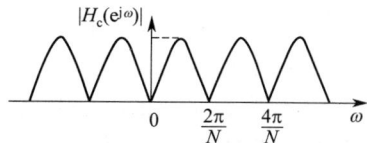

图 9-19　N 阶梳状滤波器的幅度响应

由图 9-19 可以看出，幅度响应曲线具有梳状特性，所以称其为梳状滤波器。

它的相角为：

$$\arg[H_c(e^{j\omega})] = \frac{\pi}{2} - \frac{\omega N}{2} + m\pi, \begin{cases} m = 0, 0 \leqslant \omega < \frac{2\pi}{N} \\ m = 1, \frac{2\pi}{N} \leqslant \omega < \frac{4\pi}{N} \\ \vdots \\ m = m, \frac{2m\pi}{N} \leqslant \omega < \frac{2(m+1)\pi}{N} \end{cases} \tag{9-17}$$

② 第二部分对应的子系统的系统函数为 $H_2(z) = \sum_{k=0}^{N-1} H'_k(z) = \sum_{k=0}^{N-1} \frac{H(k)}{1-W_N^{-k}z^{-1}}$，它由 N 个一阶子系统并联而成，其中，每一个一阶子系统对应的子系统函数为 $H'_k(z) = \frac{H(k)}{1-W_N^{-k}z^{-1}} (k = 0, 1, 2, \cdots, N-1)$。子系统 $H'_k(z) = \frac{H(k)}{1-W_N^{-k}z^{-1}}$ 有一个单阶极点 $z_k = W_N^{-k} = e^{j\frac{2\pi}{N}k}$，恰好是复平面单位圆上的一个 N 等分点。所以 $H'_k(z)$ 是一个谐振频率为 $\omega = \frac{2\pi}{N}k$ 的谐振器。一个谐振器的极点正好与梳状滤波器的一个零点抵消，从而使频率 $\frac{2\pi}{N}k$ 上的频率响应等于 $H(k)$。这样，N 个谐振器的 N 个极点就和梳状滤波器的 N 个零点相互抵消，在 N 个频率抽样点 $\omega = \frac{2\pi}{N}k (k = 0, 1, \cdots, N-1)$ 的频率响应就分别对应等于 N 个 $H(k)$ 值。

N 个并联谐振器与梳状滤波器级联，并考虑到系数 $\frac{1}{N}$，就得到图 9-20 所示的频率抽样型结构。

FIR 数字滤波器频率抽样型结构的优点如下。

① 特性控制方便。系数 $H(k)$ 就是滤波器在

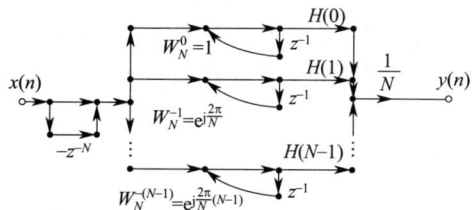

图 9-20　FIR 数字滤波器的频率抽样型结构

频率 $\omega = \dfrac{2\pi}{N} k$ 处的响应，因此控制滤波器的频率响应很方便。

② 通用性强。零点、极点数目只取决于单位冲激响应的点数，因而，只要单位冲激响应点数相同，利用同一梳状滤波器、同一结构而只有加权系数不同的谐振器，就能得到各种不同特性的滤波器。

FIR 数字滤波器频率抽样型结构的缺点如下。

① 运算量大、存储量大。结构中所乘的系数 $H(k)$ 及 W_N^{-k} 都是复数，增加了乘法运算次数和存储量。

② 可能不稳定。所有极点都在单位圆上，由系数 W_N^{-k} 决定，当系数量化时，这些极点可能会移动，有些极点就不能被梳状滤波器的零点抵消。如果极点移到了 z 平面的单位圆外，系统就不稳定了，而零点由 $1 - z^{-N}$ 确定，不受字长效应的影响。

为了避免字长效应的影响，可以对 FIR 数字滤波器频率抽样型结构进行修正，以避免造成系统的不稳定。采取的办法是将所有零点、极点都移到单位圆内某一靠近单位圆、半径为 r（r 小于或近似于 1）的圆上。修正后的系统函数为：

$$H(z) = (1 - r^N z^{-N}) \frac{1}{N} \sum_{k=0}^{N-1} \frac{H_r(k)}{1 - r W_N^{-k} z^{-1}} \tag{9-18}$$

在式（9-18）中，$H_r(k)$ 是单位圆内抽样点的值，由于 $r \approx 1$，所以 $H_r(k) \approx H(k)$，这样，即使零点、极点不能抵消，也不会造成系统的不稳定。

9.3.4　FIR 数字滤波器的快速卷积型结构

FIR 数字滤波器的单位冲激响应为 $h(n)$（$n = 0, 1, 2, \cdots, M-1$），激励输入为 $x(n)$ 时，输出为 $y(n) = x(n) * h(n)$，利用圆周卷积定理、线性卷积与圆周卷积的相等条件等，用快速傅里叶变换实现卷积运算，就得到 FIR 数字滤波器的快速卷积型结构，如图 9-21 所示。

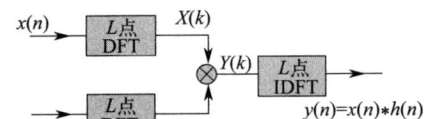

图 9-21　FIR 数字滤波器的
快速卷积型结构

当输入序列为 $x(n)$（$n = 0, 1, 2, \cdots, N-1$），单位冲激为 $h(n)$（$n = 0, 1, 2, \cdots, M-1$）时，要求 $L \geqslant N + M - 1$，图中 DFT、IDFT 分别用 FFT、IFFT 实现。

本章小结

本章的主要内容是给出了 IIR 数字滤波器的四种结构和 FIR 数字滤波器的四种结构，将系统函数 $H(z)$ 表示成对应的形式，就得到相应的结构。

（1）IIR 数字滤波器的结构

① 直接型结构：

$$H(z) = \frac{\sum_{m=0}^{M} b_m z^{-m}}{1 - \sum_{k=1}^{N} a_k z^{-k}}$$

② 级联型结构：

$$H(z) = A \prod_k \frac{1 + \beta_{1k}z^{-1} + \beta_{2k}z^{-2}}{1 - \alpha_{1k}z^{-1} - \alpha_{2k}z^{-2}} = A \prod_k H_k(z)$$

③ 并联型结构：

$$H(z) = G_0 + \sum_{k=1}^{\lfloor \frac{N+1}{2} \rfloor} \frac{\gamma_{0k} + \gamma_{1k}z^{-1}}{1 - \alpha_{1k}z^{-1} - \alpha_{2k}z^{-2}} = G_0 + \sum_{k=1}^{\lfloor \frac{N+1}{2} \rfloor} H_k(z) \ (M = N)$$

④ 转置结构。

（2）FIR 数字滤波器的结构

① 直接型结构：

$$H(z) = \sum_{n=0}^{N-1} h(n)z^{-n}$$

② 级联型结构：

$$H(z) = \sum_{n=0}^{N-1} h(n)z^{-n} = \prod_{k=1}^{\lfloor \frac{N}{2} \rfloor} (\beta_{0k} + \beta_{1k}z^{-1} + \beta_{2k}z^{-2})$$

③ 频率抽样型结构：

$$H(z) = (1 - z^{-N}) \frac{1}{N} \sum_{k=0}^{N-1} \frac{H(k)}{1 - W_N^{-k}z^{-1}}$$

④ 快速卷积型结构：

$$H(z) = \frac{Y(z)}{X(z)} [y(n) = x(n) * h(n)]$$

👉 **习题9** ▶▶

9.1 已知系统用下面差分方程描述：

$$y(n) = \frac{3}{4}y(n-1) - \frac{1}{8}y(n-2) + x(n) + \frac{1}{3}x(n-1)$$

试分别画出系统的直接型、级联型和并联型结构。式中 $x(n)$ 和 $y(n)$ 分别表示系统的输入和输出信号。

9.2 按照下面所给出的系统函数，求出该系统的两种形式的实现方案：直接Ⅰ型和直接Ⅱ型。

$$H(z) = \frac{2 + 0.6z^{-1} + 3z^{-2}}{1 + 5z^{-1} + 0.8z^{-2}}$$

9.3 将图 9-22 的结构用其二阶基本节为直接Ⅱ型的级联型结构实现，并用转置定理将其转换成另一种级联型结构实现，画出两种结果的信号流图。

9.4 求图 9-23 所示因果系统的系统函数，并判断该系统是否稳定。

9.5 一个线性移不变系统的系统函数为

$$H(z) = \frac{1 + 1.2z^{-1}}{1 + 0.1z^{-1} - 0.06z^{-2}}$$

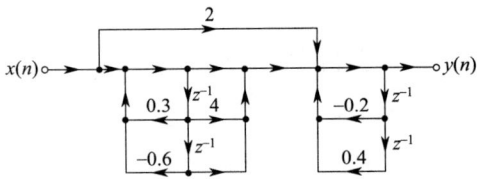

图 9-22　9.3 题图

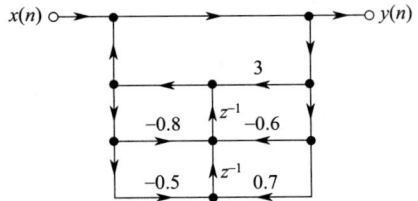

图 9-23　9.4 题图

（1）写出该系统的差分方程；

（2）该系统是 IIR 还是 FIR 系统？

（3）画出该系统级联和并联型结构（以一阶基本节表示）。

9.6　图 9-24 是一个零-极点格型梯形滤波器（三阶），求系统函数（可用各节点值的矩阵方程求解）。

$$H(z)=\frac{Y(z)}{X(z)}$$

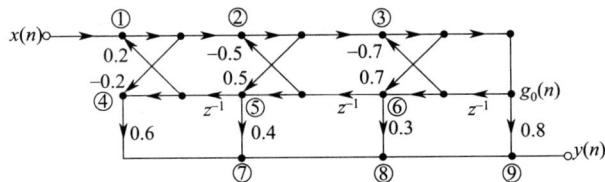

图 9-24　9.6 题图

9.7　一个线性移不变因果系统的差分方程表示为：

$$y(n)=\sum_{k=0}^{4}\left(\frac{1}{2}\right)^{k}x(n-k)+\sum_{m=1}^{4}\left(\frac{1}{3}\right)^{m}y(n-m)$$

试确定并画出以下各结构的流图，并用每种结构计算系统对以下输入 $x(n)$ 的响应。

$$x(n)=u(n),0\leqslant n\leqslant 100$$

（1）直接 Ⅰ 型；

（2）直接 Ⅱ 型；

（3）包含二阶基本节直接 Ⅱ 型的级联型；

（4）包含二阶基本节直接 Ⅱ 型的并联型。

9.8　一个 IIR 滤波器由以下的系统函数表征：

$$H(z)=\frac{-12-14.9z^{-1}}{1-\frac{4}{5}z^{-1}+\frac{7}{100}z^{-2}}+\frac{21.5+23.6z^{-1}}{1-z^{-1}+\frac{1}{2}z^{-2}}$$

试确定并画出以下各结构的流图。

（1）直接 Ⅰ 型、直接 Ⅱ 型；

（2）包含二阶基本节直接 Ⅱ 型的级联型；

（3）包含二阶基本节直接 Ⅱ 型的并联型。

9.9　设 FIR 滤波器的单位冲激响应为 $h(n)=a^{n}R_{6}(n),0<a<1$，

（1）求滤波器的系统函数 $H(z)$ 并画出它的卷积型结构流图；

（2）画出它的级联型结构流图（一个 FIR 系统和一个 IIR 系统的级联）；

（3）用 $H(z)$ 的有理分式表示法，画出直接Ⅱ型结构流图〔比（2）的结构要省一个延时器〕。

9.10 已知 FIR 滤波器的单位冲激响应为 $h(n)=\delta(n)+0.3\delta(n-1)+0.72\delta(n-2)+0.11\delta(n-3)+0.12\delta(n-4)$，求出它的系统函数 $H(z)$ 并画出其级联型结构实现。

9.11 设系统的系统函数为 $H(z)=(1-3z^{-1})(1-6z^{-1}+2z^{-2})$，试分别画出它的直接型结构和级联型结构。

9.12 设某 FIR 数字滤波器的系统函数为 $H(z)=\dfrac{1}{5}(1+3z^{-1}+5z^{-2}+3z^{-3}+z^{-4})$，试画出此滤波器的线性相位结构。

9.13 已知 $h(n)$ 为实序列的 FIR 滤波器，$N=8$，其频率响应的抽样值 $H(k)(0\leqslant k\leqslant7)$ 为：
$H(0)=19,H(1)=1.5+\text{j}(1.5+\sqrt{2}),H(2)=0,H(3)=1.5+\text{j}(\sqrt{2}-1.5),H(4)=5$。
（1）求 $k=5$，6，7 的 $H(k)$ 值；
（2）求其频率抽样结构表达式，并画出相应的流图；
（3）求相应的单位冲激响应 $h(n)$。

9.14 设滤波器差分方程为：
$$y(n)=x(n)+3x(n-1)+2x(n-2)+3x(n-3)+x(n-4)$$
（1）试求系统的单位冲激响应及系统函数；
（2）试画出其直接型及级联型、线性相位型及频率抽样型结构实现此差分方程。

9.15 已知 FIR 系统的频率响应为
$$H(\text{e}^{\text{j}\omega})=\left|H(\text{e}^{\text{j}\omega})\right|\text{e}^{-\text{j}64\omega/2}$$
其频率响应的 64 个抽样值为
$$\left|H_k\right|=\left|H(\text{e}^{\text{j}2\pi k/64})\right|=\begin{cases}1,k=0\\[4pt]\dfrac{1}{2},k=1,63\\[4pt]0,其他\end{cases}$$
求：
（1）系统的单位冲激响应 $h(n)$；
（2）系统的频率抽样型结构表示式及其流图。

参考答案

第**10**章

无限长冲激响应（IIR）滤波器设计

在这一章我们开始讨论滤波器的设计方法。在第 9 章已经知道，如果已知滤波器的系统函数 $H(z)$，就可以得到滤波器的结构，进而可以通过软件或硬件来实现滤波器。因此滤波器设计就是要确定满足滤波器性能指标的系统函数 $H(z)$，使得系统的频率响应 $H(e^{j\omega})$ 满足设计指标。事实上，一个数字滤波器的设计与实现过程应包含以下几个方面。

① 确定指标：按设计需求确定滤波器的性能指标。

② 函数逼近：用一个因果稳定的离散时间系统（IIR 或 FIR）函数去逼近这一性能要求。

③ 算法实现：选择运算结构、字长、有效数字的处理方法（舍入、截尾）等。

④ 实际实现：确定采用软件实现还是硬件实现，采用专用芯片还是通用的数字信号处理器来实现，以及具体的型号等。

我们讨论的滤波器设计仅限于上述的第 2 项，即频率响应函数的逼近问题，目的就是设计一个数字滤波器，使它的频率响应函数 $H(e^{j\omega})$ 能够逼近一个理想滤波器的频率响应。在第 7 章已经给出四种线性相位的理想数字滤波器的频率响应函数，有理想低通滤波器、理想高通滤波器、理想带通滤波器和理想带阻滤波器。

10.1 ➡ 数字滤波器的技术指标

在第 7 章已经讨论过，对于一个线性时不变系统，它的单位冲激响应 $h(n)$ 的离散时间傅里叶变换 $H(e^{j\omega})$ 就是系统的频率响应，$H(e^{j\omega}) = \sum\limits_{n=-\infty}^{\infty} h(n)e^{-j\omega n} = H(z)\mid_{z=e^{j\omega}}$。$H(e^{j\omega}) = |H(e^{j\omega})|e^{j\phi(\omega)}$，$|H(e^{j\omega})|$ 称为系统的幅度响应，$\phi(\omega) = \arg[H(e^{j\omega})]$ 称为系统的相位响应。对于数字滤波器，在滤波器设计中通常还要考虑滤波器的三个常用参量，幅度平方响应 $|H(e^{j\omega})|^2 = H(e^{j\omega})$ $H^*(e^{j\omega})$、相位响应 $\phi(\omega) = \arg[H(e^{j\omega})]$ 和群延时响应 $\tau(e^{j\omega}) = -\dfrac{d\phi(\omega)}{d\omega}$。

在实际应用中，对幅度响应相关参数采用工程上的放大和衰减参数来描述。当一个数字滤波器的频率响应为 $H(e^{j\omega}) = |H(e^{j\omega})|e^{j\phi(\omega)}$，输入信号 $x(n)$ 的幅度为 $|X(e^{j\omega})|$ 时，输出信号的幅度为 $|X(e^{j\omega})||H(e^{j\omega})|$，即信号输入系统经系统处理后幅度被放大到原来幅度的 $|H(e^{j\omega})|$ 倍，简称放大 $|H(e^{j\omega})|$ 倍。当 $|H(e^{j\omega})| > 1$ 时幅度会变大（称为放大），当 $|H(e^{j\omega})| < 1$ 时幅度会变小（称为衰减）。在工程上，为使表述简洁，通常把幅度的放大倍数 $|H(e^{j\omega})|$ 用取对数后的值描述——$20\lg|H(e^{j\omega})|$，单位是分贝（dB）。例如，放大

100000 倍，就称放大倍数为 100dB，简称放大 100dB；放大 $\frac{1}{1000}$ 倍，也称为衰减 1000 倍，称为放大 -60dB，也称为衰减 60dB。衰减倍数是放大倍数的倒数，放大 -60dB 即衰减 60dB。

下面以数字低通滤波器为例，讨论数字滤波器的幅度特性的相关指标。如图 10-1 所示。

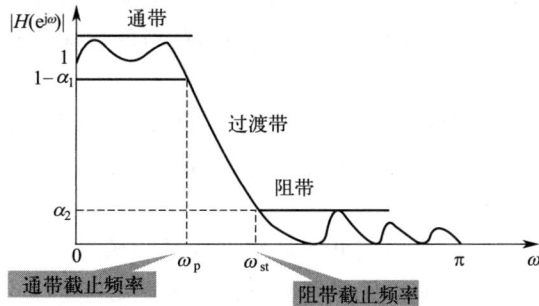

图 10-1　数字低通滤波器的幅度特性指标

在图 10-1 中，ω_p 称为低通滤波器的通带截止频率，α_1 是低通滤波器通带内幅度的允许误差，称为通带容限，在通带范围内满足 $1-\alpha_1 \leqslant |H(e^{j\omega})| \leqslant 1+\alpha_1 (0\leqslant\omega\leqslant\omega_\mathrm{p})$，并假设 $|H(e^{j0})|=1$（幅度归一化）。ω_st 称为低通滤波器的阻带截止频率，α_2 是低通滤波器阻带幅度的允许误差，称为阻带容限，在阻带范围内满足 $0\leqslant|H(e^{j\omega})|\leqslant\alpha_2 (\omega_\mathrm{st}\leqslant\omega\leqslant\pi)$。$\omega_\mathrm{p}$ 至 ω_st 之间为过渡带，在过渡带内满足 $\alpha_2\leqslant|H(e^{j\omega})|\leqslant 1-\alpha_1 (\omega_\mathrm{p}\leqslant\omega\leqslant\omega_\mathrm{st})$，$\Delta\omega=\omega_\mathrm{st}-\omega_\mathrm{p}$ 称为滤波器的过渡带宽。

在工程上滤波器的幅度特性习惯用衰减来表示，通带衰减表示为：

$$\delta_1=20\lg\frac{|H(e^{j0})|}{|H(e^{j\omega_\mathrm{p}})|}=-20\lg|H(e^{j\omega_\mathrm{p}})|=-20\lg(1-\alpha_1) \tag{10-1}$$

阻带衰减表示为：

$$\delta_2=20\lg\frac{|H(e^{j0})|}{|H(e^{j\omega_\mathrm{st}})|}=-20\lg|H(e^{j\omega_\mathrm{st}})|=-20\lg\alpha_2 \tag{10-2}$$

在式（10-1）和式（10-2）中，δ_1 表示低通滤波器通带允许的最大衰减，δ_2 表示低通滤波器阻带应达到的最小衰减。

从上述分析可以看出，对于数字低通滤波器的幅度特性，通常有以下参数指标需要考虑：

① 通带允许的最大衰减 δ_1；
② 阻带应达到的最小衰减 δ_2；
③ 通带截止频率 ω_p；
④ 阻带截止频率 ω_st；
⑤ 滤波器的过渡带宽 $\Delta\omega=\omega_\mathrm{st}-\omega_\mathrm{p}$。

如果希望设计的数字低通滤波器的频率响应 $H(e^{j\omega})$ 能够逼近一个理想低通滤波器的频率响应，则一般应满足 $\frac{\omega_\mathrm{st}+\omega_\mathrm{p}}{2}=\omega_\mathrm{c}$，其中，$\omega_\mathrm{c}$ 是理想低通滤波器的通带截止频率。

例如，如果在通带截止频率 ω_p 处 $|H(e^{j\omega_\mathrm{p}})|=0.707$，则通带衰减 $\delta_1=3$dB，ω_p 就是通带

衰减 3dB 的截止频率；如果在阻带截止频率 ω_{st} 处 $|H(e^{j\omega_{st}})| = 0.001$，则阻带衰减 $\delta_2 = 60dB$。

10.2 ➲ 原型模拟低通滤波器设计

模拟低通滤波器的设计，一般先设计归一化的原型低通滤波器，然后再通过模拟频带变换得到需要的低通、高通、带通、带阻等各种类型的模拟滤波器。模拟低通滤波器的设计步骤为：

① 给定数字滤波器的技术指标 ω_p、ω_{st}、δ_1、δ_2 等，并转化为模拟技术指标；

② 选定滤波器类型，如巴特沃思滤波器或切比雪夫滤波器等；

③ 计算滤波器需要的阶数；

④ 通过查表或计算确定归一化原型低通滤波器的系统函数 $H_{an}(s)$；

⑤ 将 $H_{an}(s)$ 转化为所需类型的低通滤波器的系统函数 $H_a(s)$。

10.3 ➲ 巴特沃思模拟低通滤波器设计

10.3.1 巴特沃思模拟低通滤波器的幅度特性

巴特沃思模拟低通滤波器又可以称为最平幅度特性滤波器，描述巴特沃思模拟低通滤波器的参数是系统的幅度平方响应 $|H_a(j\Omega)|^2 = H_a(j\Omega)H_a^*(j\Omega)$，它的幅度平方响应为：

$$|H_a(j\Omega)|^2 = \frac{1}{1 + \left(\dfrac{\Omega}{\Omega_c}\right)^{2N}} \tag{10-3}$$

式中，N 为正整数，是滤波器的阶数；Ω_c 称为巴特沃思模拟低通滤波器的通带截止频率，满足 $|H_a(j\Omega_c)|^2 = \dfrac{1}{2}$，即满足 $|H_a(j\Omega_c)| = \dfrac{1}{\sqrt{2}} \approx 0.707$。

在 $\Omega = \Omega_c$ 处幅度衰减为 $20\log\left(\dfrac{|H_a(j0)|}{|H_a(j\Omega_c)|}\right) = -20\log|H_a(j\Omega_c)| = 3dB$。所以 Ω_c 是巴特沃思模拟低通滤波器频率响应幅度衰减 3dB 时的带宽，如图 10-2 所示。

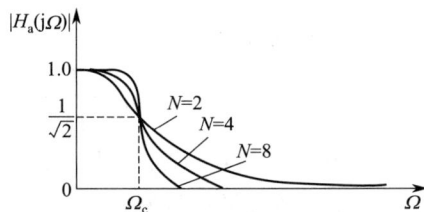

图 10-2 不同阶数巴特沃思模拟低通滤波器的幅度特性

巴特沃思模拟低通滤波器的幅度响应 $|H_a(j\Omega_c)|$ 是单调递减的，$|H_a(j\Omega_c)|^2$ 在 $\Omega = 0$ 处它的前 $2N-1$ 阶导数均为零，所以在通带截止频率内幅度减小缓慢，幅度比较平坦。

10.3.2 巴特沃思模拟低通滤波器的系统函数 $H_a(s)$

巴特沃思模拟低通滤波器的系统函数为 $H_a(s)$，由于 $|H_a(j\Omega)|^2 = H_a(s)H_a(-s)|_{s=j\Omega}$，所以有：

$$H_a(s)H_a(-s) = |H_a(j\Omega)|^2\big|_{\Omega = \frac{s}{j}} = H_a(j\Omega)H_a^*(j\Omega)\big|_{\Omega = \frac{s}{j}}$$

$$= H_a(j\Omega)H_a(-j\Omega)\big|_{\Omega=\frac{s}{j}} = |H_a(s)|^2$$

$$= \frac{1}{1+\left(\dfrac{s}{j\Omega_c}\right)^{2N}} \tag{10-4}$$

由式(10-4)知，$H_a(s)H_a(-s)$ 在有限 s 平面内只有极点，零点在 $s=\infty$ 处。$H_a(s)$ $H_a(-s)$ 的 $2N$ 个极点等间隔地分布在 s 平面上的圆心在原点、半径为 Ω_c 的圆上：

$$s_k = \Omega_c e^{j\left(\frac{1}{2}+\frac{2k-1}{2N}\right)\pi}, k=1,2,\cdots,2N \tag{10-5}$$

极点不会落在虚轴上，在 s 平面是关于象限对称的。位于左半平面的 N 个极点是：

$$s_k = \Omega_c e^{j\left(\frac{1}{2}+\frac{2k-1}{2N}\right)\pi}, k=1,2,\cdots,N \tag{10-6}$$

用 $H_a(s)H_a(-s)$ 的位于左半平面的 N 个极点就可以构造巴特沃思模拟低通滤波器的系统函数 $H_a(s)$：

$$H_a(s) = \frac{1}{\sqrt{1+\left(\dfrac{s}{j\Omega_c}\right)^{2N}}} = \frac{\Omega_c^N}{\displaystyle\prod_{k=1}^{N}(s-s_k)} \tag{10-7}$$

10.3.3 巴特沃思模拟低通滤波器设计参数的确定

（1）设计时先给定参数

$\Omega_p = \dfrac{\omega_p}{T_s}$ 是低通滤波器通带截止的模拟角频率，$\Omega_{st} = \dfrac{\omega_{st}}{T_s}$ 是低通滤波器阻带截止的模拟角频率，通带允许的最大衰减为 δ_1，阻带要求的最小衰减为 δ_2，满足条件：

$$20\lg\frac{|H_a(j0)|}{|H_a(j\Omega_p)|} = -20\lg|H_a(j\Omega_p)| \leqslant \delta_1 \tag{10-8}$$

$$20\lg\frac{|H_a(j0)|}{|H_a(j\Omega_{st})|} = -20\lg|H_a(j\Omega_{st})| \geqslant \delta_2 \tag{10-9}$$

（2）确定滤波器的阶次 N

将巴特沃思模拟低通滤波器的幅度响应 $|H_a(s)| = \dfrac{1}{\sqrt{1+\left(\dfrac{s}{j\Omega_c}\right)^{2N}}}$ 代入式（10-8）和式

（10-9）得：

$$20\lg|H_a(j\Omega_p)| = -10\lg\left[1+\left(\frac{\Omega_p}{\Omega_c}\right)^{2N}\right] \geqslant -\delta_1 \tag{10-10}$$

$$20\lg|H_a(j\Omega_{st})| = -10\lg\left[1+\left(\frac{\Omega_{st}}{\Omega_c}\right)^{2N}\right] \leqslant -\delta_2 \tag{10-11}$$

因而有：

$$\left(\frac{\Omega_p}{\Omega_c}\right)^{2N} \leqslant 10^{0.1\delta_1}-1$$

$$\left(\frac{\Omega_{st}}{\Omega_c}\right)^{2N} \geqslant 10^{0.1\delta_2}-1$$

$$\frac{10^{0.1\delta_2}-1}{10^{0.1\delta_1}-1}\leqslant\left(\frac{\Omega_{st}}{\Omega_p}\right)^{2N} \tag{10-12}$$

由式(10-12)得出滤波器应满足的阶次 N 为：

$$N\geqslant\lg\left(\frac{10^{0.1\delta_2}-1}{10^{0.1\delta_1}-1}\right)\bigg/\left[2\lg\left(\frac{\Omega_{st}}{\Omega_p}\right)\right] \tag{10-13}$$

（3）求模拟低通滤波器衰减 3dB 的截止频率 Ω_c

模拟低通滤波器衰减 3dB 的截止频率 Ω_c 应该满足条件 $\Omega_p\leqslant\Omega_c\leqslant\Omega_{st}$，即 Ω_c 应在频率区间 $[\Omega_p,\ \Omega_{st}]$ 内选取，如果选 $\Omega_c=\dfrac{\Omega_p+\Omega_{st}}{2}$，通带衰减、阻带衰减有可能不满足衰减要求。

前面我们简单讨论了一下巴特沃思模拟低通滤波器的设计方法，由于模拟滤波器设计已经非常成熟，给定参数通过查表就能得到原型模拟滤波器，所以关于常见的切比雪夫Ⅰ型和Ⅱ型模拟低通滤波器、椭圆函数模拟低通滤波器等的设计在这里不再讨论。

例 10-1 巴特沃思模拟低通滤波器。在语音信号处理中，IIR 数字滤波器被广泛用于语音增强和噪声抑制。例如，在嘈杂环境中捕获的语音信号可能包含大量的背景噪声，这会影响语音的清晰度和可懂度。假设我们有一个在多说话者环境中录制的语音信号，其中包含了多个说话者的语音以及背景噪声。我们的目标是抑制背景噪声，增强目标说话者的语音。假设我们有一个离散时间信号 $x(n)$，其中，包含一个频率为 100Hz 的正弦波成分以及高频噪声。信号的抽样频率为 1000Hz。设计一个 IIR 低通滤波器，以从信号中提取 100Hz 的正弦波成分，并尽可能衰减高于 200Hz 的频率成分（可以利用 MATLAB）。

解：

截止频率：为了保留 100Hz 的正弦波成分并衰减高于 200Hz 的成分，我们设定滤波器的截止频率为 150Hz。

抽样频率：1000Hz。

阶数：选择滤波器的阶数为 44，这是因为 IIR 数字滤波器通常需要较少的阶数来达到与 FIR 数字滤波器相同的性能。

计算归一化截止频率：

$$\omega_c=\frac{2\pi f_c}{f_s}$$

式中，$f_c=150\text{Hz}$ 是截止频率；$f_s=1000\text{Hz}$ 是抽样频率。

$$\omega_c=2\pi\times150/1000=0.3\pi$$

选择滤波器类型和设计方法：选择使用巴特沃思滤波器，因为它在通带内提供了最大平坦度，并且对截止频率附近的信号衰减较慢，这有助于保留 100Hz 的信号成分。

使用滤波器设计软件或工具箱，如 MATLAB 的 butter 和 bilinear 函数，来计算滤波器的系数。

实现滤波器：使用得到的 IIR 数字滤波器系数，通过差分方程将滤波器应用于输入信号 $x(n)$。

10.4 ● 无限长冲激响应（IIR）数字滤波器设计

利用模拟滤波器设计 IIR 数字滤波器是 IIR 数字滤波器设计的间接方法。由于模拟滤波器设计方法成熟，且有完整的数据表格可供使用，因而用它来设计数字滤波器是一种较为方便的方法。以下内容我们主要讨论假定依据数字滤波器设计的指标要求，已经得到对应的模拟滤波器的系统函数 $H_a(s)$，然后将模拟滤波器的系统函数 $H_a(s)$ 映射成数字滤波器的系统函数 $H(z)$ 的方法。将模拟滤波器的系统函数 $H_a(s)$ 转换成数字滤波器的系统函数 $H(z)$ 的基本要求是：

① 系统函数为 $H(z)$ 的数字滤波器的频率响应 $H(e^{j\omega})$ 要能逼近模拟滤波器 $H_a(s)$ 的频率响应 $H_a(j\Omega)$，即 s 平面虚轴上的点 $j\Omega$ 必须映射为 z 平面单位圆上的点 $e^{j\omega}$，也就是频率轴要对称；

② 能将因果稳定的模拟系统的系统函数 $H_a(s)$ 映射成因果稳定的数字系统的系统函数 $H(z)$，也就是 s 平面的左半平面 $\mathrm{Re}[s] < 0$ 上的点必须映射到 z 平面单位圆内部（$|z| < 1$）。

本章主要讨论两种映射方法，冲激响应不变法和双线性变换法。

10.4.1 冲激响应不变法

冲激响应不变法将模拟滤波器系统函数 $H_a(s)$ 映射成数字滤波器系统函数 $H(z)$ 的原理是用数字滤波器的单位冲激响应 $h(n)$ 模仿模拟滤波器的单位冲激响应 $h_a(t)$。已知模拟滤波器的系统函数 $H_a(s)$，做拉氏逆变换得到模拟滤波器的单位冲激响应为 $h_a(t)$。对单位冲激响应 $h_a(t)$ 以 T 为等间隔进行抽样，将得到离散时间信号 $h_a(t)|_{t=nT} = h_a(nT) = h(n)$。序列 $h(n)$ 的 z 变换为 $H(z)$，$H(z)$ 就是要设计的数字滤波器的系统函数。下面分析这样得到的数字滤波器的频率响应 $H(e^{j\omega})$ 是否能够很好地逼近模拟滤波器的频率响应 $H_a(j\Omega)$。

对单位冲激响应 $h_a(t)$ 以 T 为等间隔进行抽样，相当于是对 $h_a(t)$ 进行理想抽样，可以得到抽样信号 $\hat{h}_a(t) = h_a(t)\delta_T(t)$。

由第 3.4 节中拉氏变换与 z 变换之间的关系可知，抽样序列 $h(n)$ 的 z 变换 $H(z)$ 与理想抽样信号 $\hat{h}_a(t)$ 的拉氏变换的关系如下：

$$H(z)|_{z=e^{sT}} = \hat{H}_a(s) \qquad (10\text{-}14)$$

冲激响应不变法 s 平面的点与 z 平面的点之间的映射关系如图 10-3 所示。

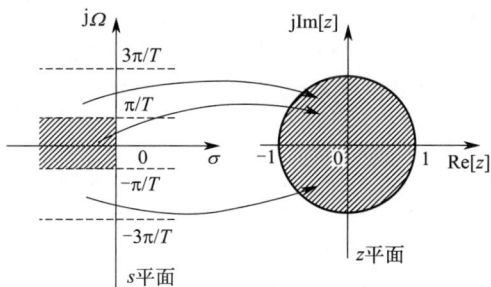

图 10-3 冲激响应不变法 s 平面的点与 z 平面的点之间的映射关系

冲激响应不变法将 $H_a(s)$ 映射成数字滤波器系统函数 $H(z)$ 时，如图 10-3，s 平面左半平面一个宽度为 $\dfrac{2\pi}{T}$ 的平行于实轴的条形区域内的点将映射为 z 平面的单位圆内区域的点。

由于周期单位冲激序列 $\delta_T(t)$ 指数形式的傅里叶级数为 $\delta_T(t)=\dfrac{1}{T}\sum\limits_{k=-\infty}^{\infty}\mathrm{e}^{\mathrm{j}k\frac{2\pi}{T}t}$，所以有：

$$\hat{H}_a(s)=L[h_a(t)\delta_T(t)]=L\Big[h_a(t)\dfrac{1}{T}\sum_{k=-\infty}^{\infty}\mathrm{e}^{\mathrm{j}k\frac{2\pi}{T}t}\Big]$$

$$=\dfrac{1}{T}L\Big[\sum_{k=-\infty}^{\infty}h_a(t)\mathrm{e}^{\mathrm{j}k\frac{2\pi}{T}t}\Big]=\dfrac{1}{T}\sum_{k=-\infty}^{\infty}L[h_a(t)\mathrm{e}^{\mathrm{j}k\frac{2\pi}{T}t}]$$

$$=\dfrac{1}{T}\sum_{k=-\infty}^{\infty}H_a\Big(s-\mathrm{j}\dfrac{2\pi}{T}k\Big) \tag{10-15}$$

抽样信号 $\hat{h}_a(t)=h_a(t)\delta_T(t)=\sum\limits_{n=-\infty}^{\infty}h_a(nT)\delta(t-nT)$ 的频谱密度函数为：

$$\hat{H}_a(\mathrm{j}\Omega)=\dfrac{1}{T}\sum_{k=-\infty}^{\infty}H_a(\mathrm{j}\Omega-\mathrm{j}k\Omega_s),\Omega_s=\dfrac{2\pi}{T} \tag{10-16}$$

由式（10-16）利用频率转换 $\omega=\Omega T$，$\omega_s=\Omega_s T=2\pi$ 可以得到抽样序列 $h_a(nT)=h(n)$ 的离散时间傅里叶变换 $H(\mathrm{e}^{\mathrm{j}\omega})$：

$$H(\mathrm{e}^{\mathrm{j}\omega})=\hat{H}_a(\mathrm{j}\Omega)\mid_{\Omega=\frac{\omega}{T}}=\dfrac{1}{T}\sum_{k=-\infty}^{\infty}H_a(\mathrm{j}\Omega-\mathrm{j}k\Omega_s)\mid_{\Omega=\frac{\omega}{T}}$$

$$=\dfrac{1}{T}\sum_{k=-\infty}^{\infty}H_a\Big(\mathrm{j}\dfrac{\omega}{T}-\mathrm{j}k\dfrac{2\pi}{T}\Big)=\dfrac{1}{T}\sum_{k=-\infty}^{\infty}H_a\Big(\mathrm{j}\dfrac{\omega-\mathrm{j}2k\pi}{T}\Big) \tag{10-17}$$

由以上讨论可知，冲激响应不变法的设计过程如下。

① 数字滤波器的设计指标要求转换为模拟滤波器的指标要求。例如，数字低通滤波器通带截止频率为 ω_p，阻带截止频率为 ω_{st}，则利用数字角频率 ω 与模拟角频率 Ω 之间的关系 $\omega=\Omega T$，得到模拟低通滤波器通带截止频率为 $\Omega_p=\dfrac{\omega_p}{T}$，阻带截止频率为 $\Omega_{st}=\dfrac{\omega_{st}}{T}$。

② 依据模拟滤波器的设计指标，利用现有的设计方法得到模拟滤波器的系统函数 $H_a(s)$。

③ 用冲激响应不变法将模拟系统函数 $H_a(s)$ 映射成数字滤波器的系统函数 $H(z)$：

$$H_a(s)\Rightarrow h_a(t)\Rightarrow h(n)\Rightarrow H(z)$$

这样将得到数字滤波器的频率响应 $H(\mathrm{e}^{\mathrm{j}\omega})$ 与模拟滤波器的频率响应 $H_a(\mathrm{j}\Omega)=H_a(s)\mid_{s=\mathrm{j}\Omega}$ 之间的关系：

$$H(\mathrm{e}^{\mathrm{j}\omega})=\dfrac{1}{T}\sum_{k=-\infty}^{\infty}H_a\Big(\mathrm{j}\dfrac{\omega-\mathrm{j}2k\pi}{T}\Big) \tag{10-18}$$

由式（10-18）知，数字滤波器的频率响应是模拟滤波器的频率响应的周期延拓，任何一个实际模拟滤波器的频率响应都不是严格带限的，所以抽样时都会产生频谱混叠失真，如图10-4所示。

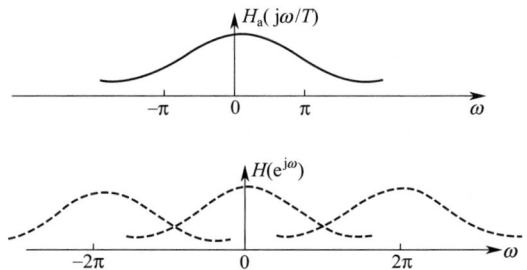

图 10-4　频谱的混叠失真图

显然模拟滤波器的频率响应在大于折叠频率 $\dfrac{\Omega_s}{2}=\dfrac{\pi}{T}$ 处衰减越大、越快，变换后频率响应的混叠失真就越小。需要注意的是，不能用减小抽样间隔 T 的方法解决混叠失真问题，

这是因为在 $h(t)$ 设计完成后，减小 T（即增大抽样频率 f_s）会减小对应的 ω_c，所得结果不是指标需要的。

针对具有单阶极点的模拟系统函数 $H_a(s)$，用冲激响应不变法设计 IIR 数字滤波器的一种简化方法如下。

① 将模拟系统函数 $H_a(s)$ 分解成部分分式项：

$$H_a(s) = \sum_{k=1}^{N} \frac{A_k}{s - s_k} \tag{10-19}$$

② 求出模拟系统的单位冲激响应 $h_a(t)$：

$$h_a(t) = L^{-1}\left[H_a(s)\right] = \sum_{k=1}^{N} A_k e^{s_k t} u(t) \tag{10-20}$$

③ 对 $h_a(t)$ 进行等间隔抽样得到数字滤波器的单位冲激响应 $h(n)$：

$$h(n) = h_a(nT) = \sum_{k=1}^{N} A_k (e^{s_k T})^n u(n) \tag{10-21}$$

④ 计算单位冲激响应 $h(n)$ 的 z 变换 $H(z)$：

$$H(z) = \sum_{n=-\infty}^{\infty} h(n) z^{-n} = \sum_{n=0}^{\infty} \sum_{k=1}^{N} A_k (e^{s_k T})^n z^{-n}$$

$$\sum_{k=1}^{N} A_k \sum_{n=0}^{\infty} (e^{s_k T} z^{-1})^n = \sum_{k=1}^{N} \frac{A_k}{1 - e^{s_k T} z^{-1}} \tag{10-22}$$

由式(10-22)知，模拟系统的系统函数的极点 s_k，将映射成数字系统的系统函数的极点 $e^{s_k T}$，如果模拟系统的系统函数的极点位于 s 平面的左半平面，则数字系统的系统函数的极点在 z 平面的单位圆内，这样模拟系统的系统函数映射成数字系统的系统函数后，可以保持系统的稳定性不变。数字系统的系统函数的部分分式分解中，各部分项对应系数 A_k 不变。

例 10-2 已知模拟系统的系统函数 $H_a(s) = \dfrac{3s^2 + 12s + 13}{s^3 + 6s^2 + 11s + 6}$，用冲激响应不变法将 $H_a(s)$ 映射成数字系统的系统函数 $H(z)$，假设 $T = 2\mathrm{s}$。

解：

因为：

$$H_a(s) = \frac{3s^2 + 12s + 13}{s^3 + 6s^2 + 11s + 6} = \frac{2}{s+1} - \frac{1}{s+2} + \frac{2}{s+3}$$

所以有：

$$H(z) = \frac{2}{1 - e^{-T} z^{-1}} - \frac{1}{1 - e^{-2T} z^{-1}} + \frac{2}{1 - e^{-3T} z^{-1}}$$

$$= \frac{2}{1 - e^{-2} z^{-1}} - \frac{1}{1 - e^{-4} z^{-1}} + \frac{2}{1 - e^{-6} z^{-1}}$$

由式(10-18)知，$H(e^{j\omega}) = \dfrac{1}{T} \sum_{k=-\infty}^{\infty} H_a\left(j\dfrac{\omega - j2k\pi}{T}\right)$，当 T 很小时，滤波器的增益 $\dfrac{1}{T}$ 会很大，容易造成系统幅度溢出。一般采取修正的方法，令 $h(n) = T h_a(nT)$，则有 $H(z) = \sum_{k=1}^{N} \dfrac{T A_k}{1 - e^{s_k T} z^{-1}}$，将得到滤波器频率响应的近似表达：

$$H(e^{j\omega}) = \sum_{k=-\infty}^{\infty} H_a\left(j\frac{\omega - j2k\pi}{T}\right)$$

$$\approx H_a\left(j\frac{\omega}{T}\right), |\omega| < \pi \tag{10-23}$$

例 10-3 已知模拟系统的系统函数 $H_a(s) = \dfrac{2}{s^2 + 4s + 3}$，用冲激响应不变法将 $H_a(s)$ 映射成数字系统的系统函数 $H(z)$，已知 $T = 1s$。

解：

因为：

$$H_a(s) = \frac{2}{s^2 + 4s + 3} = \frac{1}{s+1} - \frac{1}{s+3}$$

所以，修正后的数字滤波器的系统函数为：

$$H(z) = \frac{T}{1 - e^{-T}z^{-1}} - \frac{T}{1 - e^{-3T}z^{-1}} = \frac{T(e^{-T} - e^{-3T})z^{-1}}{1 - (e^{-T} + e^{-3T})z^{-1} + e^{-4T}z^{-1}}$$

将 $T = 1s$ 代入，得到滤波器的系统函数为：

$$H(z) = \frac{T(e^{-T} - e^{-3T})z^{-1}}{1 - (e^{-T} + e^{-3T})z^{-1} + e^{-4T}z^{-1}} = \frac{0.318z^{-1}}{1 - 0.4177z^{-1} + 0.01831z^{-2}}$$

冲激响应不变法的优点是：单位冲激响应 $h(n)$ 完全模仿模拟滤波器的单位冲激响应 $h_a(t)$，时域逼近良好，而且可将线性相位模拟滤波器转换为线性相位数字滤波器，即保持角频率转换的线性关系 $\omega = \Omega T$。冲激响应不变法的缺点是：会有频率响应的混叠，一般只适用于低通、带通滤波器的设计。改善频率响应混叠的方法是采用阶跃响应不变法，阶跃响应不变法的设计思路如下。

设数字系统的单位冲激响应记为 $h(n)$，阶跃响应记为 $g(n)$，$g(n) = u(n) * h(n)$，则 $g(n)$ 的 z 变换为 $G(z) = \dfrac{z}{z-1}H(z)$，对应模拟系统的单位冲激响应记为 $h_a(t)$，单位阶跃响应记为 $g_a(t)$，$g_a(t) = u(t) * h_a(t)$，则 $g_a(t)$ 的拉氏变换为 $G_a(s) = \dfrac{1}{s}H_a(s)$。阶跃响应不变法的设计过程为：

$$H_a(s) \rightarrow G_a(s) \rightarrow g_a(t) \rightarrow g(n) \rightarrow G(z) \rightarrow H(z)$$

$$H_a(s) \rightarrow G_a(s) = \frac{1}{s}H_a(s) \rightarrow g_a(t) = L^{-1}[G_a(s)] \rightarrow g(n) = g_a(t)|_{t=nT} = g_a(nT)$$

$$\rightarrow G(z) = \frac{z}{z-1}H(z) \rightarrow H(z) = \frac{z-1}{z}G(z) \tag{10-24}$$

$$G(z) = \frac{z}{z-1}H(z) \,|_{z=e^{sT}} = \frac{1}{T}\sum_{k=-\infty}^{\infty} G\left(s - jk\frac{2\pi}{T}\right)$$

$$= \frac{1}{T}\sum_{k=-\infty}^{\infty} \frac{H_a\left(s - jk\dfrac{2\pi}{T}\right)}{s - jk\dfrac{2\pi}{T}} \tag{10-25}$$

由式（10-25）知，阶跃响应不变法仍然存在频谱混叠的现象，但是由于有因子 $\dfrac{1}{s}$（在频率轴上即为因子 $\dfrac{1}{j\Omega}$），使得频率响应幅度与频率 Ω 成反比，因而，随着 Ω 的增长，频率响应的混叠现象一定比使用冲激响应不变法产生的混叠现象要小得多。

例 10-4　已知二阶巴特沃思模拟低通滤波器的归一化模拟系统函数为 $H'_a(s)=$ $\dfrac{1}{1+1.4142136s+s^2}$，衰减 3dB 截止频率为 50Hz 的模拟滤波器。用阶跃响应不变法将模拟系统的系统函数 $H_a(s)$ 映射成数字系统的系统函数 $H(z)$，已知系统抽样频率为 $f_s=500$Hz。

解： 衰减 3dB 截止频率为 50Hz 的模拟滤波器，其系统函数需将归一化 $H'_a(s)$ 中的 s 变量用 $\dfrac{s}{2\pi\times50}$ 来替代，即：

$$H_a(s)=H'_a\left(\frac{s}{100\pi}\right)=\frac{9.8696044\times10^4}{s^2+444.28830s+9.8696044\times10^4}$$

模拟滤波器阶跃响应的拉普拉斯变换为：

$$G_a(s)=\frac{1}{s}H_a(s)$$

$$=\frac{9.8696044\times10^4}{s(s^2+444.28830s+9.8696044\times10^4)}$$

$$=\frac{1}{s}-\frac{(s+222.14415)+222.14415}{(s+222.14415)^2+(222.14415)^2}$$

由于 $L\left[e^{-at}\sin(\Omega_0 t)u(t)\right]=\dfrac{\Omega_0}{(s+a)^2+\Omega_0^2}$，$L\left[e^{-at}\cos(\Omega_0 t)u(t)\right]=\dfrac{s+a}{(s+a)^2+\Omega_0^2}$，所以有：

$$g_a(t)=L^{-1}\left[G_a(s)\right]=\left\{1-e^{-222.14415t}\left[\sin(222.14415t)+\cos(222.14415t)\right]\right\}u(t)$$

$$g(n)=g_a(nT)=\left\{1-e^{-222.14415nT}\left[\sin(222.14415nT)+\cos(222.14415nT)\right]\right\}u(n)$$

利用如下关系：

$$Z\left[x(n)\right]=X(z),\quad Z\left[e^{-naT}x(n)\right]=X(e^{aT}z)$$

$$Z\left[\sin(naT)u(n)\right]=\frac{z\sin(aT)}{z^2-2z\cos(aT)+1}$$

$$Z\left[\cos(naT)u(n)\right]=\frac{z^2-z\cos(aT)}{z^2-2z\cos(aT)+1}$$

$$Z\left[u(n)\right]=\frac{z}{z-1}$$

将 $a=222.14415$，$T=\dfrac{1}{f_s}=\dfrac{1}{500}=2\times10^{-3}$s 代入，可得阶跃响应 $g(n)$ 的 z 变换：

$$G(z)=Z\left[g(n)\right]=\frac{z}{z-1}-\frac{z^2-0.30339071z}{z^2-1.1580459z+0.41124070}$$

$$=\frac{0.14534481z^2+0.10784999z}{(z-1)(z^2-1.1580459z+0.41124070)}$$

可得数字低通滤波器的系统函数为：

$$H(z)=\frac{z-1}{z}G(z)=\frac{0.14534481z^{-1}+0.10784999z^{-2}}{1-1.1580459z^{-1}+0.41124070z^{-2}}$$

10.4.2 双线性变换法

s 平面上的点到 z 平面上的点的映射关系为 $z=e^{sT}$，虽然保持了频率间的线性关系 $\omega=\Omega T$，但它是复平面上的多对一映射，因为冲激响应不变法和阶跃响应不变法将模拟系统函数映射成数字滤波器的系统函数时都会造成频谱的混叠现象发生。为了避免混叠现象的发生，想办法将 s 平面上的点到 z 平面上的点的映射变成单值的一对一映射，可避免频谱的混叠发生。双线性变换法的变换思路就是将 s 平面上的点到 z 平面上的点的映射变成单值的一对一映射，从而避免频谱混叠。双线性变换法的映射可分为两个步骤，如图 10-5 所示。

① 将模拟角频率 $\Omega\in[-\infty,\infty]$ 映射到模拟角频率 $\Omega_1\in\left[-\dfrac{\pi}{T},\dfrac{\pi}{T}\right]$；

② 将模拟角频率 Ω_1 的取值范围 $\left[-\dfrac{\pi}{T},\dfrac{\pi}{T}\right]$ 映射到 z 平面单位圆上，即映射到数字角频率 ω 的一个周期内的取值范围 $[-\pi,\pi]$，满足 $z=e^{s_1T}$，$s_1=\sigma+j\Omega_1$。

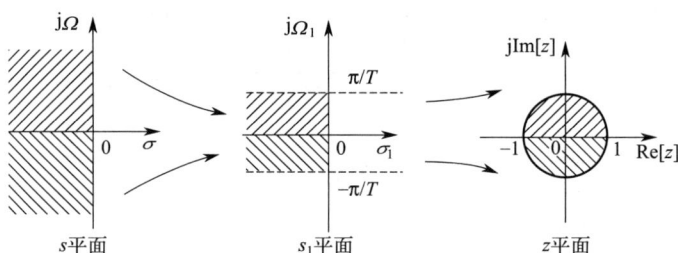

图 10-5　双线性变换法的映射关系

令 $\Omega=\tan\dfrac{\Omega_1 T}{2}$，则映射 $\Omega_1=\dfrac{2}{T}\arctan\Omega$，将模拟角频率 $\Omega\in[-\infty,\infty]$ 映射到模拟角频率 $\Omega_1\in\left[-\dfrac{\pi}{T},\dfrac{\pi}{T}\right]$：

$$\Omega=\tan\frac{\Omega_1 T}{2}=\frac{\sin\dfrac{\Omega_1 T}{2}}{\cos\dfrac{\Omega_1 T}{2}}=\frac{\dfrac{e^{j\frac{\Omega_1 T}{2}}-e^{-j\frac{\Omega_1 T}{2}}}{2j}}{\dfrac{e^{j\frac{\Omega_1 T}{2}}+e^{-j\frac{\Omega_1 T}{2}}}{2}} \tag{10-26}$$

$$s=j\Omega=\frac{e^{j\frac{\Omega_1 T}{2}}-e^{-j\frac{\Omega_1 T}{2}}}{e^{j\frac{\Omega_1 T}{2}}+e^{-j\frac{\Omega_1 T}{2}}}=\frac{e^{\frac{s_1 T}{2}}-e^{-\frac{s_1 T}{2}}}{e^{\frac{s_1 T}{2}}+e^{-\frac{s_1 T}{2}}},s_1=j\Omega_1 \tag{10-27}$$

$$s=\frac{1-e^{-s_1 T}}{1+e^{-s_1 T}}=\frac{1-z^{-1}}{1+z^{-1}},z=e^{s_1 T} \tag{10-28}$$

由式（10-28）知，有 $s=\dfrac{1-z^{-1}}{1+z^{-1}}$，$z=\dfrac{1+s}{1-s}$。为使模拟滤波器某一频率与数字滤波器的某一频率有对应关系，引入系数 c，使得：

$$\Omega=c\tan\frac{\Omega_1 T}{2} \tag{10-29}$$

$$s = c \frac{1 - z^{-1}}{1 + z^{-1}}$$

$$z = \frac{c + s}{c - s} \tag{10-30}$$

式（10-30）就是 s 平面上的点到 z 平面上的点的双线性映射关系，它是一个单值映射，可以避免频谱混叠的发生。通常系数 c 的选取方法有以下两种。

① 为了满足在低频处有确切的频率对应关系 $\Omega \approx \Omega_1$，即 $c \tan \frac{\Omega_1 T}{2} \approx c \frac{\Omega_1 T}{2}$，则取：

$$c = \frac{2}{T} \tag{10-31}$$

② 为了使得某个特定的模拟角频率 Ω_c 与数字角频率 ω_c 对应，则应该满足：

$$c = \Omega_c \cot \frac{\omega_c}{2}$$

特定频率处频率响应严格相等，可以较准确地控制截止频率的位置。

对于双线性变换，将 $z = \mathrm{e}^{\mathrm{j}\omega}$ 代入 $s = c \frac{1 - z^{-1}}{1 + z^{-1}}$，则有：

$$s = c \frac{1 - \mathrm{e}^{-\mathrm{j}\omega}}{1 + \mathrm{e}^{-\mathrm{j}\omega}} = \mathrm{j}c \tan \frac{\omega}{2} = \mathrm{j}\Omega \tag{10-32}$$

式（10-32）说明，双线性映射将 s 平面的虚轴上的点映射为 z 平面单位圆上的点。

将 $s = \sigma + \mathrm{j}\Omega$ 代入 $z = \frac{c + s}{c - s}$，可得 $z = \frac{c + s}{c - s} = \frac{(c + \sigma) + \mathrm{j}\Omega}{(c - \sigma) - \mathrm{j}\Omega}$，从而有：

$$|z| = \sqrt{\frac{(c + \sigma)^2 + \Omega^2}{(c - \sigma)^2 + \Omega^2}} \tag{10-33}$$

由式（10-33）可知：

$\sigma < 0$ 时 $|z| < 1$，s 平面左半平面的点映射为 z 平面单位圆内的点；

$\sigma > 0$ 时 $|z| > 1$，s 平面右半平面的点映射为 z 平面单位圆外的点；

$\sigma = 0$ 时 $|z| = 1$，s 平面虚轴上的点映射为 z 平面单位圆上的点。

综合上述讨论，双线性变换法的优点是可避免频谱混叠现象的发生，缺点是造成了模拟角频率 Ω 与数字角频率 ω 之间的非线性映射关系，会把线性模拟滤波器映射成非线性的数字滤波器。通常将模拟滤波器的幅频响应表示为分段常数型，否则会产生严重畸变。

IIR 数字滤波器的双线性变换设计方法如下。

① 直接变换：由于双线性变换法中 s 到 z 之间的变换为简单的代数关系，故将 $s = c \frac{1 - z^{-1}}{1 + z^{-1}}$ 代入模拟滤波器的系统函数 $H_a(s)$ 中，就可得到数字滤波器的系统函数 $H(z)$：

$$H(z) = H_a(s)\Big|_{s = c \frac{1 - z^{-1}}{1 + z^{-1}}} = H_a\left(c \frac{1 - z^{-1}}{1 + z^{-1}}\right) \tag{10-34}$$

② 将模拟系统函数分解成低阶子系统的级联或并联模式：

$$H_a(s) = H_{a_1}(s) H_{a_2}(s) \cdots H_{a_m}(s)$$

$$H_a(s) = \overline{H}_{a_1}(s) + \overline{H}_{a_2}(s) + \cdots + \overline{H}_{a_m}(s)$$

$$H(z) = H_1(z) H_2(z) \cdots H_m(z)$$

$$H(z)=\overline{H}_1(z)+\overline{H}_2(z)+\cdots+\overline{H}_m(z)$$

式中，$H_i(z)=H_{a_i}(s)\big|_{s=c\frac{1-z^{-1}}{1+z^{-1}}}$；$\overline{H}_i(z)=\overline{H}_{a_i}(s)\big|_{s=c\frac{1-z^{-1}}{1+z^{-1}}}$；$i=1,2,\cdots,m$。

例 10-5 已知模拟滤波器的系统函数为 $H_a(s)=\dfrac{4s^2+100}{s^2+13s+42}$，用双线性变换法将它映射为数字滤波器的系统函数，要求数字角频率 $\omega_c=\dfrac{\pi}{3}$ 与模拟角频率 $\Omega_c=\dfrac{2}{\sqrt{3}}$ 严格对应，试求系统函数 $H(z)$。

解：

参数 c 的选择：

$$c=\Omega_c\cot(\omega_c/2)=\frac{2}{\sqrt{3}}\times\sqrt{3}=2$$

$$s=c\,\frac{1-z^{-1}}{1+z^{-1}}$$

$$H(z)=\frac{4s^2+100}{s^2+13s+42}\bigg|_{s=2\frac{1-z^{-1}}{1+z^{-1}}}=\frac{116+168z^{-1}+116z^{-2}}{72+76z^{-1}+20z^{-2}}$$

本章小结

本章首先以低通滤波器为例，给出了滤波器设计的主要技术指标，然后讨论巴特沃思模拟低通滤波器的设计方法，最后重点讨论 IIR 数字滤波器的两种设计方法，即将模拟系统的系统函数 $H_a(s)$ 映射成数字滤波器的系统函数 $H(z)$ 的方法——冲激响应不变法和双线性变换法。重点和难点简要总结如下。

（1）滤波器的设计指标

在滤波器设计中通常要考虑滤波器的三个常用参量：

① 幅度平方响应 $|H(e^{j\omega})|^2=H(e^{j\omega})H^*(e^{j\omega})$；

② 相位响应 $\phi(\omega)=\arg[H(e^{j\omega})]$；

③ 群延时响应 $\tau(e^{j\omega})=-\dfrac{d\phi(\omega)}{d\omega}$。

对于数字低通滤波器的幅度特性，通常有以下参数指标：

① 通带允许的最大衰减 $\delta_1=20\lg\dfrac{|H(e^{j0})|}{|H(e^{j\omega_p})|}=-20\lg|H(e^{j\omega_p})|=-20\lg(1-\alpha_1)$；

② 阻带应达到的最小衰减 $\delta_2=20\lg\dfrac{|H(e^{j0})|}{|H(e^{j\omega_{st}})|}=-20\lg|H(e^{j\omega_{st}})|=-20\lg\alpha_2$；

③ 通带截止频率 ω_p；

④ 阻带截止频率 ω_{st}；

⑤ 滤波器的过渡带宽 $\Delta\omega=\omega_{st}-\omega_p$。

（2）巴特沃思模拟低通滤波器设计

巴特沃思模拟低通滤波器参数是系统的幅度平方响应 $|H_a(j\Omega)|^2=H_a(j\Omega)H_a^*(j\Omega)$，

它的幅度平方响应为：

$$|H_a(j\Omega)|^2 = \frac{1}{1 + \left(\dfrac{\Omega}{\Omega_c}\right)^{2N}}$$

巴特沃思模拟低通滤波器设计步骤如下。

① 设计时先确定参数 $\Omega_p = \dfrac{\omega_p}{T_s}$、$\Omega_{st} = \dfrac{\omega_{st}}{T_s}$、$\delta_1$、$\delta_2$。

② 确定滤波器的阶次 N：

$$N \geqslant \lg\left(\frac{10^{0.1\delta_2} - 1}{10^{0.1\delta_1} - 1}\right) \Big/ \left[2\lg\left(\frac{\Omega_{st}}{\Omega_p}\right)\right]$$

③ 求模拟低通滤波器的 3dB 截止频率 Ω_c。

模拟低通滤波器的衰减 3dB 截止频率 Ω_c 应该满足条件 $\Omega_p \leqslant \Omega_c \leqslant \Omega_{st}$，即 Ω_c 应在频率区间 $[\Omega_p, \Omega_{st}]$ 内选取，如果选 $\Omega_c = \dfrac{\Omega_p + \Omega_{st}}{2}$，通带衰减、阻带衰减有可能不满足衰减要求。

（3）无限长冲激响应（IIR）滤波器的设计方法

将模拟滤波器的系统函数 $H_a(s)$ 映射成数字滤波器的系统函数 $H(z)$ 的方法主要有两种：冲激响应不变法和双线性变换法。

① 冲激响应不变法。冲激响应不变法的设计过程：$H_a(s) \Rightarrow h_a(t) \Rightarrow h(n) \Rightarrow H(z)$。

$$H_a(s) = \sum_{k=1}^{N} \frac{A_k}{s - s_k} \leftrightarrow H(z) = \sum_{k=1}^{N} \frac{A_k}{1 - e^{s_k T} z^{-1}}$$

② 双线性变换法。双线性变换法将 s 平面上的点映射为 z 平面上的点的映射关系为 $s = c\dfrac{1 - z^{-1}}{1 + z^{-1}}$，其中，系数 c 的选择有两种：为了满足在低频处有确切的频率对应关系 $\Omega \approx \Omega_1$，取 $c = \dfrac{2}{T}$；为了使得某个特定的模拟角频率 Ω_c 与数字角频率 ω_c 对应，则取 $c = \Omega_c \cot\dfrac{\omega_c}{2}$。设计公式为：

$$H(z) = H_a(s)\Big|_{s = c\frac{1 - z^{-1}}{1 + z^{-1}}} = H_a\left(c\frac{1 - z^{-1}}{1 + z^{-1}}\right)$$

习题10

10.1 给出下列三个二阶系统，问：哪个是最小相位系统？哪个是最大相位系统？哪个是混合相位（既非最大相位也非最小相位）系统？画出三个系统的零点、极点图。

$$H_1(z) = \frac{(z^{-1} - a)(z^{-1} - b)}{1 - 1.2021z^{-1} + 0.7225z^{-2}}$$

$$H_2(z) = \frac{(1 - az^{-1})(1 - bz^{-1})}{1 - 1.2021z^{-1} + 0.7225z^{-2}}$$

$$H_3(z) = \frac{(1 - az^{-1})(z^{-1} - b)}{1 - 1.2021z^{-1} + 0.7225z^{-2}}$$

其中，$a = -0.5$，$b = 0.7$。

10.2 任何一个非最小相位系统均可表示成一个最小相位系统与一个全通系统的级联，即

$$H(z) = H_{\min}(z) H_{ap}(z)$$

其中 $H_{ap}(z)$ 是稳定的因果的全通滤波器，$H_{\min}(z)$ 是最小相位系统。令

$$\Phi(\omega) = \arg[H(e^{j\omega})]$$

$$\Phi_{\min}(\omega) = \arg[H_{\min}(e^{j\omega})]$$

试证明对于所有 ω，有

$$-\frac{d\Phi(\omega)}{d\omega} > -\frac{d\Phi_{\min}(\omega)}{d\omega}$$

此不等式说明，最小相位系统具有最小群延时，所以也是最小延时系统。

10.3 用冲激响应不变法将以下 $H_a(s)$ 变换为 $H(z)$，抽样周期为 T。

(1) $H_a(s) = (s + a)/[(s + a)^2 + b^2]$；

(2) $H_a(s) = A/(s - s_0)^{n_0}$，$n_0$ 为任意正整数。

10.4 设模拟滤波器的系统函数为 $H_a(s) = \dfrac{1}{s^2 + 5s + 6}$，令 $T = 1$，利用脉冲响应不变法设计 IIR 滤波器。并说明此方法的优缺点。

10.5 给定模拟滤波器的幅度平方函数为

$$|H_a(j\Omega)|^2 = \frac{\Omega^2 + 1/4}{\Omega^4 + 16\Omega^2 + 256}$$

又有 $H_a(0) = 1$。

(1) 试求稳定的模拟滤波器的系统函数 $H_a(s)$；

(2) 用冲激响应不变法，将 $H_a(s)$ 映射成 $H(z)$。

10.6 设有一模拟滤波器 $H_a(s) = \dfrac{1}{s^2 + s + 1}$ 抽样周期 $T = 2$，试用双线性变换法将它转变为数字系统函数 $H(z)$。

10.7 令 $h_a(t)$、$s_a(t)$ 和 $H_a(s)$ 分别表示一个时域连续的线性时不变滤波器的单位冲激响应、单位阶跃响应和系统函数。令 $h(n)$、$s(n)$ 和 $H(z)$ 分别表示时域离散线性移不变数字滤波器的单位冲激响应、单位阶跃响应和系统函数。

(1) 如果 $h(n) = h_a(nT)$，是否 $s(n) = \sum\limits_{k=-\infty}^{\infty} h_a(kT)$？

(2) 如果 $s(n) = s_a(nT)$，是否 $h(n) = h_a(nT)$？

10.8 如图 10-6 所示的系统。

(1) 写出该系统的系统函数 $H(z)$，画出系统的幅频特性，这一系统是哪一种通带滤波器？

(2) 在上述系统中，用下列差分方程表示的网络代替它的 z^{-1} 延时单元：

$$y(n) = x(n-2) - a[x(n-1) - y(n-1)], \quad 0 < a < 1$$

问：变换后的数字网络是哪一种通带滤波器？

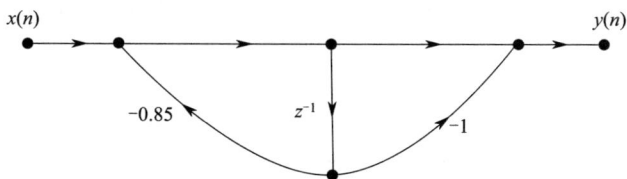

图 10-6 10.8 题图

10.9 说明用冲激响应不变法设计的数字滤波器，其设计结果与抽样周期 T 的数值无关。

10.10 设模拟滤波器的系统函数为

$$H_a(s) = \frac{s+a}{(s+a)^2 + \Omega_0^2}$$

试用冲激响应不变法将它转换成数字滤波器的系统函数。

10.11 设模拟滤波器的系统函数为

$$H_a(s) = \frac{\Omega_0}{(s+a)^2 + \Omega_0^2}$$

（1）试用冲激响应不变法将它转换成数字滤波器的系统函数。

（2）试用阶跃响应不变法将它转换成数字滤波器的系统函数。

参考答案

第11章

有限长冲激响应（FIR）滤波器设计

在第 9 章已经讨论过，一个数字滤波器，如果它的单位冲激响应 $h(n)$ 是有限长的，即非零值只有有限个，当 $n=0,1,2,\cdots,N-1$ 时，有 $h(n)$ 满足 $h(n)\neq0$，而当 $n\notin\{0,1,2,\cdots,N-1\}$ 时，有 $h(n)=0$，这样的数字滤波器就称为有限长冲激响应数字滤波器（FIR 数字滤波器）。这一章讨论 FIR 数字滤波器的设计方法。IIR 数字滤波器的设计方法是利用模拟滤波器的设计方法得到模拟系统的系统函数 $H_a(s)$，再映射成数字滤波器的系统函数 $H(z)$，一般得到的 IIR 数字滤波器是非线性相位的。FIR 数字滤波器的设计方法不同于 IIR 数字滤波器的设计方法，可以设计出实现严格线性相位的数字滤波器，又可逼近任意幅度特性的因果稳定系统，而且滤波可用 FFT 实现，但一般 FIR 数字滤波器的阶次比 IIR 数字滤波器的要高得多。对于 FIR 数字滤波器，它的单位冲激响应满足什么条件时系统是线性相位的？这一章首先证明当 FIR 数字滤波器的单位冲激响应 $h(n)(n=0,1,2,\cdots,N-1)$ 满足对称特性时，数字滤波器是线性相位的，然后讨论 FIR 数字滤波器的窗函数设计方法。

11.1 ➲ 线性相位 FIR 数字滤波器的条件

有限长冲激响应数字滤波器的单位冲激响应为 $h(n)(n=0,1,2,\cdots,N-1)$，它的系统函数为 $H(z)=\sum_{n=0}^{N-1}h(n)z^{-n}$，在复平面有 $N-1$ 个零点，有个 $N-1$ 阶极点 $z=0$。

当单位冲激响应为 $h(n)$ 是实数序列时，系统的频率响应表示成：

$$H(\mathrm{e}^{\mathrm{j}\omega})=\sum_{n=0}^{N-1}h(n)\mathrm{e}^{-\mathrm{j}\omega n}=|H(\mathrm{e}^{\mathrm{j}\omega})|\mathrm{e}^{\mathrm{j}\phi(\omega)} \tag{11-1}$$

式中，$|H(\mathrm{e}^{\mathrm{j}\omega})|$ 是系统的幅度响应，是频率 ω 的偶函数；$\phi(\omega)$ 是系统的相位响应，是频率 ω 的奇函数。为了后续讨论方便，FIR 系统的频率响应也可以表示成：

$$H(\mathrm{e}^{\mathrm{j}\omega})=\sum_{n=0}^{N-1}h(n)\mathrm{e}^{-\mathrm{j}\omega n}=|H(\mathrm{e}^{\mathrm{j}\omega})|\mathrm{e}^{\mathrm{j}\phi(\omega)}=H(\omega)\mathrm{e}^{\mathrm{j}\theta(\omega)} \tag{11-2}$$

$$H(\omega)=\pm|H(\mathrm{e}^{\mathrm{j}\omega})| \tag{11-3}$$

式中，$H(\omega)$ 称为系统的幅度函数，是频率 ω 的实值函数；$\theta(\omega)$ 是系统的相位函数。如果 $\phi(\omega)$ 是关于频率 ω 的线性函数，即有 $\phi(\omega)=-\tau\omega+\beta$，则称系统具有线性相位，它的群延时为 $-\dfrac{\mathrm{d}\phi(\omega)}{\mathrm{d}\omega}=\tau$，此时相位函数 $\theta(\omega)$ 也是关于频率 ω 的线性函数。如果 $\theta(\omega)=-\tau\omega$，

则称为第一类线性相位；如果 $\theta(\omega)=-\tau\omega+\beta(\beta\neq 0)$，则称为第二类线性相位。

若单位冲激响应为 $h(n)$ 满足如下条件：

$$h(n)=h(N-1-n),n=0,1,2,\cdots,N-1 \tag{11-4}$$

则称 $h(n)$ 是偶对称的，对称中心为 $\dfrac{N-1}{2}$。图 11-1 所示为当 N 为奇数时，对称中心在整点上，当 N 为偶数时，对称中心不在整点上。

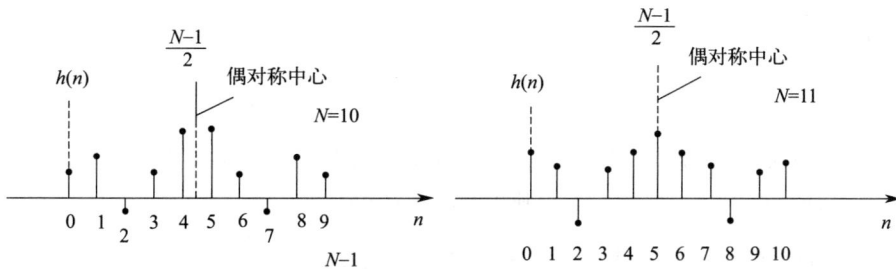

图 11-1　偶对称的单位冲激响应 $h(n)$

若单位冲激响应 $h(n)$ 满足如下条件：

$$h(n)=-h(N-1-n),n=0,1,2,\cdots,N-1 \tag{11-5}$$

则称 $h(n)$ 是奇对称的，对称中心为 $\dfrac{N-1}{2}$。如图 11-2 所示，显然当 N 为奇数时，$h\left(\dfrac{N-1}{2}\right)=0$。

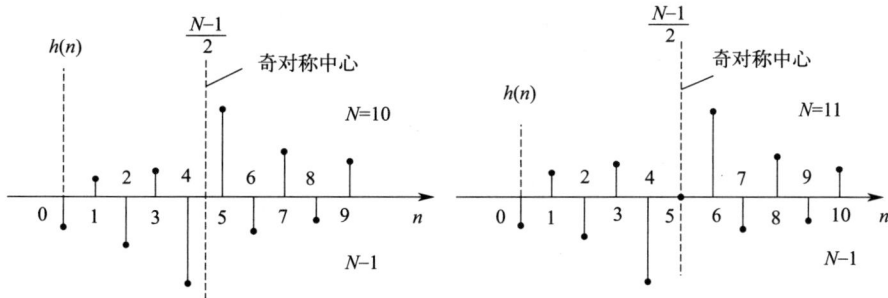

图 11-2　奇对称的单位冲激响应 $h(n)$

当 FIR 数字滤波器的单位冲激响应 $h(n)$ 满足对称特性时，系统一定是具有线性相位的系统。

假设 FIR 数字滤波器的单位冲激响应 $h(n)$ 满足偶对称条件 $h(n)=h(N-1-n)(n=0,1,2,\cdots,N-1)$，则系统函数满足：

$$H(z)=\sum_{n=0}^{N-1}h(n)z^{-n}=\sum_{n=0}^{N-1}h(N-1-n)z^{-n} \tag{11-6}$$

令 $N-1-n=m$，做变量代换，则有系统函数的表示：

$$H(z)=\sum_{m=0}^{N-1}h(m)z^{-(N-1-m)}=z^{-(N-1)}\sum_{m=0}^{N-1}h(m)z^{m}=z^{-(N-1)}H(z^{-1}) \tag{11-7}$$

由式(11-7) 可得：

$$H(z)=\frac{1}{2}\left[H(z)+z^{-(N-1)}H(z^{-1})\right]=\frac{1}{2}\sum_{n=0}^{N-1}h(n)\left[z^{-n}+z^{-(N-1)}z^{n}\right]$$

$$= z^{-\frac{N-1}{2}} \sum_{n=0}^{N-1} h(n) \left[\frac{z^{\left(\frac{N-1}{2}-n\right)} + z^{-\left(\frac{N-1}{2}-n\right)}}{2} \right] \tag{11-8}$$

由式(11-8)可得 FIR 数字滤波器的频率响应：

$$H(\mathrm{e}^{\mathrm{j}\omega}) = H(z)\big|_{z=\mathrm{e}^{\mathrm{j}\omega}} = \mathrm{e}^{-\mathrm{j}\frac{N-1}{2}\omega} \sum_{n=0}^{N-1} h(n) \cos\left[\left(\frac{N-1}{2}-n\right)\omega\right] \tag{11-9}$$

由式(11-9)可以看出，系统的相位函数为 $\theta(\omega) = -\dfrac{N-1}{2}\omega$，群延时 $\tau = \dfrac{N-1}{2}$，是第一类线性相位，如图 11-3 所示。幅度函数为：

$$H(\omega) = \sum_{n=0}^{N-1} h(n) \cos\left[\left(\frac{N-1}{2}-n\right)\omega\right] \tag{11-10}$$

同理可证，如果 FIR 数字滤波器的单位冲激响应为 $h(n)$ 满足奇对称条件 $h(n) = -h(N-1-n)(n=0,1,2,\cdots,N-1)$，则其频率响应为：

$$H(\mathrm{e}^{\mathrm{j}\omega}) = H(z)\big|_{z=\mathrm{e}^{\mathrm{j}\omega}} = \mathrm{j}\mathrm{e}^{-\mathrm{j}\frac{N-1}{2}\omega} \sum_{n=0}^{N-1} h(n) \sin\left[\left(\frac{N-1}{2}-n\right)\omega\right]$$

$$= \mathrm{e}^{-\mathrm{j}\frac{N-1}{2}\omega+\mathrm{j}\frac{\pi}{2}} \sum_{n=0}^{N-1} h(n) \sin\left[\left(\frac{N-1}{2}-n\right)\omega\right] \tag{11-11}$$

由式(11-11)可以看出，系统的相位函数为 $\theta(\omega) = -\dfrac{N-1}{2}\omega + \dfrac{\pi}{2}$，群延时 $\tau = \dfrac{N-1}{2}$，是第二类线性相位，如图 11-4 所示。幅度函数为：

$$H(\omega) = \sum_{n=0}^{N-1} h(n) \sin\left[\left(\frac{N-1}{2}-n\right)\omega\right] \tag{11-12}$$

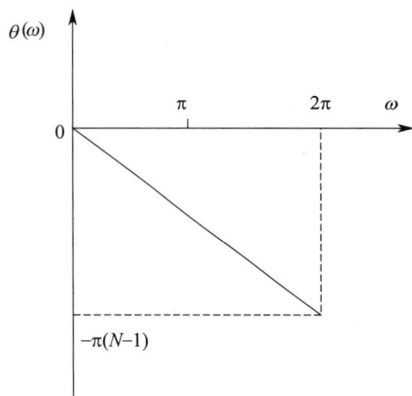

图 11-3　第一类线性相位函数　　　　　图 11-4　第二类线性相位函数

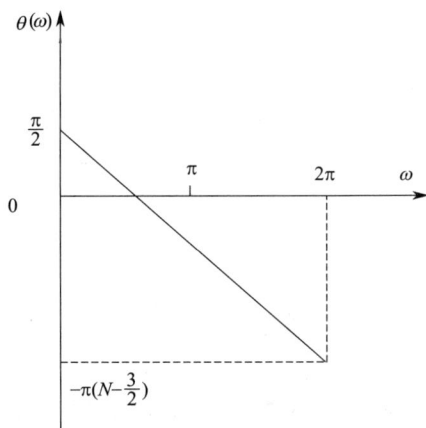

11.2 ➡ 线性相位 FIR 数字滤波器的零点位置

当 FIR 数字滤波器的单位冲激响应 $h(n)$ 满足对称特性时，系统一定是具有线性相位的系统。此时系统函数满足条件：

$$H(z) = \pm z^{-(N-1)} H(z^{-1}) \tag{11-13}$$

由式(11-13)可知，关于系统函数 $H(z)$ 的零点有如下结果：

① 如果 $z=z_i$ 是系统函数 $H(z)$ 的一个零点，则 $H(z_i)=0$，那么 $H(z_i^{-1})=\pm z_i^{(N-1)}H$ $[(z^{-1})^{-1}]=\pm z_i^{(N-1)}H(z)=0$，所以 $z=z_i^{-1}=\dfrac{1}{z_i}$ 也是系统函数 $H(z)$ 的一个零点；

② 单位冲激响应 $h(n)$ 是实值序列，则当 $z=z_i$ 是系统函数 $H(z)$ 的一个复数零点时，$z=z_i^*$ 也是系统函数 $H(z)$ 的一个复数零点；

③ 单位冲激响应 $h(n)$ 是实值序列，则当 $z=z_i$ 是系统函数 $H(z)$ 的一个非零复数零点时，$z=z_i^*$、$z=\dfrac{1}{z_i}$，$z=\dfrac{1}{z_i^*}$ 都是系统函数 $H(z)$ 的零点。

线性相位 FIR 数字滤波器的零点位置，有以下几种可能的情况。

① 零点不在实轴上，也不在单位圆上，$z=z_i=r_i\mathrm{e}^{\mathrm{j}\theta_i}(r_i\neq 1,\theta_i\neq 0,\pi)$，则 $z=z_i=r_i\mathrm{e}^{\mathrm{j}\theta_i}$、$z=z_i^*=r_i\mathrm{e}^{-\mathrm{j}\theta_i}$、$z=\dfrac{1}{z_i}=\dfrac{1}{r_i}\mathrm{e}^{-\mathrm{j}\theta_i}$、$z=\dfrac{1}{z_i^*}=\dfrac{1}{r_i}\mathrm{e}^{\mathrm{j}\theta_i}$

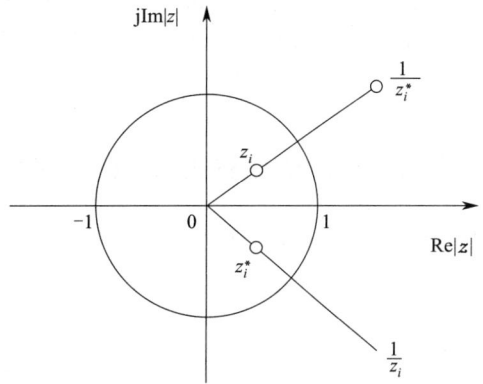

图 11-5　关于单位圆镜像对称的零点

都是系统函数 $H(z)$ 的零点，z_i 与 $\dfrac{1}{z_i^*}$，z_i^* 与 $\dfrac{1}{z_i}$ 分别关于单位圆镜像对称，如图 11-5 所示。

和这四个零点对应的子系统函数可表示为：

$$H_i(z)=(1-r_i\mathrm{e}^{\mathrm{j}\theta_i}z^{-1})(1-r_i\mathrm{e}^{-\mathrm{j}\theta_i}z^{-1})\left(1-\frac{1}{r_i}\mathrm{e}^{-\mathrm{j}\theta_i}z^{-1}\right)\left(1-\frac{1}{r_i}\mathrm{e}^{\mathrm{j}\theta_i}z^{-1}\right)$$

$$=\frac{1}{r_i^2}[1-2r_i\cos(\theta_iz^{-1})+r_i^2z^{-2}][r_i^2-2r_i\cos(\theta_iz^{-1})+z^{-2}] \qquad (11\text{-}14)$$

由式(11-14) 知，对应的子系统的系统函数 $H_i(z)$ 化为了实系数二阶多项式的形式。

② 零点在单位圆上，但不在实轴上，$z=z_i=r_i\mathrm{e}^{\mathrm{j}\theta_i}(r_i=1,\theta_i\neq 0,\pi)$，此时对应一对共轭零点 $\mathrm{e}^{\mathrm{j}\theta_i}$、$\mathrm{e}^{-\mathrm{j}\theta_i}$，对应的子系统的系统函数为 $H_i(z)=(1-\mathrm{e}^{\mathrm{j}\theta_i}z^{-1})(1-\mathrm{e}^{-\mathrm{j}\theta_i}z^{-1})$，化成实系数二阶多项式的形式为 $H_i(z)=1-2\cos(\theta_iz^{-1})+z^{-2}$。

③ 零点在实轴上，但不在单位圆上，$z=z_i=r_i\mathrm{e}^{\mathrm{j}\theta_i}(r_i\neq 1,\theta_i=0,\pi)$，此时对应一对实数零点 r_i、$\dfrac{1}{r_i}$，对应的子系统的系统函数为 $H_i(z)=(1-r_iz^{-1})\left(1-\dfrac{1}{r_i}z^{-1}\right)$，化成实系数二阶多项式的形式为 $H_i(z)=1-\left(r_i+\dfrac{1}{r_i}\right)z^{-1}+z^{-2}$。

④ 零点既在实轴上，又在单位圆上，$z=z_i=r_i\mathrm{e}^{\mathrm{j}\theta_i}$，$(r_i=1,\theta_i=0,\pi)$，此时对应一对实数零点 1、-1，对应的子系统的系统函数为 $H_i(z)=(1-z^{-1})(1+z^{-1})$，化成实系数二阶多项式的形式为 $H_i(z)=1-z^{-2}$。

11.3 ➲ 线性相位 FIR 数字滤波器的窗函数设计法

线性相位 FIR 数字滤波器的设计思路是：设计一个线性相位的 FIR 数字滤波器，使得

它的频率响应能够很好地逼近一个线性相位理想数字滤波器，设计过程是在时域进行的。假设给定一个线性相位理想数字滤波器的频率响应为 $H_d(e^{j\omega}) = H_d(\omega)e^{\theta_d(\omega)}$，求它的离散时间傅里叶逆变换，得到系统的单位冲激响应 $h_d(n) = \frac{1}{2\pi}\int_{-\pi}^{\pi} H_d(e^{j\omega})e^{j\omega n}d\omega$，然后用一个合适的窗函数序列 $w(n)$ 将 $h_d(n)$ 截成一个有限长序列 $h(n) = w(n)h_d(n)$，保证有限长序列 $h(n)$ 是对称的序列，将得到一个具有线性相位的 FIR 数字滤波器，使得它的频率响应 $H(e^{j\omega})$ 能够很好地逼近 $H_d(e^{j\omega})$，$|H(e^{j\omega})| \approx |H_d(e^{j\omega})|$。下面将以线性相位 FIR 数字低通滤波器为例，讨论数字滤波器的窗函数设计法。

11.3.1 窗函数法的设计原理与频谱分析

设一个线性相位理想低通滤波器的频率响应为：

$$H_d(e^{j\omega}) = \begin{cases} e^{-j\omega\alpha}, & |\omega| \leqslant \omega_c \\ 0, & \omega_c < |\omega| \leqslant \pi \end{cases} \tag{11-15}$$

它的幅度函数 $H_d(\omega) = \begin{cases} 1, & |\omega| \leqslant \omega_c \\ 0, & \omega_c < |\omega| \leqslant \pi \end{cases}$，如图 11-6 所示，相位函数 $\theta_d(\omega) = -\alpha\omega$。

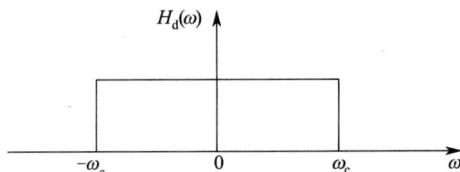

图 11-6　理想低通滤波器的幅度函数

它的单位冲激响应 $h_d(n)$ 如图 11-7 所示，表达式为：

$$h_d(n) = \frac{1}{2\pi}\int_{-\omega_c}^{\omega_c} e^{-j\omega\alpha}e^{j\omega n}d\omega = \frac{\omega_c}{\pi} \times \frac{\sin[\omega_c(n-\alpha)]}{\omega_c(n-\alpha)} = \frac{\omega_c}{\pi}Sa[\omega_c(n-\alpha)] \tag{11-16}$$

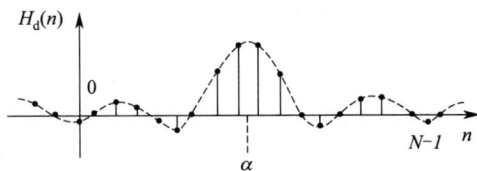

图 11-7　理想低通滤波器的单位冲激响应

由式(11-16)及图 11-7 可以得出，单位冲激响应 $h_d(n)$ 是以 α 为中心的偶对称序列，包络是抽样函数。用一个中心在 α 的矩形窗函数序列 $w(n) = R_N(n) = \begin{cases} 1, & 0 \leqslant n \leqslant N-1 \\ 0, & \text{其他} \end{cases}$ 对 $h_d(n)$ 进行截断，将得到一个 N 点长的偶对称序列 $h(n)$：

$$h(n) = w(n)h_d(n) = \begin{cases} h_d(n), & 0 \leqslant n \leqslant N-1 \\ 0, & \text{其他} \end{cases} \tag{11-17}$$

由于单位冲激响应 $h(n)$ 是偶对称的，所以这样设计的 FIR 数字滤波器是具有第一类线性相位的滤波器，序列 $h(n)$ 的对称中心 $\alpha = \dfrac{N-1}{2}$。单位冲激响应 $h(n)$ 满足：

$$h(n) = \begin{cases} \dfrac{\omega_c}{\pi} \times \dfrac{\sin\left[\omega_c\left(n - \dfrac{N-1}{2}\right)\right]}{\omega_c\left(n - \dfrac{N-1}{2}\right)}, & 0 \leqslant n \leqslant N-1 \\ 0, & \text{其他} \end{cases} \tag{11-18}$$

下面分析设计的 FIR 数字滤波器的频谱 $H(\mathrm{e}^{\mathrm{j}\omega})$，即分析序列 $h_d(n)$ 加窗后频谱的变化。矩形窗函数序列 $w(n) = R_N(n)$ 的频谱 $W_R(\mathrm{e}^{\mathrm{j}\omega})$ 为：

$$W_R(\mathrm{e}^{\mathrm{j}\omega}) = \sum_{n=0}^{N-1} w(n)\mathrm{e}^{-\mathrm{j}\omega n} = \mathrm{e}^{-\mathrm{j}\frac{N-1}{2}\omega} \frac{\sin\dfrac{N\omega}{2}}{\sin\dfrac{\omega}{2}} \tag{11-19}$$

它的幅度函数为 $W_R(\omega) = \dfrac{\sin\dfrac{N\omega}{2}}{\sin\dfrac{\omega}{2}}$，如图 11-8 所

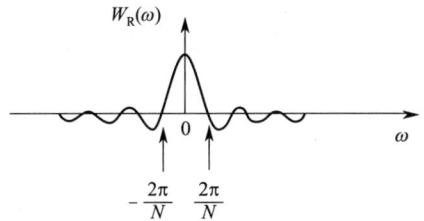

示，相位函数 $\theta_R(\omega) = -\dfrac{N-1}{2}\omega$，是线性相位。

由图 11-8 看出，矩形窗函数序列的幅度函数的主瓣宽度为 $\dfrac{4\pi}{N}$，旁瓣宽度为 $\dfrac{2\pi}{N}$，幅度函数 $W_R(\omega)$ 在 $\omega =$

图 11-8　矩形窗函数序列的幅度函数

0 取得最大值 $W_R(0) = N$，过零点为 $\omega = k\dfrac{2\pi}{N}\,(k = \pm1, \pm2, \cdots)$。

由于 $h(n) = w(n)h_d(n)$，依据离散时间傅里叶变换的卷积定理，有：

$$H(\mathrm{e}^{\mathrm{j}\omega}) = \frac{1}{2\pi}H_d(\mathrm{e}^{\mathrm{j}\omega}) * W(\mathrm{e}^{\mathrm{j}\omega}) = \frac{1}{2\pi}\int_{-\pi}^{\pi} H_d(\mathrm{e}^{\mathrm{j}\theta})W(\mathrm{e}^{\mathrm{j}(\omega-\theta)})\mathrm{d}\theta \tag{11-20}$$

$$H(\mathrm{e}^{\mathrm{j}\omega}) = \frac{1}{2\pi}\int_{-\pi}^{\pi} H_d(\theta)\mathrm{e}^{-\mathrm{j}\frac{N-1}{2}\theta}W_R(\omega-\theta)\mathrm{e}^{-\mathrm{j}\frac{N-1}{2}(\omega-\theta)}\mathrm{d}\theta$$

$$= \mathrm{e}^{-\mathrm{j}\frac{N-1}{2}\omega}\frac{1}{2\pi}\int_{-\pi}^{\pi} H_d(\theta)W_R(\omega-\theta)\mathrm{d}\theta \tag{11-21}$$

由式（11-21）知，频谱 $H(\mathrm{e}^{\mathrm{j}\omega}) = H(\omega)\mathrm{e}^{\theta(\omega)}$ 的幅度函数 $H(\omega)$ 的表达式为：

$$H(\omega) = \frac{1}{2\pi}\int_{-\pi}^{\pi} H_d(\theta)W_R(\omega-\theta)\mathrm{d}\theta \tag{11-22}$$

它的相位函数是第一类线性相位，$\theta(\omega) = -\dfrac{N-1}{2}\omega$。

由式（11-22）可以分析幅度函数 $H(\omega)$ 的几个特殊值。

① $\omega = 0$ 时，$H(0) = \dfrac{1}{2\pi}\int_{-\pi}^{\pi} W_R(-\theta)\mathrm{d}\theta = \dfrac{1}{2\pi}\int_{-\pi}^{\pi} W_R(\theta)\mathrm{d}\theta$，它的值近似为矩形窗函数序

列的幅度函数的积分值乘以 $\dfrac{1}{2\pi}$，$H(0) \approx \dfrac{1}{2\pi}\int_{-\infty}^{\infty} W_R(\omega)\mathrm{d}\omega$。

② $\omega = \omega_c$ 时，幅度函数 $H(\omega_c) \approx \dfrac{1}{2}H(0)$，如图 11-9 所示。

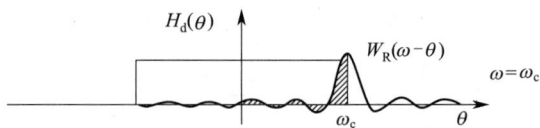

图 11-9　$\omega = \omega_c$ 时的幅度函数值 $H(\omega_c)$

③ $\omega = \omega_c - \dfrac{2\pi}{N}$ 时，幅度函数达到最大值 $H\left(\omega_c - \dfrac{2\pi}{N}\right)$，如图 11-10 所示。

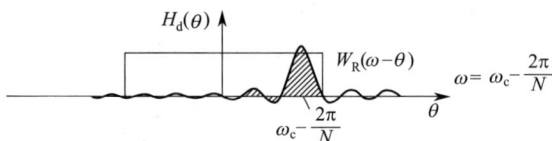

图 11-10　$\omega = \omega_c - \dfrac{2\pi}{N}$ 时幅度函数达到最大值

④ $\omega = \omega_c + \dfrac{2\pi}{N}$ 时，幅度函数达到最小值 $H\left(\omega_c - \dfrac{2\pi}{N}\right)$，如图 11-11 所示。

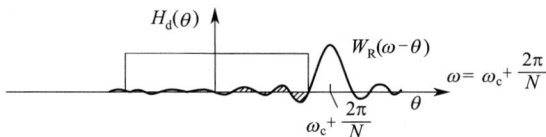

图 11-11　$\omega = \omega_c + \dfrac{2\pi}{N}$ 时幅度函数达到最小值

通过对以上特殊点的幅度函数值的分析，可以大致画出幅度函数的波形，如图 11-12 所示。

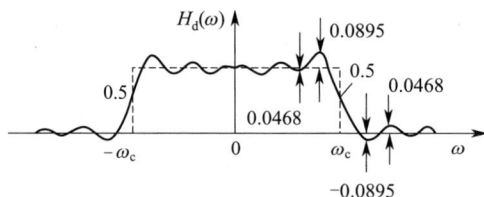

图 11-12　FIR 数字滤波器的幅度函数曲线

总结以上分析，加窗处理对频率响应的影响如下。

① 经过加窗处理，理想滤波器幅度函数在不连续点处，边沿加宽形成过渡带，其宽度（两肩峰之间的宽度）等于窗函数频率响应的主瓣宽度 $\dfrac{4\pi}{N}$，两肩峰之间的宽度不是实际滤波器的过渡带宽。

② 在 $\omega = \omega_c \pm \dfrac{2\pi}{N}$ 处，幅度函数 $H(\omega)$ 出现肩峰值，两侧形成起伏振荡，振荡的幅度和数量取决于旁瓣的幅度和数量。

③ 改变 N 的取值，只能改变 $H(\omega)$ 的主瓣宽度，但不能改变主瓣与旁瓣的相对比例，其相对比例由窗函数形状决定，称为吉布斯效应。对于矩形窗函数序列，最大相对肩峰的偏离为 8.95%，基本不随 N 的变化而变化。

为了使得设计的 FIR 数字低通滤波器的幅度函数 $H(\omega)$ 尽可能地逼近理想低通滤波器的幅度函数 $H_d(\omega)$，可以选择性能更好的窗函数序列 $w(n)$，满足如下条件：

① 窗函数序列的幅度谱主瓣尽可能窄，以获得较陡的过渡带；

② 尽量减小窗函数序列的幅度谱最大旁瓣与主瓣的相对幅度，以减小肩峰值和减少波纹的个数。

实际设计中，对主瓣与旁瓣的要求往往是存在矛盾的。

11.3.2 几种常用窗函数的性能分析

（1）矩形窗函数序列

N 点长矩形窗函数序列 $w_R(n)=R_N(n)=\begin{cases}1, & 0\leqslant n\leqslant N-1 \\ 0, & 其他\end{cases}$，它的频谱为：

$$W_R(e^{j\omega})=W_R(\omega)e^{\theta_R(\omega)} \tag{11-23}$$

它的幅度函数为：

$$W_R(\omega)=\frac{\sin\dfrac{N\omega}{2}}{\sin\dfrac{\omega}{2}} \tag{11-24}$$

幅度函数的主瓣宽度为 $\dfrac{4\pi}{N}$，旁瓣宽度为 $\dfrac{2\pi}{N}$，幅度函数 $W_R(\omega)$ 在 $\omega=0$ 取得最大值 $W_R(0)=N$，旁瓣的最大绝对值为 $W_R(\omega)$ 在 $\omega=\dfrac{2\pi}{N}+\dfrac{\pi}{N}=\dfrac{3\pi}{N}$ 的绝对值，$\left|W_R\left(\dfrac{3\pi}{N}\right)\right|=\left|\dfrac{\sin\left(\dfrac{N}{2}\times\dfrac{3\pi}{N}\right)}{\sin\left(\dfrac{1}{2}\times\dfrac{3\pi}{N}\right)}\right|=\left|\dfrac{\sin\dfrac{3\pi}{2}}{\sin\dfrac{3\pi}{2N}}\right|$，与主瓣最大绝对值的比值为 $\left|\dfrac{\sin\dfrac{3\pi}{2}}{N\sin\dfrac{3\pi}{2N}}\right|\approx 0.2122$，旁瓣相对于主瓣的衰减为 $-20\lg 0.2122=13$dB。这样设计的 FIR 数字低通滤波器的阻带最小衰减为 $-20\lg 0.0895=20.96$dB，阻带衰减不够大。

（2）三角形窗函数序列

三角形窗函数序列 $w(n)$ 的表达式为：

$$w(n)=\begin{cases}\dfrac{2n}{N-1}, & 0\leqslant n\leqslant\dfrac{N-1}{2} \\ 2-\dfrac{2n}{N-1}, & \dfrac{N-1}{2}\leqslant n\leqslant N-1\end{cases} \tag{11-25}$$

它的频率响应 $W(e^{j\omega})=W(\omega)e^{-j\frac{N-1}{2}\omega}$，它的幅度函数为：

$$W(\omega)=\frac{2}{N-1}\left(\frac{\sin\dfrac{N\omega}{4}}{\sin\dfrac{\omega}{2}}\right)^2\approx\frac{2}{N}\left(\frac{\sin\dfrac{N\omega}{4}}{\sin\dfrac{\omega}{2}}\right)^2 \tag{11-26}$$

幅度函数的主瓣宽度为 $\dfrac{8\pi}{N}$，旁瓣最大绝对值相对于主瓣最大绝对值衰减 25dB，阻带最小衰减 25dB。

（3）汉宁窗序列

汉宁窗也称为升余弦窗，序列的表达式为：

$$w(n)=\frac{1}{2}\left(1-\cos\frac{2\pi n}{N-1}\right)R_N(n) \tag{11-27}$$

利用离散时间傅里叶变换的频移性质 $e^{j\omega_0 n}x(n)\leftrightarrow X(e^{j(\omega-\omega_0)})$，及 $\cos(\omega_0 n)=\dfrac{e^{j\omega_0 n}+e^{-j\omega_0 n}}{2}$，可得汉宁窗的频谱为：

$$W(e^{j\omega})=\left[0.5W_R(\omega)+0.25W_R\left(\omega-\frac{2\pi}{N-1}\right)+0.25W_R\left(\omega+\frac{2\pi}{N-1}\right)\right]e^{-j\frac{N-1}{2}\omega} \tag{11-28}$$

当 $N\gg1$ 时，汉宁窗的幅度函数可以表示为：

$$W(\omega)=0.5W_R(\omega)+0.25W_R\left(\omega-\frac{2\pi}{N}\right)+0.25W_R\left(\omega+\frac{2\pi}{N}\right) \tag{11-29}$$

由式(11-29)知，汉宁窗是由矩形窗改进而来的，目的是减小旁瓣相对于主瓣的幅度，如图 11-13 所示，移位后的幅度函数的旁瓣与原幅度函数的旁瓣会互相抵消，从而减小了旁瓣的相对幅度值。

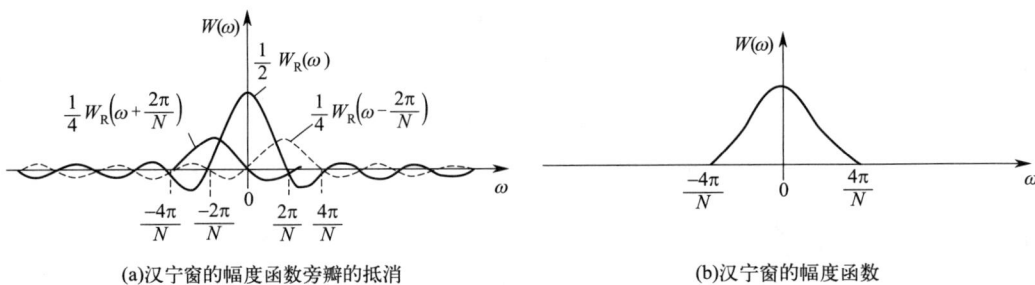

(a)汉宁窗的幅度函数旁瓣的抵消　　　　　　　(b)汉宁窗的幅度函数

图 11-13　汉宁窗

汉宁窗幅度函数的主瓣宽度为 $\dfrac{8\pi}{N}$，旁瓣最大绝对值相对于主瓣最大绝对值衰减 31dB，阻带最小衰减 44dB。

（4）汉明窗函数序列

汉明窗也称为改进的升余弦窗，序列的表达式为：

$$w(n)=\left(0.54-0.46\cos\frac{2\pi n}{N-1}\right)R_N(n) \tag{11-30}$$

汉明窗的频谱为：

$$W(e^{j\omega})=\left[0.54W_R(\omega)+0.23W_R\left(\omega-\frac{2\pi}{N-1}\right)+0.23W_R\left(\omega+\frac{2\pi}{N-1}\right)\right]e^{-j\frac{N-1}{2}\omega} \tag{11-31}$$

当 $N\gg1$ 时，汉明窗的幅度函数可以表示为：

$$W(\omega)=0.54W_R(\omega)+0.23W_R\left(\omega-\frac{2\pi}{N}\right)+0.23W_R\left(\omega+\frac{2\pi}{N}\right) \tag{11-32}$$

汉明窗也是由矩形窗改进而来的，它的幅度函数的主瓣宽度为 $\dfrac{8\pi}{N}$，旁瓣最大绝对值相对于主瓣最大绝对值衰减 41dB，阻带最小衰减为 53dB。

（5）布莱克曼窗函数序列

布莱克曼窗也称为二阶升余弦窗，序列的表达式为：

$$w(n)=\left(0.42-0.5\cos\frac{2\pi n}{N-1}+0.08\cos\frac{4\pi n}{N-1}\right)R_N(n) \tag{11-33}$$

布莱克曼窗函数序列的频谱为：

$$W(e^{j\omega})=\left[0.42W_R(\omega)+0.25W_R\left(\omega-\frac{2\pi}{N-1}\right)+0.25W_R\left(\omega+\frac{2\pi}{N-1}\right)+\right.$$
$$\left.0.04W_R\left(\omega-\frac{4\pi}{N-1}\right)+0.04W_R\left(\omega+\frac{4\pi}{N-1}\right)\right]e^{-j\frac{N-1}{2}\omega} \tag{11-34}$$

当 $N\gg1$ 时，布莱克曼窗的幅度函数可以表示为：

$$W(\omega)=0.42W_R(\omega)+0.25W_R\left(\omega-\frac{2\pi}{N-1}\right)+0.25W_R\left(\omega+\frac{2\pi}{N-1}\right)+$$
$$0.04W_R\left(\omega-\frac{4\pi}{N-1}\right)+0.04W_R\left(\omega+\frac{4\pi}{N-1}\right) \tag{11-35}$$

布莱克曼窗同样是由矩形窗改进而来的，它的幅度函数的主瓣宽度为 $\frac{12\pi}{N}$，旁瓣最大绝对值相对于主瓣最大绝对值衰减 57dB，阻带最小衰减为 74dB。

以上 5 种窗函数序列的波形如图 11-14 所示。

（6）凯泽窗函数序列

凯泽窗函数序列如图 11-15 所示，它的表达式为：

$$w(n)=\frac{I_0\left(\beta\sqrt{1-\left(1-\frac{2n}{N-1}\right)^2}\right)}{I_0(\beta)},0\leqslant n\leqslant N-1 \tag{11-36}$$

式中，函数 $I_0(x)$ 是第一类变形零阶贝塞尔函数，改变 β 值可以同时调整主瓣的宽度和旁瓣的幅度，增大 β 值将降低旁瓣幅度，同时增大主瓣宽度。

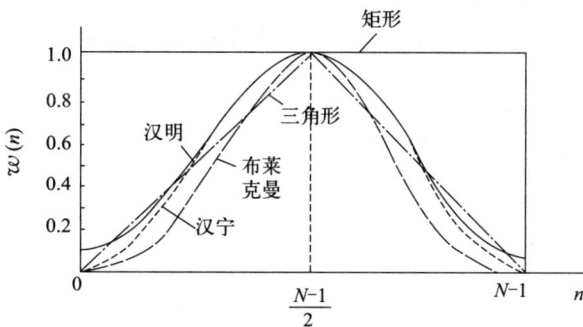

图 11-14　5 种窗函数序列的波形

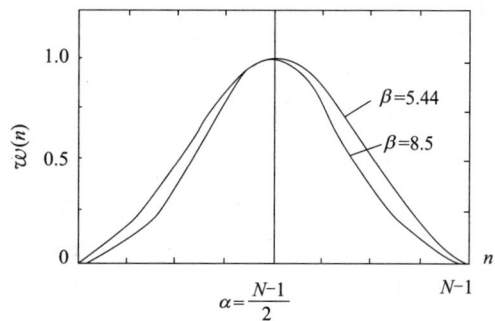

图 11-15　凯泽窗序列的波形

当取 $\beta=7.865$ 时，旁瓣最大绝对值相对于主瓣最大绝对值衰减 57dB，阻带最小衰减为 80dB。

对各种窗函数的比较，如表 11-1 所示。

表 11-1　各种窗函数的比较

窗函数	窗谱性能指标		加窗后滤波器性能指标	
	旁瓣峰值/dB	主瓣宽度/$\frac{2\pi}{N}$	过渡带宽 $\Delta\omega/\frac{2\pi}{N}$	阻带最小衰减/dB
矩形窗	-13	2	0.9	21
三角形窗	-25	4	2.1	25
汉宁窗	-31	4	3.1	44
汉明窗	-41	4	3.3	53
布莱克曼窗	-57	6	5.5	74
凯泽窗 $\beta=7.865$	-57		5	80

阻带最小衰减只由窗的形状决定，过渡带宽则与窗的形状和窗宽 N 都有关。

11.3.3　线性相位 FIR 数字低通滤波器窗函数设计法的步骤

由前面的讨论可知，设计一个 FIR 数字低通滤波器的步骤如下：

① 给定要求的理想数字低通滤波器的频率响应 $H_{\mathrm{d}}(\mathrm{e}^{\mathrm{j}\omega})$；

② 求理想数字低通滤波器的单位冲激响应 $h_{\mathrm{d}}(n)$，$h_{\mathrm{d}}(n)=\mathrm{IDTFT}[H_{\mathrm{d}}(\mathrm{e}^{\mathrm{j}\omega})]$；

③ 根据过渡带宽及阻带最小衰减的要求，选择窗函数的类型以及 N 的大小；

④ 求数字低通滤波器的单位冲激响应 $h(n)$，$h(n)=h_{\mathrm{d}}(n)w(n)$；

⑤ 求数字低通滤波器的频率响应 $H(\mathrm{e}^{\mathrm{j}\omega})=\mathrm{DTFT}[h(n)]$，检验是否满足设计要求，如不满足则需要重新设计。

为了便于在计算机上运算，一般利用 FFT 完成第二步的反变换。在 $\omega_k=\dfrac{2\pi}{M}k$ 处对理想低通滤波器的频谱进行抽样得到离散频谱 $H_{\mathrm{d}}(\mathrm{e}^{\mathrm{j}\frac{2\pi}{M}k})(0\leqslant k\leqslant M-1)$，计算傅里叶逆变换得到 $h_M(n)=\dfrac{1}{M}\sum\limits_{k=0}^{M-1}H_{\mathrm{d}}(\mathrm{e}^{\mathrm{j}\frac{2\pi}{M}k})\mathrm{e}^{\mathrm{j}\frac{2\pi}{M}kn}$，$h_M(n)=\sum\limits_{r=-\infty}^{\infty}h_{\mathrm{d}}(n+rM)R_M(n)$，$h_{\mathrm{d}}(n)=\lim\limits_{M\to\infty}h_M(n)$。频域抽样时，$M\gg N$ 即可。窗函数设计法的另一个问题是需要预先确定窗函数的类型和窗函数序列的点数 N，以满足给定的频率响应指标，这可利用计算机采用累试法加以解决。窗函数设计法的优点是方法简单、有闭合形式的公式可循；缺点是通带、阻带的截止频率不容易控制。

例 11-1　试设计一个线性相位 FIR 数字低通滤波器，给定抽样频率 $\Omega_{\mathrm{s}}=2\pi\times1.5\times10^4$，通带截止频率 $\Omega_{\mathrm{p}}=2\pi\times1.5\times10^3$，阻带截止频率 $\Omega_{\mathrm{st}}=2\pi\times3\times10^3$，要求阻带衰减不小于 50dB，幅度特性如图 11-16 所示。

解：① 将低通滤波器的模拟指标转化为数字指标，$\omega=\Omega T_{\mathrm{s}}$。$\Omega_{\mathrm{s}}=2\pi f_{\mathrm{s}}=2\pi\times1.5\times10^4$，$f_{\mathrm{s}}=1.5\times10^4$，$T_{\mathrm{s}}=\dfrac{1}{f_{\mathrm{s}}}=\dfrac{1}{1.5\times10^4}$。所以数字低通滤波器的通带截止频率 $\omega_{\mathrm{p}}=\Omega_{\mathrm{p}}T_{\mathrm{s}}=0.2\pi$，阻带截止频率 $\omega_{\mathrm{st}}=\Omega_{\mathrm{st}}T_{\mathrm{s}}=0.4\pi$，过渡带宽 $\Delta\omega=\omega_{\mathrm{st}}-\omega_{\mathrm{p}}=0.2\pi$。

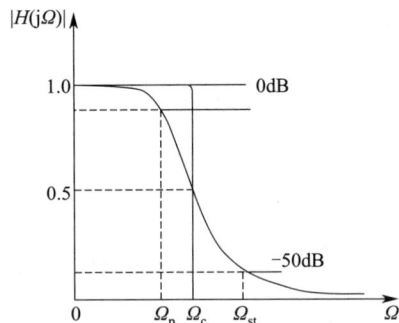

图 11-16　低通滤波器的幅度特性

② 给定理想低通滤波器的频率响应 $H_d(e^{j\omega}) = \begin{cases} e^{-j\omega\alpha}, & |\omega| \leqslant \omega_c \\ 0, & \omega_c < |\omega| \leqslant \pi \end{cases}$，令 $\omega_c = \dfrac{\omega_p + \omega_{st}}{2} =$

0.3π，求出它的单位冲激响应 $h_d(n) = \dfrac{\omega_c}{\pi} \text{Sa}[\omega_c(n-\alpha)]$：

$$h_d(n) = \begin{cases} \dfrac{1}{\pi(n-\alpha)} \sin[\omega_c(n-\alpha)], & n \neq \alpha \\[3mm] \dfrac{\omega_c}{\pi}, & n = \alpha \end{cases}$$

③ 阻带衰减不小于 50dB，所以选择汉明窗，它的窗函数为：

$$w(n) = \left(0.54 - 0.46\cos\frac{2\pi n}{N-1}\right) R_N(n)$$

④ 确定 N 的大小。汉明窗的过度带宽为 $\Delta\omega = \dfrac{6.6\pi}{N}$，所以应该满足条件 $\Delta\omega = \dfrac{6.6\pi}{N} \leqslant$

0.2π，即满足条件 $N \geqslant 33$，取 $N = 33 \gg 1$，所以 $\alpha = \dfrac{N-1}{2} = 16$。

⑤ 确定设计的 FIR 数字低通滤波器的单位冲激响应 $h(n)$：

$h(n) = h_d(n)w(n)$

$= \dfrac{\sin[0.3\pi(n-16)]}{\pi(n-16)}\left(0.54 - 0.46\cos\dfrac{\pi n}{16}\right)R_{33}(n)$

⑥ 计算设计的 FIR 数字低通滤波器的频率响应，看是否满足设计要求，若不满足，则改变 N 的大小或窗函数的类型，重新设计。FIR 数字低通滤波器的频率响应 $H(e^{j\omega}) = |H(e^{j\omega})|e^{-16j\omega}$，$20\lg|H(e^{j\omega})|$ 的波形如图 11-17 所示。

由图 11-17 知设计的 FIR 数字低通滤波器满足设计要求。

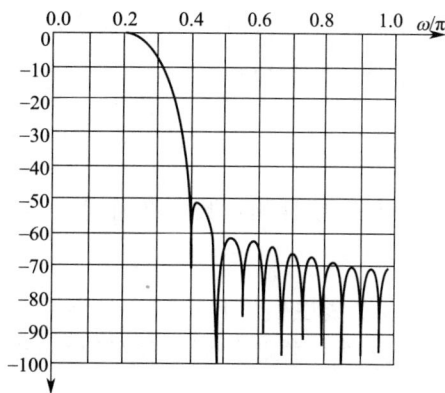

图 11-17　FIR 数字低通滤波器的幅度特性

11.4 线性相位 FIR 数字高通、带通、带阻滤波器的设计

线性相位 FIR 数字高通、带通、带阻滤波器的设计思路与数字低通滤波器的设计思路一致，仍然采用窗函数法设计。设计的线性相位数字滤波器的频率响应能够逼近理想滤波器的频率响应。

（1）线性相位 FIR 数字高通滤波器的设计

设一个线性相位理想数字高通滤波器的频率响应为：

$$H_h(e^{j\omega}) = \begin{cases} e^{-j\omega\alpha}, & \omega_c \leqslant |\omega| \leqslant \pi \\ 0, & 0 \leqslant |\omega| < \omega_c \end{cases} \tag{11-37}$$

它的幅度函数 $H_h(\omega) = \begin{cases} 1, & \omega_c \leqslant |\omega| \leqslant \pi \\ 0, & 0 \leqslant |\omega| < \omega_c \end{cases}$。它的单位冲激响应为 $h_h(n)$：

$$h_h(n) = \frac{1}{2\pi} \left[\int_{-\pi}^{-\omega_c} e^{j\omega(n-\alpha)} d\omega + \int_{\omega_c}^{\pi} e^{j\omega(n-\alpha)} d\omega \right]$$

$$= \begin{cases} \dfrac{1}{\pi(n-\alpha)} \{ \sin[\pi(n-\alpha)] - \sin[\omega_c(n-\alpha)] \}, & n \neq \alpha \\ \dfrac{1}{\pi}(\pi - \omega_c), & n = \alpha \end{cases} \tag{11-38}$$

$h_h(n)$是偶对称的，对称中心为 $\alpha = \dfrac{N-1}{2}$。

由式(7-38) 知，$h_{ap}(n) = \dfrac{1}{\pi(n-\alpha)} \sin[\pi(n-\alpha)]$ 是一个线性相位数字全通滤波器的单位冲激响应。由式(11-38) 可知，线性相位数字高通滤波器的单位冲激响应等于线性相位相同的一个数字全通滤波器的单位冲激响应减去数字低通滤波器的单位冲激响应。

设一个线性相位理想数字低通滤波器的频率响应为 $H_d(e^{j\omega}) = H_d(\omega) e^{-j\omega\alpha} = \begin{cases} e^{-j\omega\alpha}, & |\omega| \leqslant \omega_c \\ 0, & \omega_c < |\omega| \leqslant \pi \end{cases}$，线性相位理想数字全通滤波器的频率响应为 $H(e^{j\omega}) = e^{-j\omega\alpha} (0 \leqslant |\omega| \leqslant \pi)$，则 $H_h(e^{j\omega}) = H(e^{j\omega}) - H_d(e^{j\omega}) = [1 - H_d(\omega)] e^{-j\omega\alpha}$ 是一个截止频率为 ω_c 的数字高通滤波器的频率响应：

$$H_h(e^{j\omega}) = e^{-j\omega\alpha} - H_d(\omega) e^{-j\omega\alpha} = \begin{cases} e^{-j\omega\alpha}, & \omega_c \leqslant |\omega| \leqslant \pi \\ 0, & 0 \leqslant |\omega| < \omega_c \end{cases} \tag{11-39}$$

所以，线性相位数字高通滤波器(ω_c)＝线性相位数字全通滤波器－线性相位数字低通滤波器 (ω_c)。

（2）线性相位 FIR 数字带通滤波器的设计

设一个线性相位理想数字带通滤波器的频率响应为：

$$H_d(e^{j\omega}) = \begin{cases} e^{-j\omega\alpha}, & 0 < \omega_1 \leqslant |\omega| \leqslant \omega_2 < \pi \\ 0, & 其他 \end{cases} \tag{11-40}$$

它的幅度函数 $H_d(\omega) = \begin{cases} 1, & 0 < \omega_1 \leqslant |\omega| \leqslant \omega_2 < \pi \\ 0, & 其他 \end{cases}$。它的单位冲激响应为 $h_d(n)$：

$$h_d(n) = \frac{1}{2\pi} \left[\int_{-\omega_2}^{-\omega_1} e^{j\omega(n-\alpha)} d\omega + \int_{\omega_1}^{\omega_2} e^{j\omega(n-\alpha)} d\omega \right]$$

$$= \begin{cases} \dfrac{1}{\pi(n-\alpha)} \{ \sin[\omega_2(n-\alpha)] - \sin[\omega_1(n-\alpha)] \}, & n \neq \alpha \\ \dfrac{1}{\pi}(\pi - \omega_c), & n = \alpha \end{cases}$$

$$\tag{11-41}$$

$h_d(n)$是偶对称的，对称中心为 $\alpha = \dfrac{N-1}{2}$。

线性相位数字带通滤波器 (ω_1, ω_2) ＝线性相位数字低通滤波器 (ω_2) －线性相位数字低通滤波器 (ω_1)。

（3）线性相位 FIR 数字带阻滤波器的设计

设一个线性相位理想数字带阻滤波器的频率响应为：

$$H_d(e^{j\omega}) = \begin{cases} e^{-j\omega\alpha}, & 0 \leqslant |\omega| \leqslant \omega_1, \omega_2 \leqslant |\omega| \leqslant \pi \\ 0, & \text{其他} \end{cases} \tag{11-42}$$

它的幅度函数 $H_d(\omega) = \begin{cases} 1, & 0 \leqslant |\omega| \leqslant \omega_1, \omega_2 \leqslant |\omega| \leqslant \pi \\ 0, & \text{其他} \end{cases}$。它的单位冲激响应为 $h_d(n)$：

$$h_d(n) = \frac{1}{2\pi} \left[\int_{-\pi}^{-\omega_2} e^{j\omega(n-\alpha)} d\omega + \int_{-\omega_1}^{\omega_1} e^{j\omega(n-\alpha)} d\omega + \int_{\omega_2}^{\pi} e^{j\omega(n-\alpha)} d\omega \right]$$

$$= \begin{cases} \dfrac{1}{\pi(n-\alpha)} \{\sin[\pi(n-\alpha)] + \sin[\omega_1(n-\alpha)] - \sin[\omega_2(n-\alpha)]\}, & n \neq \alpha \\ \dfrac{1}{\pi}(\pi + \omega_1 - \omega_2), & n = \alpha \end{cases} \tag{11-43}$$

$h_d(n)$ 是偶对称的，对称中心为 $\alpha = \dfrac{N-1}{2}$。

线性相位数字带阻滤波器（ω_1，ω_2）＝线性相位数字高通滤波器（ω_2）＋线性相位数字低通滤波器（ω_1），$\omega_2 > \omega_1$。

例 11-2 数字滤波器被广泛应用于心电信号的处理。心电信号通常包含多种频率成分，包括心脏的电活动以及可能的噪声和干扰。心电信号的主要成分频率通常在 0.5Hz 到 100Hz 之间。然而，这些信号常常受到来自电源线的干扰（通常是 50Hz 或 60Hz）以及肌肉运动产生的高频噪声的影响。设计一个数字滤波器，用于从含有噪声的信号中提取特定频率成分。假设我们有一个离散时间信号 $x(n)$，其中包含一个频率为 100Hz 的正弦波成分以及高频噪声。信号的抽样频率为 1000Hz。设计一个 FIR（有限长冲激响应）数字低通滤波器，以从信号中提取 100Hz 的正弦波成分，并尽可能衰减高于 200Hz 的频率成分。

解： 为了设计这样的滤波器，我们需要确定滤波器的截止频率和阶数。考虑到奈奎斯特频率为 500Hz（由抽样频率的一半给出），我们可以选择截止频率稍低于 200Hz，例如 180Hz。

滤波器参数如下。

截止频率：180Hz。

抽样频率：1000Hz。

阶数：为了简化设计，我们可以选择一个简单的阶数，比如 32。

设计步骤如下。

计算归一化截止频率：$\omega_c = 2\pi \times 180/1000 = 0.36\pi$。

选择窗函数：为了实现 FIR 数字低通滤波器，我们可以选择一个简单的窗函数，如矩形窗或汉宁窗函数。这里我们使用汉宁窗函数。

生成理想数字低通滤波器的冲激响应：理想数字低通滤波器的冲激响应是一个正弦波，其频率等于归一化截止频率，持续时间等于滤波器阶数。

应用窗函数：将窗函数应用于理想冲激响应，以获得实际滤波器的冲激响应。

实现滤波器：使用得到的 FIR 数字低通滤波器系数，通过卷积操作将滤波器应用于输入信号 $x(n)$。

本章的重点和难点总结如下。

① FIR 系统的频率响应可以表示成：

$$H(\mathrm{e}^{\mathrm{j}\omega}) = \sum_{n=0}^{N-1} h(n)\mathrm{e}^{-\mathrm{j}\omega n} = |H(\mathrm{e}^{\mathrm{j}\omega})| \ \mathrm{e}^{\mathrm{j}\phi(\omega)} = H(\omega)\mathrm{e}^{\mathrm{j}\theta(\omega)}$$

$$H(\omega) = \pm |H(\mathrm{e}^{\mathrm{j}\omega})|$$

式中，$H(\omega)$ 称为系统的幅度函数，是频率 ω 的实值函数；$\theta(\omega)$ 是系统的相位函数。

② 如果系统的单位冲激响应 $h(n)$ 满足对称条件，则系统具有线性相位。

若单位冲激响应为 $h(n)$ 满足偶对称条件：

$$h(n) = h(N-1-n), n = 0,1,2,\cdots,N-1$$

对称中心为 $\dfrac{N-1}{2}$，则系统的相位函数是第一类线性相位，相位函数为 $\theta(\omega) = -\dfrac{N-1}{2}\omega$。

若单位冲激响应为 $h(n)$ 满足奇对称条件：

$$h(n) = -h(N-1-n), n = 0,1,2,\cdots,N-1$$

对称中心为 $\dfrac{N-1}{2}$，则系统的相位函数是第二类线性相位，相位函数为 $\theta(\omega) = -\dfrac{N-1}{2}\omega + \dfrac{\pi}{2}$。

若单位冲激响应 $h(n)$ 是对称的实值序列，则当 $z = z_i$ 是系统函数 $H(z)$ 的一个复数零点时，$z = z_i^*$、$z = \dfrac{1}{z_i}$，$z = \dfrac{1}{z_i^*}$ 都是系统函数 $H(z)$ 的零点。

③ 理想数字低通滤波器的频率响应和单位冲激响应。

线性相位理想数字低通滤波器的频率响应为：

$$H_{\mathrm{d}}(\mathrm{e}^{\mathrm{j}\omega}) = \begin{cases} \mathrm{e}^{-\mathrm{j}\omega\alpha}, & |\omega| \leqslant \omega_{\mathrm{c}} \\ 0, & \omega_{\mathrm{c}} < |\omega| \leqslant \pi \end{cases}$$

它的幅度函数为 $H_{\mathrm{d}}(\omega) = \begin{cases} 1, & |\omega_{\mathrm{c}}| \leqslant \omega \\ 0, & \omega_{\mathrm{c}} < |\omega| \leqslant \pi \end{cases}$，相位函数为 $\theta(\omega) = -\alpha\omega$。

线性相位理想数字低通滤波器的单位冲激响应 $h_{\mathrm{d}}(n)$ 为：

$$h_{\mathrm{d}}(n) = \frac{\omega_{\mathrm{c}}}{\pi} \times \frac{\sin[\omega_{\mathrm{c}}(n-\alpha)]}{\omega_{\mathrm{c}}(n-\alpha)} = \frac{\omega_{\mathrm{c}}}{\pi}\mathrm{Sa}[\omega_{\mathrm{c}}(n-\alpha)]$$

④ 设计一个线性相位 FIR 数字低通滤波器的步骤如下：

a）给定要求的理想数字低通滤波器的频率响应函数 $H_{\mathrm{d}}(\mathrm{e}^{\mathrm{j}\omega})$；

b）求理想数字低通滤波器的单位冲激响应 $h_{\mathrm{d}}(n)$，$h_{\mathrm{d}}(n) = \mathrm{IDTFT}[H_{\mathrm{d}}(\mathrm{e}^{\mathrm{j}\omega})]$；

c）根据过渡带宽及阻带最小衰减的要求，选择窗函数的类型以及 N 的大小；

d）求数字低通滤波器的单位冲激响应 $h(n)$，$h(n) = h_{\mathrm{d}}(n)w(n)$；

e）求数字低通滤波器的频率响应 $H(\mathrm{e}^{\mathrm{j}\omega}) = \mathrm{DTFT}[h(n)]$，检验是否满足设计要求，如不满足则需要重新设计。

⑤ 线性相位 FIR 数字高通、带通、带阻滤波器的设计方法。

线性相位理想数字全通滤波器的频率响应为：

$$H_{ap}(e^{j\omega}) = e^{-j\omega\alpha}, |\omega| \leqslant \pi$$

它的幅度函数 $H_{ap}(\omega) = 1 (-\pi \leqslant \omega \leqslant \pi)$，相位函数 $\theta(\omega) = -\alpha\omega$。

线性相位理想数字全通滤波器的单位冲激响应 $h_{ap}(n)$ 为：

$$h_{ap}(n) = \frac{\sin[\pi(n-\alpha)]}{\pi(n-\alpha)} = Sa[\pi(n-\alpha)]$$

线性相位数字高通滤波器（ω_c）＝线性相位数字全通滤波器－线性相位数字低通滤波器（ω_c）

线性相位数字带通滤波器（ω_1, ω_2）＝线性相位数字低通滤波器（ω_2）－线性相位数字低通滤波器（ω_1）

线性相位数字带阻滤波器（ω_1, ω_2）＝线性相位数字高通滤波器（ω_2）＋线性相位数字低通滤波器（ω_1）

习题11

11.1 FIR 滤波器是线性相位滤波器的条件是什么？

11.2 给定一个 FIR 滤波器的单位冲激响应 $h(n) = \{\underline{1}, 2, 3, 2, 1\}$，判断该滤波器是否具有线性相位。

11.3 线性相位 FIR 滤波器的零点位置如何影响其相位响应？

11.4 设计一个具有线性相位的 5 抽头 FIR 滤波器，其频率响应为 $H(e^{j\omega}) = \frac{1}{5}(1 + 2e^{-j\omega} + 2e^{-j2\omega} + e^{-j3\omega})$。

11.5 给定一个 FIR 滤波器的脉冲响应 $h(n) = \{\underline{1}, -1, 1, -1, 1\}$，求其频率响应。

11.6 解释窗函数法的设计原理。

11.7 列出几种常用的窗函数。

11.8 使用汉明窗设计一个 FIR 低通滤波器，其通带截止频率为 $\omega_p = 0.25\pi$，阻带截止频率为 $\omega_s = 0.35\pi$，滤波器长度为 50。

11.9 使用汉宁窗设计一个 FIR 带通滤波器，其通带频率为 $\omega_1 = 0.2\pi$ 和 $\omega_2 = 0.5\pi$，滤波器长度为 60。

11.10 使用频率抽样法设计一个 FIR 低通滤波器，其通带截止频率为 $\omega_c = 0.25\pi$，滤波器长度为 32。

参考答案

第**12**章

抽样频率的转换

对于一个频带有限、最高截止角频率为 Ω_h 的模拟信号 $x_a(t)$，频谱记为 $X_a(j\Omega)$。以抽样间隔 T_s 进行理想采样可以有两种描述方法：抽样序列 $x(n) = x_a(t)\big|_{t=nT_s}$，抽样信号 $\hat{x}_a(t) = x_a(t)\delta_{T_s}(t)$。抽样角频率 $\Omega_s = \dfrac{2\pi}{T_s}$，抽样频率 $f_s = \dfrac{1}{T_s}$，折叠角频率 $\dfrac{\Omega_s}{2} = \dfrac{\pi}{T_s}$。当满足条件 $\Omega_s \geqslant 2\Omega_h$ 时，抽样信号 $\hat{x}_a(t) = x_a(t)\delta_{T_s}(t)$ 的傅里叶变换（频谱）为 $\hat{X}_a(j\Omega) = \dfrac{1}{T}\sum\limits_{n=-\infty}^{\infty} X_a[j(\Omega - n\Omega_s)]$，抽样序列 $x(n) = x_a(t)\big|_{t=nT_s}$ 的离散时间傅里叶变换（频谱）为 $X(e^{j\omega}) = \dfrac{1}{T}\sum\limits_{n=-\infty}^{\infty} X_a\left[j\left(\dfrac{\omega - n2\pi}{T}\right)\right]$，频谱不会发生混叠。

在实际应用中，对抽样序列 $x(n) = x_a(t)\big|_{t=nT_s}$ 进行后续处理，例如在多抽样频率信号处理中，在一个系统中涉及两个以上的抽样频率，这样在系统中就需要进行抽样频率的转换，提高抽样频率或降低抽样频率，要在保证频谱不发生混叠的条件下进行抽样频率的转换，即从原序列 $x(n)$ 得到新的序列 $x(n)$。进行抽样频率的转换，实际上就是对序列 $x(n)$ 的尺度变换，包括对序列 $x(n)$ 进行 m 倍的抽取得到序列 $x(mn)$，对序列 $x(n)$ 进行 m 倍的插值得到序列 $x\left(\dfrac{n}{m}\right)$，其中，$m$ 是整数。抽取是提高抽样间隔，从而降低抽样频率，插值是减小抽样间隔，从而提高抽样频率。

抽样频率的转换有许多实际的应用，假如原始抽样频率过高，抽样序列的数据量大，就需要降低抽样频率来减少数据量。例如，在通信的子带编码中，把原始信号按频率分解成多个子带信号，利用各子带幅度差异进行量化来减少码率，需要改变每个子带信号的抽样频率，若不降低每个子带信号的抽样频率，则码率反而会更高（一个信号成为多个信号）。

12.1 ● 序列的整数倍抽取

D 是整数，对序列 $x(n)$ 进行 D 倍的抽取将得到序列 $x_D(n) = x(Dn)$，$x_D(n)$ 是对序列 $x(n)$ 进行尺度变换得到的序列。序列 $x_D(n) = x(Dn)$ 是在序列 $x(n)$ 中每间隔 $D-1$ 个值顺序取一个值，$x_D(0) = x(0)$ 是其中一个取值，即在序列 $x(n)$ 的连续 D 个值中取一个值，如此顺序取下去，就得到了对序列 $x(n)$ 进行 D 倍抽取的序列。图 12-1 所示为对序列 $x(n)$ 进行 3 倍抽取，得到序列 $x_D(n)$。

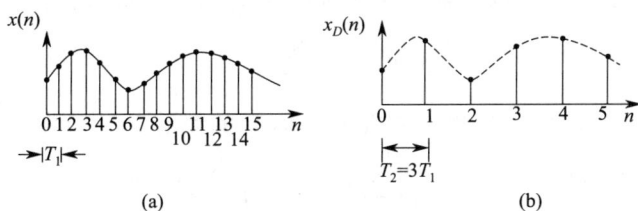

图 12-1 对序列 $x(n)$ 进行 3 倍抽取得序列 $x_D(n)$

对序列 $x(n)$ 进行 D 倍抽取将得到序列 $x_D(n) = x(Dn)$，它的时域和频域分析如下。

取一个周期为 D 的单位冲激序列 $p(n)$，表达式为：

$$p(n) = \sum_{k=-\infty}^{\infty} \delta(n - kD) \tag{12-1}$$

用周期为 D 的单位冲激序列 $p(n)$ 乘以序列 $x(n)$，将得到序列 $x_p(n)$：

$$x_p(n) = x(n)p(n) \tag{12-2}$$

则由式(12-2) 可以得到对序列 $x(n)$ 进行 D 倍抽取得到的序列 $x_D(n)$：

$$x_D(n) = x_p(Dn) = x(Dn) \tag{12-3}$$

对序列 $x(n)$ 进行 3 倍抽取，得到序列 $x_D(n)$，序列及其时域变化如图 12-2 所示。

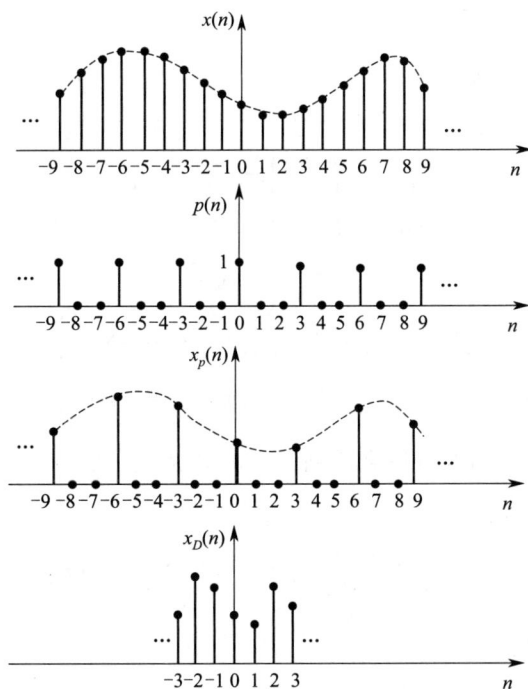

图 12-2 对序列 $x(n)$ 进行 D 倍抽取的时域描述

分析周期为 D 的单位冲激序列 $p(n)$ 的频谱 $P(e^{j\omega})$。序列 $p(n)$ 的离散傅里叶级数为：

$$p(n) = \frac{1}{D} \sum_{k=0}^{D-1} P(k) W_D^{-nk} = \frac{1}{D} \sum_{k=0}^{D-1} P(k) e^{j\frac{2\pi}{D}nk} \tag{12-4}$$

$$P(k) = \sum_{n=0}^{D-1} p(n) e^{-j\frac{2\pi}{D}nk} = \sum_{n=0}^{D-1} \delta(n) e^{-j\frac{2\pi}{D}nk} = 1 \tag{12-5}$$

由式(12-4)、式(12-5) 可以得到序列 $p(n)$ 的离散傅里叶级数为：

$$p(n) = \frac{1}{D} \sum_{k=0}^{D-1} e^{j\frac{2\pi}{D}nk} \tag{12-6}$$

由式(12-6) 知，周期为 D 的单位冲激序列 $p(n)$ 的频谱 $P(e^{j\omega})$ 为：

$$P(e^{j\omega}) = \text{DTFT}\left[\frac{1}{D} \sum_{k=0}^{D-1} e^{j\frac{2\pi}{D}nk}\right] = \frac{1}{D} \sum_{k=0}^{D-1} \text{DTFT}\left[e^{j\frac{2\pi}{D}nk}\right]$$

$$= \frac{2\pi}{D} \sum_{k=0}^{D-1} \delta\left(\omega - k\frac{2\pi}{D}\right) = \frac{2\pi}{D} \sum_{k=0}^{D-1} \delta(\omega - k\omega_s) \tag{12-7}$$

式中，$\omega_s = \frac{2\pi}{D}$。

由于 $x_p(n) = x(n)p(n)$，由离散傅里叶变换的卷积定理可得 $x_p(n)$ 的频谱 $X_p(e^{j\omega})$：

$$X_p(e^{j\omega}) = \frac{1}{2\pi} \int_0^{2\pi} P(e^{j\theta}) X(e^{j(\omega-\theta)}) d\theta$$

$$= \frac{1}{2\pi} \int_0^{2\pi} \frac{2\pi}{D} \sum_{k=0}^{D-1} \delta(\theta - k\omega_s) X(e^{j(\omega-\theta)}) d\theta$$

$$= \frac{1}{D} \sum_{k=0}^{D-1} X(e^{j(\omega - k\omega_s)}) \tag{12-8}$$

当 $D = D_1 = 3$ 时，频谱变换如图 12-3 所示。

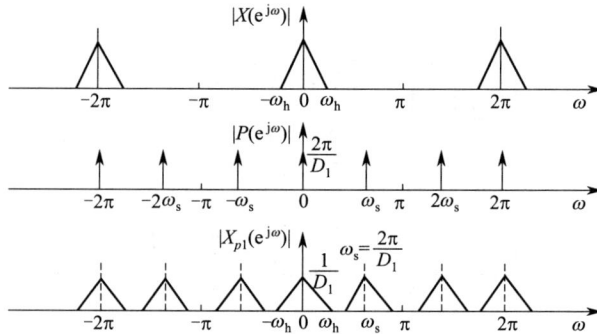

图 12-3　对序列 $x(n)$ 进行 3 倍抽取过程中幅度谱的变化

对序列 $x(n)$ 进行 D 倍抽取将得到序列 $x_D(n)$，由式(12-3) $x_D(n) = x_p(Dn) = x(Dn)$ 得 $x_D(n)$ 的频谱 $X_D(e^{j\omega})$ 为：

$$X_D(e^{j\omega}) = \sum_{m=-\infty}^{\infty} x_D(m) e^{-j\omega m} = \sum_{m=-\infty}^{\infty} x_p(Dm) e^{-j\omega m} \tag{12-9}$$

对上式做变量代换有：

$$X_D(e^{j\omega}) = \sum_{n \text{为} D \text{的整数倍}} x_p(n) e^{-j\omega \frac{n}{D}} = \sum_{n=-\infty}^{\infty} x_p(n) e^{-j\omega \frac{n}{D}}$$

$$= X_p(e^{j\frac{\omega}{D}}) \tag{12-10}$$

式(12-10) 说明，$x_D(n)$ 的频谱 $X_D(e^{j\omega})$ 是 $X_p(e^{j\omega})$ 在频域的尺度变换（D 倍扩展），如图 12-4 所示。

抽取导致频谱在频域展宽 D 倍，如果 D 过大会造成频谱混叠，如图 12-4(d)，在序列抽取过程中应防止产生频谱混叠。通常，为防止混叠，可在抽取前选择一个合适的低通滤波

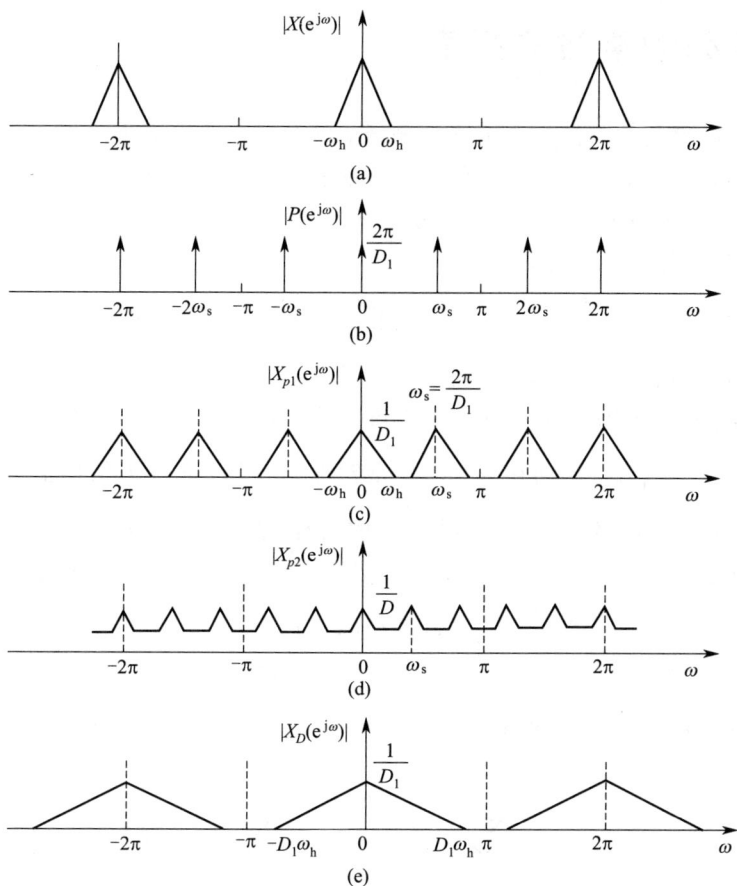

图 12-4　对序列 $x(n)$ 进行 D 倍抽取的频谱变化

器进行限带滤波，如图 12-5 所示。

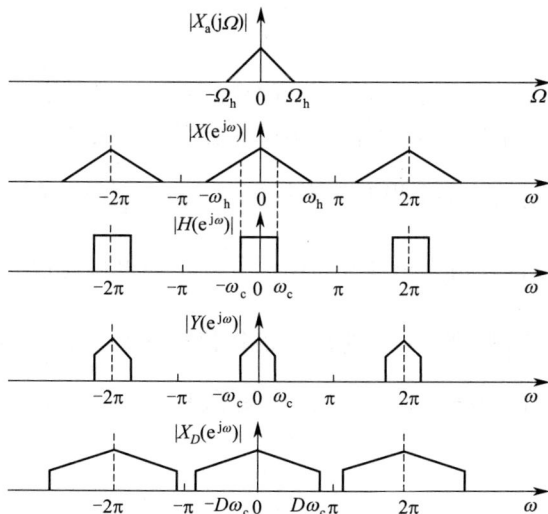

图 12-5　对序列抽取前进行限带滤波的频谱变化

12.2 ➲ 序列的整数倍插值

对序列 $x(n)$ 的整数倍（I 倍）插值，实际上就是信号的 I 倍扩展变换，也就是要增大采样频率。对序列 $x(n)$ 的整数倍插值的实现方法有两种：一种是经 D/A 转换将其转换为连续信号，再以高抽样频率进行抽样，但容易引入量化误差和失真；另一种方法是直接在数字域实现。实际上第二种方法更有效。

设序列 $x(n)$ 是以采样频率 f_s 从模拟信号 $x_a(t)$ 采样所得序列，$T_s = \dfrac{1}{f_s}$ 是抽样间隔。对序列 $x(n)$ 进行 I 倍（I 是大于 1 的整数）插值后得到的序列是 $x_I(n)$，则序列 $x_I(n)$ 就是以采样频率 If_s 从模拟信号 $x_a(t)$ 采样所得的序列。序列 $x(n)$ 进行 I 倍插值一般记为 $x\left(\dfrac{n}{I}\right)$，即 $x_I(n) = x\left(\dfrac{n}{I}\right)$。如何在数字域实现对序列 $x(n)$ 进行 I 倍插值得到序列 $x\left(\dfrac{n}{I}\right)$？首先，在原有序列 $x(n)$ 的每两个采样点之间，插入 $I-1$ 个零值，得到新的序列记为 $x_p(n)$，其表达式为：

$$x_p(n) = \begin{cases} x\left(\dfrac{n}{I}\right), & n = 0, \pm I, \pm 2I, \pm 3I, \cdots \\ 0, & \text{其他} \end{cases} \tag{12-11}$$

如果序列 $x(n)$ 的离散时间傅里叶变换为 $X(e^{j\omega})$，设序列 $x_p(n)$ 的离散时间傅里叶变换为 $X_p(e^{j\omega})$，则有：

$$\begin{aligned} X_p(e^{j\omega}) &= \sum_{n=-\infty}^{\infty} x_p(n) e^{-j\omega n} = \sum_{n=-\infty}^{\infty} x\left(\dfrac{n}{I}\right) e^{-j\omega n} \\ &\overset{m=\frac{n}{I}}{=} \sum_{m=-\infty}^{\infty} x(m) e^{-jI\omega m} = \sum_{n=-\infty}^{\infty} x(n) e^{-jI\omega n} \end{aligned} \tag{12-12}$$

由式（12-12）可得：

$$X_p(e^{j\omega}) = \sum_{n=-\infty}^{\infty} x(n) e^{-jI\omega n} = X(e^{jI\omega}) \tag{12-13}$$

由式（12-13）可知，$X_p(e^{j\omega})$ 是序列 $x(n)$ 的离散时间傅里叶变换 $X(e^{j\omega})$ 在频域 ω 上的 I 倍压缩，图 12-6 所示是对序列 $x(n)$ 进行插零值前后序列的频谱。

由图 12-6 可知，在频域的 1 个周期内不仅包含 $|\omega| \leqslant \dfrac{\pi}{3}$ 的频率分量（基带频谱），而且包含 2 个基带频谱的镜像频谱，出现在 $\omega = \pm\dfrac{2\pi}{3}$ 处。如果再通过一个合适的低通滤波器将镜像频谱滤除，就可得到对序列 $x(n)$ 进行 3 倍插值后序列 $x\left(\dfrac{n}{3}\right)$ 和它的频谱 $X_{I=3}(e^{j\omega})$，如图 12-7 所示。插入零值仅改变频域尺度，幅度不变，为恢复高抽样频率的频谱幅度，低通滤波器的通带幅度应为 I，所以低通滤波器的频率响应应该为：

$$H_I(e^{j\omega}) = \begin{cases} I, & |\omega| \leqslant \dfrac{\pi}{I} \\ 0, & \text{其他} \end{cases} \tag{12-14}$$

原信号：

原信号频谱：

插入零值点后的信号：

插入零值点后信号频谱： 幅度不变

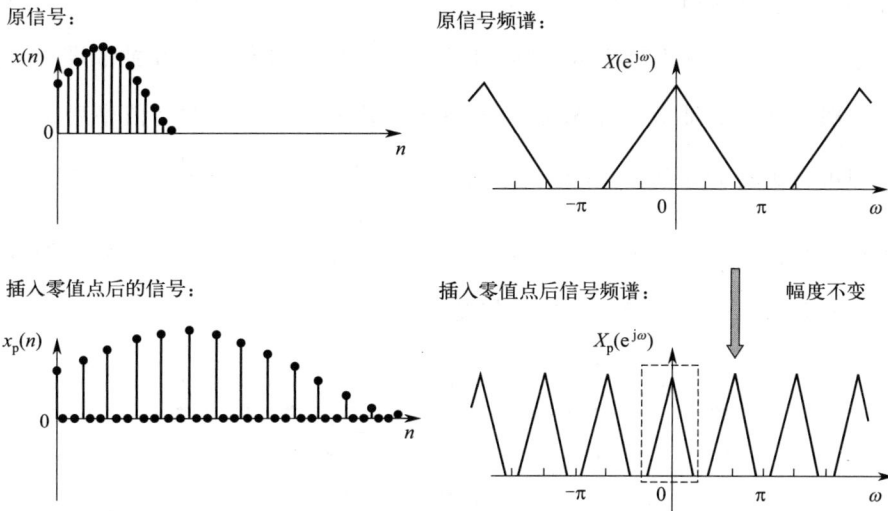

图 12-6 插零值后序列频谱的变化

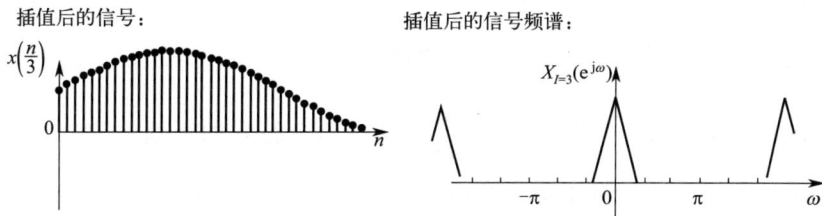

插值后的信号：

插值后的信号频谱：

图 12-7 对序列 $x(n)$ 进行 3 倍插值后的序列 $x(\frac{n}{I})$ 和它的频谱 $X_{I=3}(\mathrm{e}^{\mathrm{j}\omega})$

综上所述，在数字域实现对序列插值的插值器系统框图如图 12-8 所示。

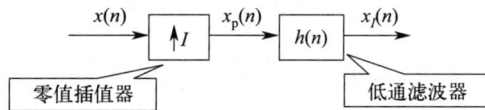

图 12-8 插值器系统框图

12.3 ⊙ 抽样频率的有理数倍转换

由前面的分析可知，设序列 $x(n)$ 是以抽样频率 $f_s = \dfrac{1}{T_s}$ 对模拟信号 $x_a(t)$ 进行采样所得的序列，如果对序列 $x(n)$ 进行 D 倍的抽取，则抽取序列 $x_D(n)$ 是以抽样频率 $\dfrac{1}{D} f_s$ 对模拟信号 $x_a(t)$ 进行采样所得的序列；如果对序列 $x(n)$ 进行 I 倍的插值，则插值序列 $x_I(n)$ 是以抽样频率 $I f_s$ 对模拟信号 $x_a(t)$ 进行采样所得的序列。抽取和插值改变了对信号抽样的频率，抽样频率分别转换为原来的 $\dfrac{1}{D}$ 倍和 I 倍。如果要对原抽样频率 f_s 进行有理数倍的转换，使得新的抽样频率为 $a f_s$（$a > 0$，是有理数），则对序列的抽取和插值结合，就可完成对原

抽样频率 f_s 进行有理数倍的转换。事实上，任何一个有理数 a 都可以表示成两个整数的商，即 $a = \dfrac{I}{D}$，其中，D 和 I 是整数，则对序列 $x(n)$ 依次进行插值和抽取即可。为了避免频谱混叠，一般先插值后抽取，即先对 $x(n)$ 进行 I 倍的插值，再对插值序列 $x_I(n)$ 进行 D 倍的抽取，即可得到新的序列 $x_{ID}(n)$，序列 $x_{ID}(n)$ 的抽样频率是 $\dfrac{I}{D} f_s$，这样就实现了 $a = \dfrac{I}{D}$ 倍抽样频率的转换。如果抽取倍数 D 过大，也容易造成频谱混叠，一般在抽取前需要做抗混叠滤波，有理数倍频率转换系统框图如图 12-9 所示。

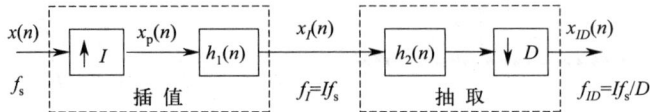

图 12-9　有理数倍频率转换系统框图 1

设序列 $x(n)$ 是以抽样频率 f_s 对模拟信号 $x_a(t)$ 进行采样所得的序列，抽样时满足低通抽样定理，频谱不会发生混叠。在实现有理数倍抽样频率转换时，为了避免频谱混叠，在图 12-9 所示的系统框图中，低通滤波器 $h_1(n)$ 的通带截止频率 ω_{c1} 可取为 $\omega_{c1} = \dfrac{\pi}{I}$，低通滤波器 $h_2(n)$ 的通带截止频率 ω_{c2} 可取为 $\omega_{c2} = \dfrac{\pi}{D}$。显然两个级联的低通滤波器 $h_1(n)$ 和低通滤波器 $h_2(n)$ 可用一个组合的低通滤波器 $h(n)$ 来代替，如图 12-10 所示。组合的低通滤波器 $h(n)$ 的频率响应 $H(e^{j\omega})$ 满足：

$$H(e^{j\omega}) = \begin{cases} I, & |\omega| \leqslant \min\left(\dfrac{\pi}{I}, \dfrac{\pi}{D}\right) \\ 0, & \text{其他} \end{cases} \tag{12-15}$$

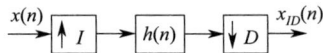

图 12-10　有理数倍频率转换系统框图 2

例 12-1　设序列 $x(n)$ 是以抽样频率 f_s 对模拟信号 $x_a(t)$ 进行采样所得的序列，序列 $x(n)$ 的频谱中最高截止频率为 $\dfrac{2\pi}{7}$，$x(n)$ 的幅度频谱如图 12-11 所示，对采样频率进行转换，如何转换使得频谱不发生混叠，且能达到最小的采样频率？

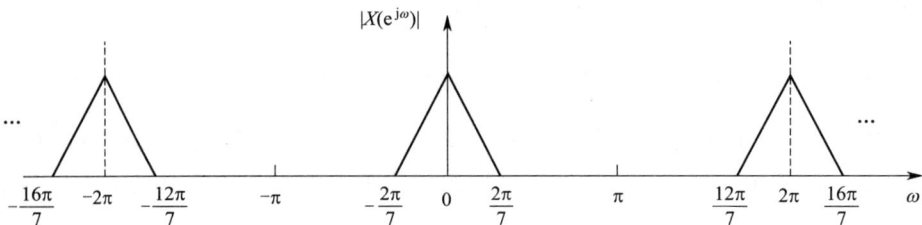

图 12-11　序列 $x(n)$ 的幅度频谱

解： 由于序列 $x(n)$ 的频谱中最高截止角频率为 $\omega_\mathrm{h}=\dfrac{2\pi}{7}$，采样频率为 f_s，采样间隔为 $T_\mathrm{s}=\dfrac{1}{f_\mathrm{s}}$，所以模拟信号 $x_\mathrm{a}(t)$ 的最高截止角频率为 $\Omega_\mathrm{h}=\dfrac{\omega_\mathrm{h}}{T_\mathrm{s}}=f_\mathrm{s}\dfrac{2\pi}{7}$。

设对序列 $x(n)$ 进行有理数倍的转换，采样频率变化为 af_s，且 af_s 是使频谱不发生混叠的最小采样频率，则应该满足条件 $\Omega_\mathrm{h}\dfrac{1}{af_\mathrm{s}}=\pi$，即满足 $f_\mathrm{s}\dfrac{2\pi}{7}\times\dfrac{1}{af_\mathrm{s}}=\pi$，所以应该有 $a=\dfrac{2}{7}$。因此先对序列 $x(n)$ 进行 $I=2$ 倍插值，得到序列 $x_I(n)$，$x_I(n)$ 的幅度频谱如图 12-12 所示。再对序列 $x_I(n)$ 进行 $D=7$ 倍的抽取，得到序列 $x_{ID}(n)$，$x_{ID}(n)$ 的幅度频谱如图 12-13 所示。

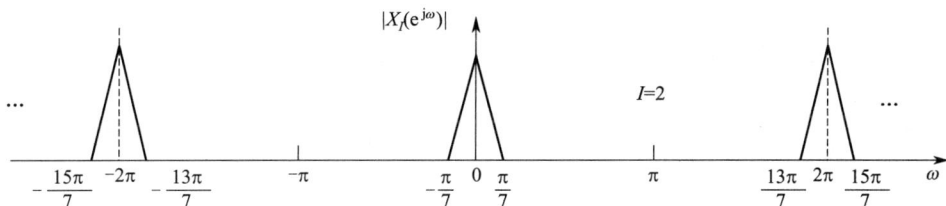

图 12-12　2 倍插值序列 $x_I(n)$ 的幅度频谱

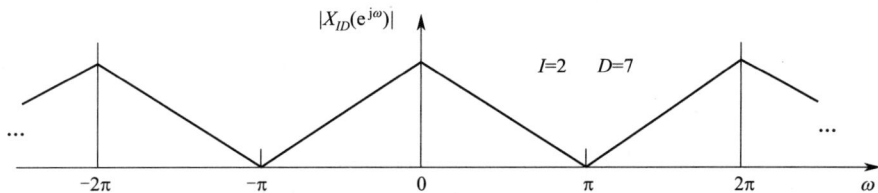

图 12-13　7 倍抽取序列 $x_{ID}(n)$ 的幅度频谱

由图 12-13 可知，序列 $x_{ID}(n)$ 的幅度频谱刚好没有发生混叠，所以对原序列 $x(n)$ 进行 $a=\dfrac{2}{7}$ 倍的频率转换，恰好达到不发生频谱混叠的最小抽样频率为 $\dfrac{2}{7}f_\mathrm{s}$。

例 12-2　在基因组学研究中，下采样是用来减少数据量级的常用方法，特别是在处理高通量测序数据时。研究人员处理来自下一代测序技术的大规模 DNA 序列数据时，这些数据量通常非常庞大，难以直接分析。需要将庞大的 DNA 序列数据集减小到更易于管理的大小，同时保留足够的信息用于后续分析。假设我们有一个离散时间信号 $x(n)$，其抽样频率为 $f_\mathrm{s}=4000\mathrm{Hz}$。如何能将这个信号的抽样频率降低到 $1000\mathrm{Hz}$ 以减少数据量？

解：

选择样本：每 4 个数据中保留 1 个样本，即选择 $x(4n)$，其中，n 是整数。

使用滤波器：在下采样前，为了避免混叠，应用一个低通滤波器来去除高于 $250\mathrm{Hz}$ 的频率成分。

例 12-3　序列的整数倍插值。上采样技术常用于图像放大，即增加图像的像素密度，从而增加图像的分辨率。假设我们有一张低分辨率的卫星图像，需要对其进行放大以便进行更详细的分析。通过上采样技术，研究人员能够得到更高分辨率的卫星图像，使得图像中的小对象和细节更为清晰，从而进行更准确的分析。现有一个一维离散时间序列 $x(n)$，代表低分辨率卫星图像的一行像素值，其样本值为：$x(n) = \{10, 15, 20, 25, 30\}$。对应的样本索引 n 为：$n = \{0,1,2,3,4\}$。想要对这个序列进行 4 倍插值，以便模拟图像放大的效果。

解：本题可以将线性插值（即在两个样本之间插入它们的平均值）以及零阶保持（即重复前一个样本值）和线性步进作为插值方法。

应用插值：

对于给定的序列 $x(n)$，在每对相邻样本之间插入三个新的样本点。

下一个样本的前一个线性步进值：第三个新插入的样本点为 $x(n+1)$ 和 $x(n+2)$ 的中点，即其值为 $0.5[x(n+1)+x(n+2)]$，如果 $n+2$ 超出了序列的范围，则该值应与 $x(n+1)$ 相同。

在 $x(0)$ 和 $x(1)$ 之间插入 $x(0)=10$，$[x(0)+x(1)]/2=(10+15)/2=12.5$ 和 $[x(0)+x(1)]/2=12.5$。

在 $x(1)$ 和 $x(2)$ 之间插入 $x(1)=15$，$[x(1)+x(2)]/2=(15+20)/2=17.5$ 和 $[x(1)+x(2)]/2=17.5$。

在 $x(2)$ 和 $x(3)$ 之间插入 $x(2)=20$，$[x(2)+x(3)]/2=(20+25)/2=22.5$ 和 $[x(2)+x(3)]/2=22.5$。

在 $x(3)$ 和 $x(4)$ 之间插入 $x(3)=25$，$[x(3)+x(4)]/2=(25+30)/2=27.5$ 和 $[x(3)+x(4)]/2=27.5$。

构建新的插值序列：将原始序列的样本和新计算的样本交替放置。

新的 4 倍插值序列 $y(m)$ 为：

$y(m) = \{10,10,12.5,12.5,15,15,17.5,17.5,20,20,22.5,22.5,25,25,27.5,27.5,30\}$

对应的样本索引 m 为：

$m = \{0,1,2,3,4,5,6,7,8,9,10,11,12,13,14,15,16\}$

这样，我们就得到了原始序列的 4 倍插值序列，其中包含了更多的样本点，模拟了图像放大的效果，有助于更详细地分析图像数据。

本章小结

本章主要讨论了采样频率的变化问题，主要重点和难点内容总结如下。

设序列 $x(n)$ 是以采样频率 f_s 从模拟信号 $x_a(t)$ 采样所得的序列，$T_s = \dfrac{1}{f_s}$ 是抽样间隔，序列 $x(n)$ 的频谱 $X(e^{j\omega})$ 不发生混叠。

① 对序列 $x(n)$ 进行整数 D 倍的抽取，得到抽取序列 $x_D(n) = x(Dx)$，序列 $x_D(n)$ 就是以采样频率 $\dfrac{1}{D}f_s$ 从模拟信号 $x_a(t)$ 采样所得的序列，抽取降低了采样频率。

为了避免抽取造成频谱混叠，在抽取前选择一个合适的低通滤波器对 $x(n)$ 进行限带滤波，低通滤波器的频率响应满足：

$$H(e^{j\omega}) = \begin{cases} 1, & |\omega| \leqslant \dfrac{\pi}{D} \\ 0, & \text{其他} \end{cases} \tag{12-16}$$

② 对序列 $x(n)$ 进行整数 I 倍的插值，得到插值序列 $x_I(n)=x\left(\dfrac{n}{I}\right)$，序列 $x_I(n)$ 就是以采样频率 If_s 从模拟信号 $x_a(t)$ 采样所得的序列，插值提高了采样频率。

插值过程为在原有序列 $x(n)$ 的每两个采样点之间，插入 $I-1$ 个新值，得到新的序列记为 $x_p(n)$，再通过一个合适的低通滤波器对 $x_p(n)$ 进行滤波，将得到 I 倍的插值序列 $x_I(n)$。低通滤波器的频率响应满足：

$$H(\mathrm{e}^{\mathrm{j}\omega})=\begin{cases} I, & |\omega|\leqslant\dfrac{\pi}{I} \\[2mm] 0, & \text{其他} \end{cases} \tag{12-17}$$

③ 对序列 $x(n)$ 进行有理数 $a=\dfrac{I}{D}$ 倍抽样频率的转换过程为：先对序列 $x(n)$ 进行整数 I 倍的插值，得到插值序列 $x_I(n)$，再对序列 $x_I(n)$ 进行整数 D 倍的抽取，得到抽取序列 $x_{ID}(n)$，序列 $x_{ID}(n)$ 就是以采样频率 $\dfrac{I}{D}f_s$ 从模拟信号 $x_a(t)$ 采样所得的序列，采样频率是原来采样频率 f_s 的有理数 $a=\dfrac{I}{D}$ 倍。

习题12

12.1 图 12-14 所示系统输入为 $x(n)$，输出为 $y(n)$，零值插入系统在每一序列 $x(n)$ 值之间插入 2 个零值点，抽取系统定义为

$$y(n)=w(5n)$$

其中 $w(n)$ 是抽取系统的输入系列。若输入

$$x(n)=\frac{\sin(\omega_1 n)}{\pi n}$$

试确定下列 ω 值时的输出 $y(n)$：

(1) $\omega_1\leqslant\dfrac{3}{5}\pi$；(2) $\omega_1>\dfrac{3}{5}\pi$。

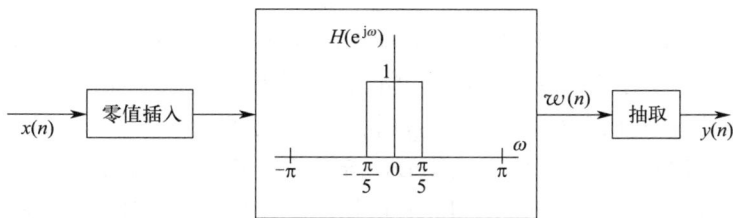

图 12-14　12.1 题图

12.2 对 $x(n)$ 进行冲激串抽样，得到

$$y(n)=\sum_{m=-\infty}^{\infty}x(n)\delta(n-mN)$$

若 $X(\mathrm{e}^{\mathrm{j}\omega})=0$，$\dfrac{3\pi}{7}\leqslant\omega\leqslant\pi$，试确定对 $x(n)$ 进行抽样时，保证不发生频谱混叠的最大

抽样间隔 N。

12.3 已知序列 $x(n)$ 的频谱为

$$X(\mathrm{e}^{\mathrm{j}\omega}) = \begin{cases} -\dfrac{3}{\pi}\omega + 1, & 0 \leqslant \omega \leqslant \dfrac{\pi}{3} \\[2mm] \dfrac{3}{\pi}\omega + 1, & -\dfrac{\pi}{3} \leqslant \omega < 0 \\[2mm] 0, & \text{其他} \end{cases}$$

试导出以下 3 个序列所对应的频谱,并将 4 个序列的频谱作图表示出来:

$$x_1(n) = \begin{cases} x(n), & n = 4k, k = 0, \pm 1, \pm 2, \cdots \\ 0, & n \neq 4k \end{cases}$$

$$x_2(n) = x(4n)$$

$$x_3(n) = \begin{cases} x\left(\dfrac{n}{4}\right), & n = 4k, k = 0, \pm 1, \pm 2, \cdots \\ 0, & n \neq 4k \end{cases}$$

12.4 如图 12-15 所示系统,其 $H(\mathrm{e}^{\mathrm{j}\omega})$ 为

$$H(\mathrm{e}^{\mathrm{j}\omega}) = \begin{cases} 1, & |\omega| \leqslant \pi/I \\ 0, & \pi/I < |\omega| \leqslant \pi \end{cases}$$

$x_a(t)$ 的频谱为

$$X_a(\mathrm{j}\Omega) = \begin{cases} -\dfrac{3T}{2\pi}\Omega + 1, & 0 \leqslant \Omega \leqslant \dfrac{2\pi}{3T} \\[2mm] \dfrac{3T}{2\pi}\Omega + 1, & -\dfrac{2\pi}{3T} \leqslant \Omega < 0 \\[2mm] 0, & \text{其他} \end{cases}$$

求 $y_a(t)$ 的频谱 $Y_a(\mathrm{j}\Omega)$,并将 $X_a(\mathrm{j}\Omega)$ 与 $Y_a(\mathrm{j}\Omega)$ 作图表示。

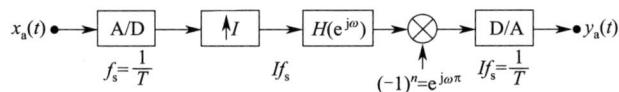

图 12-15 12.4 题图

12.5 设计一个按有理数 3/7 降低抽样频率的抽样频率转换器,画出原理方框图,要求其中的 FIR 低通滤波器的通带最大衰减为 1dB,阻带最小衰减为 40dB。过渡带宽为 $\Delta\omega = 0.08\pi$,求滤波器的单位冲激响应,并画出其高效实现结构。

12.6 设信号原抽样频率为 $F_s = 18\text{kHz}$,若只需保留 $f < 4\text{kHz}$ 以内的信息,且需要尽可能降低抽样频率,使在 $0 \leqslant f \leqslant 3.9\text{kHz}$ 频带中失真不大于 0.5dB,在阻带中的最大增益为 0.001,试求:

(1) 满足条件的最小抽样频率及抽样频率转换因子;

(2) 画出抽样频率转换器的框图。

参考答案